新工科建设·计算机类精品系列教材

C 语言程序设计简明教程

主　编　李玉军　胡元义
副主编　王　栋　吴江峰　史　静
　　　　刘　庆　梁　琨

电子工业出版社
Publishing House of Electronics Industry
北京·BEIJING

内 容 简 介

本书作为程序设计课程的教材，在结构上注重知识的系统性、完整性和连贯性，将理论与实践有机结合。编者在总结多年教学与实践经验的基础上，精选了几百道设计独到的例题作为典型概念示例及用于程序精讲，同时这些例题还兼顾了 C 语言等级考试。书中涉及的所有程序例题与习题均已上机通过。对于重点章节，如函数和指针内容，采用了独创的动态图分析方法来分析程序执行过程中函数或指针的变化情况，从而使函数和指针内容中难以掌握的部分迎刃而解。本书在写法上循序渐进、深入浅出且图文并茂，力求使读者深入掌握 C 语言程序设计。

本书除可以作为程序设计课程的教材外，还可以作为全国计算机等级考试的教材或参考书。对于从事计算机行业的工作者来说，本书也是一本难得的资料书。

图书在版编目（CIP）数据

C语言程序设计简明教程 / 李玉军，胡元义主编.

北京 ： 电子工业出版社，2025. 1. -- ISBN 978-7-121

-49569-4

Ⅰ. TP312.8

中国国家版本馆CIP数据核字第20256PC761号

责任编辑：孟　宇
印　　刷：中煤（北京）印务有限公司
装　　订：中煤（北京）印务有限公司
出版发行：电子工业出版社
　　　　　北京市海淀区万寿路 173 信箱　　　邮编：100036
开　　本：787×1092　1/16　　印张：16.75　　　字数：451 千字
版　　次：2025 年 1 月第 1 版
印　　次：2025 年 1 月第 1 次印刷
定　　价：69.80 元

凡所购买电子工业出版社图书有缺损问题，请向购买书店调换。若书店售缺，请与本社发行部联系，联系及邮购电话：（010）88254888，88258888。

质量投诉请发邮件至 zlts@phei.com.cn，盗版侵权举报请发邮件至 dbqq@phei.com.cn。

本书咨询联系方式：mengyu@phei.com.cn。

前言

本书作为程序设计课程的教材，在结构上注重知识的系统性、完整性和连贯性，将理论与实践有机结合；在讲授过程中循序渐进、深入浅出，融知识传授与能力培养于一体。

编者在总结多年教学与实践经验的基础上，精选了大量内容生动、设计独到的例题作为典型概念示例及用于程序精讲，同时这些例题还兼顾了 C 语言等级考试，其中许多例题选自历年二级 C 语言程序设计的考题。全书给出了约 400 道例题和习题，并且所有的程序例题与习题均已上机通过。在例题分析中采用了大量的图示说明，使读者对例题的理解一目了然。对于重点章节，如函数和指针内容，采用了独创的动态图分析方法来分析程序执行过程中函数或指针的变化情况，从而使函数和指针内容中难以掌握的部分迎刃而解。此外，对于采用指针来指向数组元素的相关内容，采用了新颖的表述方法来解决同一个数组元素有多种表示法的问题。对于文件的讲解，编者也辅以图例来进行说明，以便读者能够深入了解文件内部的读/写过程。

本书第 1 章介绍计算机和程序设计的基本概念，并在此基础上介绍 C 语言的发展历程和特点，同时还介绍了 C 语言程序的基本组成。第 2 章介绍有关 C 语言程序设计的基础知识，包括 C 语言的基本符号与数据类型，常量、变量的概念和使用规则，运算符与表达式，以及数据的输入/输出。第 3 章介绍如何使用顺序、选择和循环这 3 种基本结构来进行程序设计，这是程序设计的基本内容，也是真正掌握编程的一条必经之路。第 4 章的数组实际上是一个"量"的扩展，即由对少量的个别数据的处理编程扩展到对大量的成批数据的处理编程，因此引入了存储成批数据的数据结构——数组。第 5 章的函数实际上是对"程序结构"的扩展，即讲解当程序由单一的主函数扩展到多个函数时如何定义和调用这些函数，参数如何在函数之间传递，计算结果又如何由被调函数返回。第 6 章的指针实际上是对变量访问的扩展，通过指针可以有效地表示各种复杂的数据结构，进而编写出精炼且高效的程序。第 7 章的结构体是在第 4 章数组简单"量"的扩展基础上进行的又一个更高层次的扩展，即将不同的简单"量"组合在一起形成一个复杂的"量"——结构体，进而也可以形成一批结构体的"量"。第 8 章介绍 C 语言程序如何处理来自外存文件中的数据，即如何与外存文件中的数据"打交道"。

本书为了突出重点，简明扼要，对一些可不讲或可忽略的内容，均以"*"符号标出，以便教师根据讲授的学时数进行取舍。而以"*"符号标出的内容可供读者进一步深入学习或开阔视野使用。本书的配套教学资源可在华信教育资源网下载。

欢迎读者对本书的内容及本书中的某些见解和表述方法进行批评指正。

编　者

2024 年 3 月

目录

第 1 章

C 语言与程序设计引论

1.1 计算机和程序设计的基本概念

1.1.1 计算机系统的组成

计算机是一种能够自动、高速处理数据的工具。一个完整的计算机系统包括硬件和软件两大部分，其组成如图 1.1 所示。

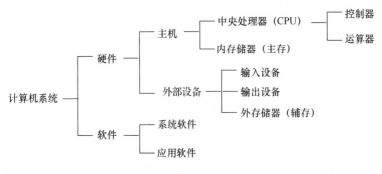

图 1.1 计算机系统的组成

1. 硬件

硬件是指计算机的机器部分，即我们所见到的物理设备和器件的总称。计算机硬件结构如图 1.2 所示。

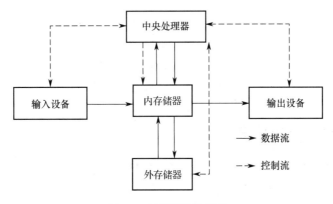

图 1.2 计算机硬件结构

中央处理器（CPU）是计算机的核心，由控制器和运算器两部分组成。控制器是计算机的神经中枢，它统一指挥和控制计算机各部分的工作；运算器对数据进行运算和处理。

计算机存储器分为内存储器和外存储器两种。内存储器简称内存，也称主存，是计算机直接存取程序和数据的地方。内存可直接与 CPU 交换信息。内存的特点是存取信息的速度快，但存储容量有限。外存储器简称外存，也称辅存，常用的外存有磁盘和 U 盘等。由于内存存储容量有限，因此常用外存来存放大量暂时不用的信息，这些信息一般以文件的形式存放在外存中。CPU 不能直接处理外存中的信息，处理前必须先将这些信息由外存调入内存中，因此程序只有装入内存后才能运行。外存的特点是存储容量大，信息可以长期保存，但存取信息的速度较慢。

输入、输出设备是计算机与外界传递信息的通道。输入设备用于把数据、图像、命令和程序等信息输入计算机，直接向计算机输入信息的常用设备是键盘。输出设备用于将计算机执行的结果输出并反馈给使用者，主要的输出设备有显示器和打印机。磁盘和 U 盘既是输入设备，又是输出设备。

2．软件

软件通常指计算机系统中的程序和数据，并按功能分为系统软件和应用软件两类。系统软件是指为进行计算机系统的管理和使用而必须配置的那部分软件，如操作系统、汇编程序和编译程序等。应用软件是指针对某类专门应用的需要而配置的软件，如计算机辅助教学 CAI、财务管理软件及火车和飞机订票系统等。由于软件具有易于修改和复制的优点，因此便于推广应用。

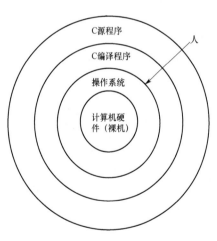

图 1.3　计算机硬件功能的扩展和
人机交互的界面

仅有硬件的计算机系统（称为裸机）是难以进行工作的。为了对计算机所有软、硬件资源进行有效的控制和管理，在裸机的基础上形成了第一层软件，这就是操作系统。

操作系统是最基本的系统软件，是对硬件机器的首次扩充。其他软件都是建立在操作系统之上的，通过操作系统对硬件的功能进一步扩充，并在操作系统的统一管理和支持下运行（见图 1.3）。因此，操作系统在整个计算机系统中占据特殊的地位，它不仅是硬件与其他软件的接口，而且是整个计算机系统的控制和管理中心，它为人们提供了与计算机进行交互的良好界面。

综上所述，硬件是计算机的物质基础，软件建立在硬件的基础之上，是对硬件功能的扩充与完善。两者缺一不可，没有软件，计算机的硬件难以工作；没有硬件，软件的功能无法实现。

1.1.2　程序与程序设计语言

要使计算机能够完成人们指定的工作，就必须把工作的具体实现步骤编写成计算机能够识别并执行的一条条指令。计算机执行这个指令序列后，就能完成指定的任务，这样的指令序列就是程序。因此，程序就是由人编写的用于指挥和控制计算机完成特定功能的指令序列。书写程序所使用的语言称为程序设计语言，它是人与计算机进行信息通信的工具，而设计、编写和调试程序的过程则称为程序设计。计算机发展到今天，程序设计语言经历了机器语言、汇编语言和高级语言三个阶段。

计算机能够执行的一项操作称为一条指令，计算机能够执行的所有操作即全部指令的集合就是该计算机的指令系统。计算机硬件的器件特性决定了计算机本身只能直接接收由 0 和 1 编码的二进制指令和数据，这种二进制形式的指令集合称为计算机的机器语言，它是计算机唯一能够直接识别并接收的语言。

用机器语言编写程序很不方便且容易出错，编写出来的程序也难以调试、阅读和交流。为此，出现了利用助记符来代替机器语言二进制编码的另一种语言，这就是汇编语言。汇编语言是建立在机器语言之上的，因为它是机器语言的符号化形式，所以其较机器语言更直观。但是计算机并不能直接识别这种符号化的语言，因此用汇编语言编写的程序必须翻译成机器语言才能由计算机执行，这种"翻译"是通过专门的软件——汇编程序来实现的。

尽管汇编语言与机器语言相比在阅读和理解上有了长足的进步，但其依赖具体机器的特性是无法改变的。要想编写好汇编程序，除需要掌握汇编语言外，还必须了解计算机的内部结构和硬件特性，再加上不同计算机的汇编语言又各不相同，这无疑给程序设计增加了难度。

随着计算机应用需求的不断增长，出现了更加接近人类自然语言的功能更强、抽象级别更高的面向各种应用的高级语言。由于高级语言接近人类的自然语言，因此其使用方便，编写的程序也符合人们的习惯，能够较自然地描述各种问题，进而极大地提高了编程的效率。此外，编写的程序也便于查错、阅读和修改。更为重要的是，高级语言已经从具体机器中抽象出来，摆脱了依赖具体机器的问题，用高级语言编写的程序几乎在不改动的情况下就能够在任何计算机上运行，并且编程人员在编写程序时也无须了解计算机内部的硬件结构。这些都是机器语言和汇编语言难以做到的。

与汇编语言一样，计算机也不能直接识别用高级语言编写的程序，即必须经过编译程序的分析、加工，将其翻译成机器语言程序后才能执行。编译程序是这样一种程序，它能够把高级语言程序翻译成等价的机器语言程序。在编译方式下，高级语言程序的执行分为两个阶段：编译阶段和运行阶段。在编译阶段，高级语言程序被翻译成机器语言程序；在运行阶段，这个机器语言程序才被真正执行（见图 1.4）。

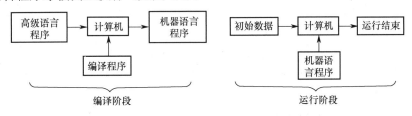

图 1.4　高级语言程序的执行过程

例如，给内存十六进制 1000 地址单元中的数据加上十进制数 10，则用机器语言、汇编语言和高级语言分别表示如下。

（1）用 8086/8088 机器语言表示。

```
10100001 11010000 00000111    /*将十六进制 1000 地址单元中的数据存入 AX 寄存器中*/
10000011 00001010             /*给 AX 寄存器中的数据加 10*/
10100011 11010000 00000111    /*将 AX 寄存器中的数据存入十六进制 1000 地址单元中*/
```

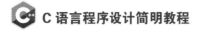

（2）用 8086/8088 汇编语言表示。

```
MOV AX, [1000]          /*将十六进制 1000 地址单元中的数据存入 AX 寄存器中*/
ADD AX, 10              /*给 AX 寄存器中的数据加 10*/
MOV [1000], AX          /*将 AX 寄存器中的数据存入十六进制 1000 地址单元中*/
```

（3）用 C 高级语言表示。

```
X=X+10;                 /*X 为十六进制 1000 地址单元的变量名*/
```

自从 20 世纪 50 年代中期第一种高级语言——FORTRAN 语言问世以来，全球已经出现了几千种高级语言，但广泛使用的高级语言不过数十种。例如，适用于科学计算的 FORTRAN 语言，适用于商业事务处理的 COBOL 语言，第一个体现结构化程序设计思想的 Pascal 语言，用于人工智能程序设计的 Prolog 语言，功能丰富的 C 语言，以及面向对象程序设计的 C++、Java 和 Delphi 语言等。

1.2 C 语言的发展历程和特点

1.2.1 C 语言的发展历程

由于操作系统等系统程序依赖于计算机硬件，因此以前这类系统程序主要是用汇编语言编写的。但是汇编语言程序的可读性和可移植性都很差，严重影响了系统程序的编写效率。在这种情况下，人们希望有一种语言既具有高级语言可读性高、便于移植的优点，又具有汇编语言能够直接访问计算机硬件的特点，于是 C 语言就产生了。

C 语言的起源可以追溯到 ALGOL 60 语言。1963 年，英国剑桥大学在 ALGOL 60 的基础上推出了 CPL（Combined Programming Language），但该语言规模较大，从而难以实现。1967 年，英国剑桥大学的 Matin Richards 对 CPL 做了简化和改进，推出了 BCPL（Basic Combined Programming Language）。1970 年，美国贝尔实验室的 Ken Thompson 以 BCPL 为基础，又做了进一步简化，设计出简单且接近硬件的 B 语言（取 BCPL 的第一个字母），并用 B 语言写出了第一个 UNIX 操作系统且在 DEC PDP-7 型计算机上得以实现。1971 年，在 DEC PDP-11 型计算机上实现了 B 语言。1972 年，美国的 D. M. Ritchie 在 B 语言的基础上设计出了 C 语言（取 BCPL 的第二个字母），并首次在装有 UNIX 操作系统的 DEC PDP-11 型计算机上使用。

后来 C 语言又进行了多次改进，但其主要还是在贝尔实验室内部使用。1977 年，D. M. Ritchie 发表了不依赖于具体机器系统的 C 语言编译文本——《可移植的 C 语言编译程序》，使 C 语言移植到其他机器上时所做的工作大为简化，这也推动了 UNIX 操作系统迅速在各种机器上应用。随着 UNIX 操作系统的广泛使用，C 语言也得到迅速推广，成为世界上应用广泛的程序设计语言之一。

1978 年，B. W. Kernighan 和 D. M. Ritchie 两人合作出版了 C 语言白皮书 *The C Programming Language*，给出了 C 语言的详细定义。1983 年，美国国家标准协会（ANSI）对 C 语言的各种版本做了扩充和完善，制定了 C 语言的标准（称为 ANSI C），这就给 C 语言程序的移植创造了更有利的环境。1990 年，ANSI C 被国际标准化组织（ISO）所接受。

微机上使用的 C 语言编译系统多为 Microsoft C、Turbo C、Borland C 和 Quick C 等，它们都是按照标准 C 语言编写的。这些编译系统相互之间略有差异，并且每种编译系统又有不同的版本，各版本之间也存在着差异。通常情况下，版本越高的编译系统所提供的函数越多、编译能力越强，使用也就越方便。

1.2.2　C 语言的特点

C 语言与其他语言相比之所以发展如此迅速，成为非常受欢迎的语言之一，主要原因是它具有强大的功能。许多著名的系统软件，如 UNIX 操作系统，就是由 C 语言编写的。归纳起来，C 语言具有以下特点。

（1）简捷、紧凑、方便、灵活。C 语言共有 32 个关键字、9 种控制语句，其程序书写自由，主要用小写英文字母表示，压缩了一些不必要的成分。因此，C 语言程序比由其他许多高级语言编写的程序要简练得多。

（2）运算符丰富。C 语言的运算符包含的范围很广泛，共有 34 个运算符。C 语言把括号、下标、赋值、强制类型转换等都作为运算符处理，从而使 C 语言的运算类型丰富、表达式类型多样化。灵活使用 C 语言的各种运算符可以实现在其他高级语言中难以实现的运算。

（3）数据类型丰富。C 语言的数据类型有整型、实型、字符型、数组类型、结构体类型和共用体类型等，具有现代高级语言所具有的各种数据类型，能够实现复杂数据结构的各种运算。尤其是 C 语言的指针类型，使程序运行的效率更高。此外，C 语言还具有强大的图形功能，支持多种显示器和驱动器。

（4）结构化语言。结构化语言的显著特点是代码及数据的分离，即程序的各部分除必要的信息交流外，彼此独立。这种结构化方式可使程序层次清晰，便于使用、维护和调试。C 语言是以函数形式提供给用户的，这些函数可以方便地被调用，并由多种循环语句、条件语句来控制程序的流向，从而使程序实现结构化。

（5）语法检查不太严格，程序设计自由度大。一般高级语言的语法检查比较严格，几乎能够检查出所有的语法错误，而 C 语言放宽了语法检查，允许程序编写者有较大的自由度，这是 C 语言的优点，同时也是 C 语言的缺点。限制严格就失去了灵活性，而强调灵活性必然会放松限制。也就是说，在 C 语言程序设计中，不要过分依赖编译器的语法检查。因此，对于初学者来说，编写一个正确的 C 语言程序比编写一个其他高级语言程序要困难一些。

（6）允许直接访问物理地址。C 语言中含有位运算和指针运算，能够实现对内存地址的直接访问和操作，即 C 语言可以实现汇编语言的大部分功能，直接对硬件进行操作。所以，C 语言既具有高级语言的功能，又具有汇编语言（低级语言）的大部分功能，这就是有时也称 C 语言为"中级语言"的原因。

（7）生成的目标代码的执行效率高。C 语言程序生成的目标代码（机器语言程序）的执行效率仅比汇编语言程序低 10%～20%，这远高于其他高级语言的执行效率。

（8）适用范围广，可移植性好。C 语言的一个突出优点就是适用于多种操作系统，如 DOS、Windows 和 UNIX，同时也适用于多种机型。这样，C 语言程序就可以很容易地移植到其他类型的计算机上。

1.3　C 语言程序的基本组成

下面我们通过几个简单的 C 语言程序来大致了解 C 语言程序的基本组成，以便对其有一个初步的认识。

【例 1.1】在显示器上输出"Hello,China!"。

```
#include<stdio.h>                    /*使用 C 语言提供的标准输入/输出函数*/
```

```
void main( )                      /*主函数 main*/
{
    printf("Hello,China!\n");   /*用输出函数 printf 实现输出显示字符串*/
}
```

运行结果：

```
Hello,China!
```

程序说明如下。

（1）一个 C 语言程序有且只有一个名为 main 的主函数，main 是主函数名。当程序执行时就是从 main 函数开始的，具体来讲就是从 main( )下面的"{"开始，到"}"结束。花括号"{}"中间的内容称为函数体，该函数体就是实现某种功能的一段程序。例 1.1 中的函数体只有一个 printf 函数调用语句，该语句实现了将一对双引号""""引起来的字符串原样输出到显示器上，而字符串中的"\n"字符表示换行，即在输出字符串"Hello,China！"后将光标换到下一行的开始处。

（2）在 main 函数前加上"void"表示 main 函数没有返回值。main 后面的圆括号"( )"表明 main 函数没有参数。

（3）printf 函数语句后面有一个分号"；"，表示该语句结束。C 语言规定，语句用分号"；"表示结束。

（4）程序中的"/* … */"表示其中的文字是注释内容。程序中的注释是为了提高程序的可读性而加入的说明性信息。注释内容的有无并不影响程序的功能和运行结果。

（5）程序第一行的"#include<stdio.h>"是编译预处理命令行，它通知编译系统，将包含输入和输出标准库函数的 stdio.h 文件作为当前源程序的一部分。比如，输出函数 printf 及输入函数 scanf 都要使用 stdio.h 才能实现数据的输出和输入。

【例 1.2】求两个数 x 与 y 之和。

```
#include<stdio.h>
void main( )
{
    int x,y,sum;                 /*定义 x、y、sum 3 个整型变量*/
    printf("Input x and y:\n");  /*在显示器上显示提示输入的信息*/
    scanf("%d%d",&x,&y);         /*由键盘输入 x 和 y 的值*/
    sum=x+y;                     /*完成 x+y 的求和并将结果赋给 sum*/
    printf("x+y=%d\n",sum);      /*输出求和结果*/
}
```

运行结果：

```
Input x and y:
12 15↙
x+y=27
```

程序说明如下。

为了表示变化的数据，程序中引入了变量，即通过变量来保存数据的值。在例 1.2 中定义了 3 个变量，分别命名为 x、y 和 sum。第一个函数调用语句 printf 输出"Input x and y:"，用来提示输入 x 和 y 的信息，这时就可以由键盘输入给变量 x 和变量 y 赋值了。scanf 是 C 语言的输入函数，语句中的"%d"是整型数据输入格式，用来指定由键盘输入数据的格式和类型。"%d%d"表示读入两个数，输入时要用空格符分隔。scanf 语句中的"&x,&y"则表示将输入的两个数分别赋给变量 x 和变量 y，这里的"&"表示地址，即将数据传送到变量 x 和变量 y 对应的内存存储地址中。语句"sum=x+y;"用于实现 x+y 的求和并将结果赋给变量 sum。

第二个函数调用语句 printf 先输出 "x+y="，然后按格式 "%d" 将 sum 的值输出，即：

```
x+y=27
```

【例 1.3】使用键盘输入两个整数，在屏幕上输出它们之中的最大值。

```
#include<stdio.h>
int max(int x,int y)      /*定义函数 max，形参 x、y 为整型。max 前的 int 表示返回值为整型*/
{
    int z;                /*定义变量 z 为整型*/
    if(x>y)               /*条件判断语句，判断 x 是否大于 y*/
        z=x;              /*若 x>y 为真，则将 x 值赋给 z*/
    else
        z=y;              /*若 x>y 为假，则将 y 值赋给 z*/
    return (z);           /*将赋值后的 z 值返回给调用函数 main*/
}
void main( )              /*主函数*/
{
    int a,b,c;            /*定义变量 a、b、c 为整型*/
    printf("Input a,b=");  /*输出提示字符串 "Input a,b=" */
    scanf("%d,%d",&a,&b);  /*由键盘输入 a、b 的值*/
    c=max(a,b);           /*调用函数 max，并将 max 的返回值赋给变量 c*/
    printf("Max is:%d\n",c);  /*输出结果*/
}
```

运行结果：

```
Input a,b=8,12↙
Max is:12
```

程序说明如下。

（1）程序中定义了两个函数：主函数 main 和被调函数 max。注意，scanf 和 printf 函数是 C 语言提供的标准函数，无须用户定义，只需通过预处理命令 "#include" 将 "stdio.h" 包含在程序中即可直接使用。而 max 函数是用户自定义的函数，即在程序中必须写出 max 函数的定义。

（2）一个自定义函数由两部分组成。

① 函数首部：包括函数类型、函数名、参数类型和参数名。例如，

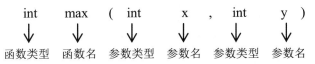

② 函数体：函数首部下面花括号 "{ }" 内的部分。若一个函数内有多个花括号 "{ }"，则最外层的一对花括号 "{…}" 为函数的范围。函数体一般包括说明部分和执行部分，它们都是 C 语言的语句。其中，说明部分用来定义函数内部所用到的变量及其数据类型；执行部分则用来实现函数要完成的功能，如 max 函数的功能是将 x、y 两个数中的较大者赋给 z，然后返回 z 值给主函数 main。

（3）主函数 main 中的 printf 函数和 scanf 函数的功能同例 1.2。语句 "c=max(a,b);" 的作用是，用 a 和 b 作实参调用 max 函数，并将 a 和 b 的值分别传给 max 函数的形参 x 和 y，且 max 函数最终通过 rcturn 语句将 z 值返回给主函数 main 中的变量 c。

通过以上几个例子，可以概括出 C 语言程序的结构特点。

（1）C 语言程序主要由函数构成。C 语言程序中有主函数 main、系统提供的库函数（如 printf 和 scanf），以及由程序设计人员自行设计的自定义函数（如 max 等）3 种类型的函数。

（2）一个函数由说明部分和执行部分组成。说明部分在前，执行部分在后，这两个部分的顺序不能颠倒。

（3）无论将主函数 main 写在程序中的什么位置，一个程序总是从主函数 main 开始执行的。

（4）C 语言书写格式比较自由。一个语句可以占多行，一行也可以写多个语句。

（5）C 语言的语句都是以分号";"结尾的。

（6）C 语言程序中可用"/*字符串*/"对程序进行注释，注释部分可以放置在程序的任何位置来增加程序的可读性。

（7）C 语言程序中可以有由"#"开头的预处理命令行（include 仅为其中的一种），预处理命令行通常应放在程序的最前面。

习题 1

1．下面叙述中错误的是_____。

A．操作系统是裸机上的第一层软件

B．操作系统是一种应用软件

C．操作系统是硬件与其他软件的接口

D．操作系统提供了人与计算机交互的界面

2．下面叙述中错误的是_____。

A．程序设计是指设计、编制和调试程序的过程

B．程序设计语言的基本功能就是描述数据及对数据进行处理

C．程序是由人编写的用于指挥和控制计算机完成某一个任务的指令序列

D．程序设计语言就是高级语言，用它编写的程序可以直接在计算机上运行

3．下面叙述中正确的是_____。

A．编译程序是将高级语言程序翻译成等价的机器语言程序的程序

B．机器语言因使用过于困难，故现在计算机根本不使用机器语言

C．汇编语言是计算机唯一能够直接识别并接收的语言

D．高级语言接近人们的自然语言，但其依赖具体机器的特性是无法改变的

4．一个 C 语言程序由_____。

A．一个主程序和若干子程序组成　　　　　B．若干函数组成

C．若干过程组成　　　　　　　　　　　　D．若干子程序组成

5．一个 C 语言程序的执行_____。

A．从第一个函数开始，到最后一个函数结束

B．从第一个语句开始，到最后一个语句结束

C．从 main 函数开始，到最后一个函数结束

D．从 main 函数开始，到 main 函数结束

6．任何 C 语言的语句必须以_____结束。

A．句号"．"　　　　　　　　　　　　　　B．分号";"

C．冒号 ":"   D．感叹号 "!"

7．C 语言程序的注释_____。

A．由 "/*" 开头且由 "*/" 结尾   B．由 "/*" 开头且由 "/*" 结尾

C．由 "//" 开头   D．由 "/*" 或 "//" 开头

8．下面说法中正确的是_____。

A．若没有参数，则函数名后面的圆括号可以省略

B．C 语言程序中的 main 函数必须放在程序的开头

C．一个 C 语言程序可以由若干函数组成，但必须有一个 main 函数

D．C 语言程序中的注释只能放在程序的开始部分

9．C 语言源程序名的后缀是_____。

A．exe   B．.c   C．.obj   D．.cp

10．下面叙述中错误的是_____。

A．C 语言源程序经编译后生成后缀为.obj 的目标文件

B．C 语言程序经过编译、连接后才能形成一个真正可执行的二进制机器指令文件

C．用 C 语言编写的程序称为源程序，并以 ASCII 码形式存放在一个文本文件中

D．C 语言中的每条可执行语句和非执行语句最终都将被转换成二进制机器指令

11．下面 C 语言程序的写法是否正确？若有错误，请改正。

```
(1) #include<stdio.h>
    main( )
    {
     printf("C program.\n")
    }
(2) void main
    {
     printf(C program.\n);
    }
```

12．编写一个 C 语言程序，用于输出 "How are you？"。

第 2 章

C 语言程序设计基础

2.1　C 语言的基本符号与数据类型

2.1.1　C 语言的基本符号

程序是由一个个字符组成的，任何程序设计语言都规定了该语言所允许使用的字符集合。C 语言使用的是 ASCII 码字符集（见附录 A），共包括 256 个字符（附录 A 中只列出了前 128 个字符），每个字符都对应着一个不同的序号（码值）。前 128 个字符为标准的 ASCII 码字符。序号为 0～31 及 127 的字符为控制字符，用于完成规定的功能操作。序号为 32～126 的 95 个字符是文字字符，用于显示和打印。其中，

（1）序号为 48～57 的字符：数字 0、1、2、3、4、5、6、7、8、9。

（2）序号为 65～90 的字符：26 个大写英文字母 A、B、C、…、X、Y、Z。

（3）序号为 97～122 的字符：26 个小写英文字母 a、b、c、…、x、y、z。

（4）其他一些可打印（显示）的字符，如各种标准符号、运算符号和括号等，包括

!	#	%	^	&	+	–	*	/	=	~	<	>	\			.	,	;	:	?	'	"	(	)	[	]	{	}

（5）一些特殊字符，如空格符、换行符、制表符（跳格）等。空格符、换行符、制表符等统称为空白字符，它们在程序中的主要作用是分隔其他成分，即通过加入一些空白字符把程序排成适当的格式，以增加程序的可读性。

序号为 128～255 的 ASCII 码字符都是特殊字符，对于不同的计算机而言，它们所代表的字符不同。此外，C 语言在字符串常量和注释中还可以使用汉字等其他图形符号。

由一个或多个字符组成的具有确切含义并相对独立的字符串称为单词符号。单词符号是程序语言的基本语法符号。C 语言的单词符号分为专用符号、关键字、标识符和分隔符等类别。

1. 专用符号

常用的 C 语言专用符号如表 2.1 所示，表中的每个符号都有独立的含义。其中，双字符号>=、<=、&&等都是一个独立的整体，不能将其分开书写。

表 2.1　常用的 C 语言专用符号

符　　号	含　　义	符　　号	含　　义
+	加法运算	– –	自减运算
–	减法运算、负号运算	'	字符常量开始或结束限定符

符　号	含　义	符　号	含　义
*	乘法运算、指针运算	"	字符串常量开始或结束限定符
/	除法运算	->	指向结构体成员运算符
%	求余运算	.	结构体成员运算符
>	大于	(	参数或嵌套表达式开始标识符
<	小于	)	参数或嵌套表达式结束标识符
>=	大于或等于	[	下标开始标识符
<=	小于或等于	]	下标结束标识符
==	等于	{	复合语句或函数体开始标识符
!=	不等于	}	复合语句或函数体结束标识符
=	赋值运算	/*	注释行开始标识符
&	取地址运算、按位与运算	*/	注释行结束标识符
&&	逻辑与	<<	左移运算
||	逻辑或	>>	右移运算
!	逻辑非	^	按位异或运算
;	语句分隔符	|	按位或运算
,	参数、变量分隔符，逗号运算符	~	按位取反运算
++	自增运算	//	注释行开始标识符

注意，"/*"和"//"都是注释行开始标识符。"//"之后的当前行文字是注释内容，"//"仅能注释一行内容；而由"/*"和"*/"配合完成的注释，"/* … */"中的文字（无论有几行）是注释内容，因此"/* … */"可注释一行内容，也可注释多行内容。此后，我们主要采用"//"注释方式。

2．关键字

关键字是程序设计语言自身保留下来用以表达特定含义的单词集合。C 语言中的关键字共有 32 个（见表 2.2），它们具有命名语句中的功能符号（如 for、if、do 等），定义标准数据类型（如 int、float、struct 等）、某些运算符（如 sizeof）等作用。由于关键字具有程序语言中预先定义好的特殊意义，因此只能在程序需要的地方使用，而不允许被重新定义为具有新含义的关键字。

表 2.2　C 语言中的关键字

auto	break	case	char	const
continue	default	do	double	else
enum	extern	float	for	goto
if	int	long	register	return
short	signed	sizeof	static	struct
switch	typedef	union	unsigned	void
volatile	while			

3．标识符

在程序中，常常用具有一定意义的名字来标识变量名、函数名和数组名，以便在程序中根据名字访问它，而程序中的各种名字都是用标识符来表示的。C 语言中关于标识符的规定如下。

（1）一个标识符是以字母开头的，并以字母和数字组成一个连续的字符序列，其中不得有空白字符。C 语言特别规定将下画线字符"_"作为字母来看待。

（2）标识符中同一个英文字母的大小写是有区别的，即看作不同的字符。

（3）标识符不能与关键字同名。

【例 2.1】以下 4 组用户定义的标识符中，全部合法的一组是_____。

A．_main	B．if	C．txt	D．int
enclude	-max	REAL	k-2
sin	y-m-d	Dr.Tom	_001
_2010	Date	3COM	sizeof

解：在 C 语言中，标识符是以字母或下画线开头的，是由字母、数字或下画线组成的字符序列，并且不能与 C 语言中的 32 个关键字同名。B 选项中的-max 和 y-m-d 中的"-"不是下画线，即不属于字母、数字和下画线的范畴，因此都不是标识符；C 选项中的 Dr.Tom 中出现了标识符不允许出现的字符"."，且 3COM 不是由字母或下画线"_"开头的，因此都不是标识符；D 选项中出现了 C 语言中的关键字 int 和 sizeof，因此也不是标识符，故只有 A 选项正确。

4．分隔符

C 语言的分隔符主要有空格、逗号和分号。C 语言中单词与单词之间用一个或多个空格" "进行分隔，语句与语句之间用一个分号";"进行分隔，逗号","则用于程序定义同类型变量之间、函数参数表中参数之间及输入/输出语句中各个参数之间的分隔。

2.1.2 C 语言的数据类型

数据是计算机处理的对象，程序所描述的就是数据和对这些数据的处理步骤。数据的性质是通过数据类型来反映的，高级语言程序中的每个数据都必须属于一种数据类型。数据类型从本质上定义了该类型数据的取值范围和可施加于它们的全部运算。C 语言根据数据的特点将其分为基本类型、构造类型、指针类型和空类型 4 类（见图 2.1），通过这些数据类型可以构造出其他数据类型和数据结构。

数据类型除指定数据的取值范围和可施加的运算外，还指明了该数据在内存中的存放方式及所占内存的大小（字节数）。在此仅介绍基本类型，其他数据类型将在后面章节中逐步介绍。

C 语言的基本数据类型包括整型、单精度型、双精度型和字符型 4 种。此外，还可以通过类型修饰符来扩充基本类型的含义，以便更准确地适应各种需要。修饰符有 long（长型）、short（短型）、signed（有符号）和 unsigned（无符号）4 种，这些修饰符与基本类型的类型标识符 int、float 和 double 组合可表示不同的数值范围及数据所占内存的大小。表 2.3 给出了 C 语言的基本数据类型及类型标识符、所占内存空间字节数和所表示的数值范围。

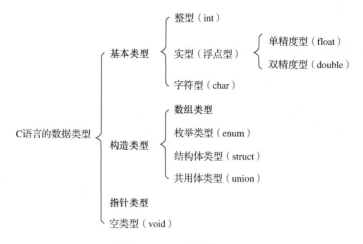

图 2.1　C 语言的数据类型

表 2.3　C 语言的基本数据类型及其特点

基本数据类型	类型标识符	字　节	数　值　范　围
字符型	char	1	−128～127
无符号字符型	unsigned char	1	0～255
整型	int	4	−214783648～214783647
短整型	short int	2	−32768～32767
长整型	long int	4	−214783648～214783647
无符号型	unsigned	4	0～4294967295
无符号短整型	unsigned short	2	0～65535
无符号长整型	unsigned long	4	0～4294967295
单精度型	float	4	-3.4×10^{38}～3.4×10^{38}
双精度型	double	8	-3.4×10^{308}～3.4×10^{308}
长双精度型	long double	8	-3.4×10^{308}～3.4×10^{308}

注意，在早期的 16 位微机和 Turbo C 中，短整型数据和无符号短整型数据各占 1 个字节，整型数据和无符号型数据各占 2 个字节，长整型数据和无符号长整型数据各占 4 个字节。而在 32 位（或 64 位）微机的 VC++ 6.0 环境中，短整型数据和无符号短整型数据各占 2 个字节，整型数据、无符号型数据、长整型数据及无符号长整型数据各占 4 个字节。了解数据所占内存空间字节数的方法是采用 sizeof 运算符来检测，如使用 sizeof(long int)可以得到 long int 类型数据所占的内存空间字节数。

2.2　常量

常量的值在程序运行过程中恒定不变。常量可分为直接常量和符号常量。直接常量也就是日常所说的常数，包括数值常量和字符型常量两种；符号常量则是指用标识符定义的常量，从字面上不能直接看出其类型和值。C 语言中常量的分类如图 2.2 所示。

图 2.2　C 语言中常量的分类

2.2.1 整型常量、实型常量及符号常量

1. 整型常量

在 C 语言中，整型常量有十进制、八进制和十六进制 3 种表示形式。

（1）十进制整型常量的表示与数学上的整数表示相同。十进制整型常量没有前缀，由 0～9 的数字组成。

以下各数是合法的十进制整型常量：

```
386    -567    65535    2010
```

以下各数是非法的十进制整型常量：

```
029（不能有前导 0）    23A（含有非十进制字符）
```

（2）八进制整型常量的表示以数字 0 为前缀，后面是由 0～7 的数字组成的八进制数。八进制数通常是无符号数。

以下各数是合法的八进制整型常量：

```
016（十进制数为 14）    0102（十进制数为 66）    0177777（十进制数为 65535）
```

以下各数是非法的八进制整型常量：

```
356（无前缀 0）    02A6（含有非八进制字符）    -0128（出现了非八进制数 8 和负号）
```

（3）十六进制整型常量的表示以 0x 或 0X 为前缀（在 0x 或 0X 中，x 或 X 的前面是数字 0），其后是由 0～9、A～F 或 a～f 组成的十六进制数。

以下各数是合法的十六进制整型常量：

```
0x2A（十进制数为 42）    0xA0（十进制数为 160）    0xFFFF（十进制数为 65535）
```

以下各数是非法的十六进制整型常量：

```
5AF（无前缀 0x）    0x32H（含有非十六进制字符 H）
```

在程序中是根据常量的前缀来区分各种进制数的。因此，在书写常量时要避免因前缀错误而造成结果的不正确。

整型常量中的长整型数据可用 L（或 l）作为后缀来表示。例如：

```
158L（十进制数为 158）    077L（十进制数为 63）    0XA5L（十进制数为 165）
```

整型常量中的无符号型数据可用 U（或 u）作为后缀来表示。例如：

```
358u    0x38Au    0235U    0XA5Lu    386LU
```

2. 实型常量

C 语言中的实型常量只能用十进制形式表示，而不能用八进制或十六进制形式表示。实型常量只有两种进制表示形式，即小数形式和指数形式。

（1）小数形式。由数字和小数点"."组成（必须有小数点）。例如：

```
-1.85    .426    728.    0.345    0.0
```

都是十进制数的小数形式，小数点前面或后面可以没有数字。

（2）指数形式。由十进制数加阶码标志"e"或"E"及阶码组成，其一般形式如下。

```
aEn    或 aen
```

其中，a 为十进制数，n 为十进制整数（当 n 为正数时，"+"可以省略），其值为 $a \times 10^n$。

以下各数是合法的实型常量：

```
1.234e+12（等于 1.234×10¹²）    3.7e-2（等于 3.7×10⁻²）    78E3（等于 78×10³）
```

以下各数是非法的实型常量：

```
e-5（阶码"e"前无数字）    58.+e5（符号位置不对）    2.7E（无阶码）    6.4e-5.8（阶码为小数）
```

由此可见，在阶码标志"e"或"E"前后必须有数字且"e"或"E"后的数字必须是整数。

注意，一个实型常量在用指数形式输出时，是按规格化的指数形式输出的，即小数点前面只有一位非零数字。例如，2041.567e11 的输出为 2.041567e+014；0.001234e-4 的输出为 1.234e-007。另外，在 C 语言中，实型常量默认为双精度型（double 型），若实型常量的后面是后缀 F（或 f），则其为单精度型（float 型）。

3. 符号常量

在程序中，可以定义一个符号来表示一个常量，这种相应的符号称为符号常量。符号常量实际上就是给常量起了一个名字。例如，用 PI 表示圆周率 π，即 3.14159。

使用符号常量，一方面可以增加程序的易读性。在程序中定义一些具有一定意义的符号常量时，一看就能知道其含义，即"见名知义"。例如，用 PI 代表圆周率 π、用 Name 代表姓名等。另一方面可以提高程序的通用性和可维护性。使用符号常量可以使该常量的修改变得十分方便。例如，一个程序中多处出现某个常量，若需要修改该常量，则要对程序中所有出现该常量的地方都进行修改，这种修改比较麻烦且容易遗漏。若使用符号常量，则只需修改其定义即可，即一改全改，不会出现遗漏。

在 C 语言中，在程序的开始处用编译预处理命令#define 来定义符号常量。符号常量的定义形式如下。

```
#define 符号常量名 常量
```

例如：

```
#define PI 3.14159
#define NUM 35
#define Name "Liu yu"
```

注意，#define 与#include 一样，两者均是宏命令，而不是 C 语言的语句，故其命令行末尾不能加分号";"。当程序被编译时，宏命令首先被编译预处理，即用符号常量名后面的常量来替换程序中所有出现的这个符号常量名。此外，符号常量一旦被定义，就不能在程序中的其他地方给这个符号常量赋值。例如，"PI=5.286"是错误的。

2.2.2 字符常量与字符串常量

1. 字符常量

在 C 语言中，用一对单引号"''"引起来的一个字符称为字符常量。例如，'a'、'0'、'A'和'*'都是合法的字符常量（注意，'a'和'A'是不同的字符常量）。当将字符常量存储在内存中时，存储的并不是字符本身，而是字符的编码，称为 ASCII 码。例如，'a'的 ASCII 码值是 97，而'A'的 ASCII 码值是 65。

除以上形式的字符常量外，C 语言还定义了一些特殊的字符常量，即以反斜杠字符'\'开头的字符序列，被称为转义字符。之所以被称为转义字符，是因为它们能够改变'\'后的字符或字符序列原有的含义，使其转化为特定的含义。例如，转义字符'\n'不再表示字母"n"，而是作为换行符使用。

常用的转义字符如表 2.4 所示。

表 2.4　常用的转义字符

转 义 字 符	含　义	控制字符或字符	ASCII 码
\n	换行，光标由当前位置移至下一行开头处	NL (LF)	10
\t	水平位移，跳到下一个 Tab 位置（8 个字符位置）	HT	9
\b	退格，使光标回退一个字符位置	BS	8
\r	回车，光标由当前位置移至本行开头处	CR	13
\\	反斜杠字符 "\"	\	92
\'	单引号字符 "'"	'	39
\"	双引号字符 """	"	34
\0	空字符，通常作为字符串的结束标志	NUL	0
\ddd	ddd 为 1～3 位八进制数	ddd	
\xhh	hh 为 1～2 位十六进制数	hh	

在使用字符常量时需要注意以下几点。

（1）字符常量只能用单引号 "' '" 引起来，而不能用双引号或其他符号。

（2）字符常量只能是单个字符。

（3）字符可以是字符集中的任意字符，但若数字被定义为字符型之后，则以 ASCII 码值参与数值运算。例如，'6'的 ASCII 码值为 54，它与数字 6 不同；'6'是字符常量，而 6 是整型常量。

非法的字符常量如下：

'\197'（9 不是八进制数中的数字）　　'\1673'（转义字符中的八进制数最多有 3 位）
'\ab'（作为十六进制数少了标识 x）　　'ab'（字符常量只能是单个字符）
"m"（字符常量只能用单引号引起来）

注意，'\ddd'中的 ddd 为 1～3 位八进制数。由于 1 位八进制数要占用 3 个二进制位，因此 3 位八进制数共占用 9 个二进制位。为了用 1 个字节（8 个二进制位）放下这 3 位八进制数，则第一位八进制数不应大于 3。这样，3 位八进制数恰好占用 1 个字节（8 位），即 1 个字符的长度。

同样，'\xhh'中的 hh 为 1～2 位十六进制数。由于 1 位十六进制数要占用 4 个二进制位，因此 2 位十六进制数恰好占用 1 个字节，即 1 个字符的长度。

2．字符串常量

用一对双引号 """"" 引起来的字符序列称为字符串常量。例如，以下是合法的字符串常量。

```
"CHINA"
"This is a C Program. "
"1020376"
"*******"
" "（表示 1 个空格）
""（表示什么字符也没有）
"\n"（表示 1 个转义字符 "换行"）
"ab"
```

由上例可知，字符串中可以是任意字符，包括转义字符，但当字符串中出现双引号字符时，必须使用转义字符 "\"" 表示。

当字符串常量在内存中存储时，系统仅存储双引号之间的字符序列，即将这些字符按顺序以其 ASCII 码值存储（包括空格符）。为了表示字符串的结束，系统会自动在字符串的最后加上一个字符串结束标志，即转义字符'\0'（ASCII 码值为 0）。因此，长度为 *n* 个字符的字符串常量在内存中要占用 *n*+1 个字节的空间。例如，字符串"C program"的长度为 9，其在内存中所占的字节数为 10，其在内存中的存储方式如图 2.3 所示。

再如，字符常量'A'与字符串常量"A"在内存中的存储方式如图 2.4 所示。

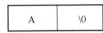

（a）字符常量'A'的存储方式

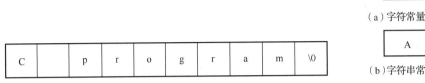

（b）字符串常量'A'的存储方式

图 2.3　"C program"在内存中的存储方式　　图 2.4　字符常量'A'与字符串常量"A"

在内存中的存储方式

字符常量与字符串常量的区别如下。

（1）定界符不同。字符常量使用单引号"' '"，而字符串常量使用双引号"" ""。

（2）长度不同。字符常量的长度恒定为 1，而字符串常量的长度可以是 0，也可以是某个整数。

（3）存储不同。字符常量存储的是字符的 ASCII 码值，而字符串常量除要存储字符串常量中每个字符的 ASCII 码值外，最后还要存储字符串结束标志'\0'字符。

2.3　变量

2.3.1　变量的概念、定义与初始化

1．变量的概念

在程序运行过程中，其值可以变化的量称为变量。由于变量的值在不断变化，用一个具体的值已无法表示它，因此变量必须用名字（标识符）标识。程序语言中的变量具有以下特点。

（1）程序中的每个变量在计算机内存中都有相应的内存单元，用来存放该变量不断变化的当前值；对一个变量进行访问就是对其内存单元中的当前值进行访问，给一个变量赋值就是把值送入该变量对应的内存单元中，即成为这个变量的"当前值"。

（2）由于内存单元长度的限制，允许放入值的大小也是有限的，故变量值的变化范围也是有限的。

每个变量都有 3 个特征：①变量有一个变量名，变量名的命名应符合标识符的命名规则，如可用 name 和 sum 作为变量名；②变量有类型之分，因为不同类型的变量占用的内存单元（字节）不同，所以存储方式也不同（如后面介绍的整型变量和实型变量的存储方式是不同的），故每个变量都有一个确定的类型，如整型变量、实型变量和字符型变量等；③变量可以存储值，程序运行过程中用到的变量必须有确切的值，即变量在使用前必须赋值，变量的值存储在该变量对应的内存单元中，在程序中通过变量名来引用该变量的值。

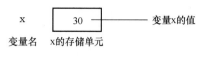

x ┌─────┐────── 变量x的值
　│ 30 │
变量名　x的存储单元

图 2.5　变量名与变量值

需要注意的是变量名和变量值这两个概念的区别。如图 2.5 所示，在程序运行过程中从变量 x 中取值，实际上是通过变量名 x 找到存储其值的内存地址，然后从该地址指示的内存单元中取出值（30）。

此外，还要注意变量名和变量地址。每个变量都对应一个变量地址，这个变量地址就是在定义变量时系统分配给该变量的内存单元的首地址。我们可以通过取地址运算符"&"得到变量对应的变量地址，如变量 x 的变量地址就是"&x"。读取一个变量的值可以通过变量名实现，但将一个值赋给变量就可能需要通过变量地址来完成。

2．变量的定义与初始化

在 C 语言程序中，常量可以不经过定义就直接使用，而用到的所有变量都必须先定义后使用。变量是程序中的重要成分，对变量的定义（说明）不仅是给变量起名字，而且需要指出该变量所具有的数据类型，系统根据数据类型为该变量分配相应大小的内存单元。没有定义（说明）过的变量在程序中不得使用。变量的处理原则是，先定义（说明），再赋值，最后使用。每个变量的定义只有一次，赋值后的变量可以在其定义范围内随意引用，变量的值也可以随意更改，但在任何时刻变量都只有一个确定的当前值（最后一次放入的值）。

定义变量的一般形式如下。

```
数据类型标识符 变量名1[, 变量名2, 变量名3,…, 变量名n];
```

其中，"[ ]"表示可选项。

例如：

```
int a;                  //定义 a 为整型变量
int m,n;                //定义 m 和 n 为整型变量
float x,y,z;            //定义 x、y 和 z 为单精度实型变量
char ch;                //定义 ch 为字符型变量
```

定义变量应注意以下几点。

（1）允许在一个数据类型标识符之后定义和说明多个相同类型的变量，各变量名之间用逗号"，"隔开。

（2）数据类型标识符与变量名之间至少用一个空格隔开。

（3）最后一个变量名后必须以分号";"结束。

（4）变量的定义必须放在使用变量的语句之前，一般放在函数体的开头部分。

（5）在同一个函数中的变量不允许同名，即不允许重复定义。

例如，下面的定义是非法的。

```
int x,y,z;
float a,b,x;                        //变量 x 被重复定义
```

在定义变量的同时可以给变量赋初值，这称为变量的初始化。变量初始化的一般形式如下。

```
数据类型标识符 变量名1=常量1[, 变量名2=常量2, …, 变量名n=常量n];
```

例如：

```
int m=3, n=5;           //定义 m 和 n 为整型变量，并分别赋予初值 3 和 5
float x=0, y=0, z=0;    //定义 x、y 和 z 为单精度实型变量，并都赋予初值 0
char ch='a';            //定义 ch 为字符型变量，并赋予初值'a'
```

【例 2.2】输入任意两个整数，输出它们的和、差、积。

```
#include<stdio.h>
void main()
{
```

```
    int a,b;                          //定义 a 和 b 为整型变量
    printf("Input a,b=");             //输出提示信息
    scanf("%d,%d",&a,&b);             //由键盘输入 a 和 b 的值
    printf("%d+%d=%d\n",a,b,a+b);     //计算 a+b 并输出结果
    printf("%d-%d=%d\n",a,b,a-b);     //计算 a-b 并输出结果
    printf("%d*%d=%d\n",a,b,a*b);     //计算 a*b 并输出结果
}
```

程序运行结果：

```
Input a,b=5,8↙
5+8=13
5-8=-3
5*8=40
```

2.3.2 整型变量、实型变量与字符型变量

1．整型变量

整型变量的基本类型符为 int，可根据数值的范围将整型变量定义为基本整型变量、短整型变量或长整型变量。

（1）基本整型变量用 int 表示。

（2）短整型变量用 short int 或 short 表示。

（3）长整型变量用 long int 或 long 表示。

由表 2.3 可知，在 VC++ 6.0 环境中，基本整型变量和长整型变量所占的字长都是 4 个字节，它们值的变化范围为 $-2^{31}\sim(2^{31}-1)$，即 $-214783648\sim214783647$；短整型变量所占的字长是 2 个字节，其值的变化范围为 $-32768\sim32767$。

整型变量根据是否有符号可以分为有符号（signed）整型变量和无符号（unsigned）整型变量两种类型。为了充分利用变量值的范围，可以将整型变量定义为无符号整型变量，如无符号基本整型变量用 unsigned 表示，无符号短整型变量用 unsigned short 表示，无符号长整型变量用 unsigned long 表示，无符号整型变量值的变化范围为 $0\sim4294967295$（见表 2.3）。若既不指定整型变量为有符号整型变量，也不指定其为无符号整型变量，则系统默认该整型变量为有符号整型变量，如上面的基本整型变量、短整型变量和长整型变量都属于有符号整型变量。

【例 2.3】通过库函数 sizeof 获得 int、short、long、unsigned int、unsigned short 和 unsigned long 所占内存空间的字节数。

```
#include<stdio.h>
void main()
{
    printf("int=%d\n",sizeof(int));
    printf("short=%d\n",sizeof(short));
    printf("long=%d\n",sizeof(long));
    printf("unsigned int=%d\n",sizeof(unsigned int));
    printf("unsigned short=%d\n",sizeof(unsigned short));
    printf("unsigned long=%d\n",sizeof(unsigned long));
}
```

运行结果：

```
int=4
```

```
short=2
long=4
unsigned int=4
unsigned short=2
unsigned long=4
```

注意，Turbo C 的整型数据占 2 个字节，短整型数据占 1 个字节，无符号整型数据占 2 个字节，无符号短整型数据占 1 个字节，这与 VC++ 6.0 环境下的整型数据表示是不同的。

在有符号整型数据的存储中，最高位是符号位（0 表示正，1 表示负），其余为数值位；在无符号整型数据的存储中是没有符号位的，即内存单元全部用于数值表示，这也是有符号整型数据与无符号整型数据值的变化范围不同的原因。例如，10 的有符号表示与无符号表示如图 2.6 所示。

图 2.6　10 的有符号表示与无符号表示

实际上，整型数据在计算机中的存储是以补码来表示的。一个正整数的补码与该数的原码（该数的二进制形式）相同；一个负整数的补码是将该数绝对值（正整数）的原码按位取反后再加 1 得到的。例如，10 的补码如图 2.7 所示。

图 2.7　10 的补码

−10 的补码如图 2.8 所示。

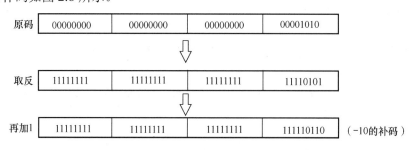

图 2.8　−10 的补码

补码的表示主要是为了方便计算机进行加法和减法运算，即所有的加、减运算在计算机中都是进行加法运算，这也是计算机硬件中只有加法器而没有减法器的原因。例如，10−10 可由图 2.7 和图 2.8 得到 10+(−10)，结果如下。

```
      0000 0000 0000 0000 0000 0000 0000  1010      （10 的补码）
 +    1111 1111 1111 1111 1111 1111 1111  0110      （−10 的补码）
      ─────────────────────────────────────────
      0000 0000 0000 0000 0000 0000 0000  0000      （ 0 的补码）
```

2. 实型变量

实型数据与整型数据在内存中的存储方式完全不同，实型数据是按指数形式存储的。系统把一个实数分成小数部分和指数部分来分别存储。例如，123.5678 在内存中的存储形式如图 2.9 所示。

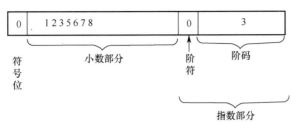

图 2.9   123.5678 在内存中的存储形式

由于实数采用小数点"浮动"这种存储方式，故实数又称浮点数。注意，图 2.9 所示为早期浮点数的存储形式，这种存储形式更便于说明问题。目前浮点数采用的是 IEEE 754 标准，指数部分不含阶符且全部采用正指数表示，如 8 位二进制数所表示的指数范围为十进制数 −126～127。为处理负指数的情况，IEEE 754 标准要求指数加上 127 后再存储，在输出运算结果时指数再减去 127。

实型变量分为单精度型（float）、双精度型（double）和长双精度型（long double）3 种类型（见表 2.3）。由于实型变量是用有限的内存单元存储的，因此存储实数的位数总是有限的。当实数表示的位数较多时，存储不下的数字将被舍去，由此会产生一些精度误差。

【例 2.4】通过库函数 sizeof 获得 float、double 和 long double 3 种数据类型所占内存空间的字节数。

```
#include<stdio.h>
void main()
{
    printf("float=%d\n",sizeof(float));
    printf("double=%d\n",sizeof(double));
    printf("long double=%d\n",sizeof(long double));
}
```

运行结果：

```
float=4
double=8
long double=8
```

单精度实数只能保证 7 位有效数字，双精度实数只能保证 15 位有效数字（十进制），多余位数的数字将因舍入误差而变得没有意义。例如：

```
float a=12345.678;
float b=12345.6789;
```

变量 a 和变量 b 的有效数值都是 12345.67。在内存中存储时，a 为 12345.677734，而 b 为 12345.678711，忽略无效位后，两者相等。

实数存在舍入误差，在使用中应注意以下几点。

（1）不要试图用一个实数精确表示一个大整数。

（2）由于实数在计算和存储时会产生误差，因此实数一般不进行"相等"判断，当两个数差的绝对值小于某一个很小的数时，则认为两者相等。

（3）避免直接将一个很大的实数与一个很小的实数相加或相减，否则会"丢失"这个很小的实数。

（4）根据实际要求选择单精度或双精度。

【例 2.5】实数的误差。

```c
#include<stdio.h>
void main()
{
    float a;
    a=123456.789e5;
    printf("a=%f\n",a);
}
```

运行结果：

```
a=12345678848.000000
```

该例表明一个很大的实数会产生存储误差。

3．字符型变量

字符型变量用来存放字符常量，且只能存放 1 个字符。例如：

```
char c1,c2,c3,c4,c5;
c1='a';    正确
c2="a";    错误
c3='abc'; 错误
c4='\107'; 正确
c5='6';    正确
```

将一个字符常量存入一个字符型变量中，实际上并不是把该字符本身放到字符型变量对应的内存单元中，而是将该字符的 ASCII 码值放入内存单元中。例如：

```
char c1,c2;
c1='a'; c2='b';
```

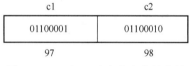

图 2.10　c1 和 c2 在内存中值的存储

字符'a'的 ASCII 码值为十进制数 97，字符'b'的 ASCII 码值为十进制数 98。在内存中，变量 c1 和变量 c2 的值实际上是以二进制形式存放的，如图 2.10 所示。

由于字符型数据在内存中是以 ASCII 码值存储的，因此它的存储形式与整型数据的存储形式类似。所以，字符型数据和整型数据之间的转换就很容易，即字符型数据和整型数据可以通用。字符型数据既可以以字符的形式输出，又可以以整数的形式输出。若以字符的形式输出，则先将内存中的 ASCII 码值转换成对应的字符，再输出；若以整数的形式输出，则按整数存储方式直接将 ASCII 码值作为整数输出。字符型数据还可以参与算术运算，此时相当于对它们的 ASCII 码值进行算术运算，即先将其由 1 个字节转换为 4 个字节（一个整型数据的长度），再进行运算。

此外，可以将一个整型数据赋值给字符型变量，但该数据仅最低的 1 个字节被赋给了字符型变量；也可以将字符型数据赋值给一个整型变量，但由于字符型数据只占 1 个字节，故作为整数，其范围为 0～255（无符号数时）和 -128～127（有符号数时）。

注意，字符型数据值的范围为 -128～127，若将 128～255 之间的数赋给一个字符型变量，则将该数作为有符号数（默认为 -128～-1 之间的数）赋给这个字符型变量，而且这个数是不可显示的。若确实需要将 128～255 之间的数赋给一个字符型变量，则可将该变量定义为无符号字符型。

【例 2.6】字符型变量和整型变量可以相互赋值。

```c
#include<stdio.h>
void main()
{
    int k;
    char ch;
    k='b';                    //将字符'b'赋值给整型变量 k
    ch=66;                    //将整数 66 赋值给字符型变量 ch
    printf("%d %c\n",k,k);    //以整型和字符型方式输出整型变量 k 的值
    printf("%d %c\n",ch,ch);  //以整型和字符型方式输出字符型变量 ch 的值
}
```

运行结果：

```
98 b
66 B
```

此外要说明的是，在 C 语言中没有专门的字符串变量，若要将字符串常量存放在变量中，则需要通过字符数组的方式实现（见第 4 章）。

2.4 运算符与表达式

2.4.1 运算符

前面介绍了数据类型、常量和变量的概念，那么如何对这些数据进行处理呢？这就需要用具有一定运算功能的运算符将运算对象（数据）连接起来，并按 C 语言的语法规则构成一个表达运算过程的式子（表达式）来进行数据处理。

1. 运算符的种类及功能

C 语言的运算符十分丰富，应用也非常广泛，可以按照运算功能和连接运算对象的个数分类。

（1）按照运算功能分类。运算符按其运算功能可大致分为以下几类。

① 算术运算符：+、-、*、/、%、++、--。

② 关系运算符：>、>=、<、<=、==、!=。

③ 逻辑运算符：!、&&、||。

④ 位运算符：<<、>>、~、|、&、^。

⑤ 赋值运算符：=；复合赋值运算符（+=、-=、*=、/=、%=）。

⑥ 条件运算符：? :。

⑦ 逗号运算符：,。

⑧ 指针和地址运算符：* &。

⑨ 取长度运算符：sizeof。

⑩ 强制类型转换运算符：(类型标识符)。

⑪ 成员或分量运算符：.、->。

⑫ 下标运算符：[ ]。

⑬ 其他：如括号运算符或函数调用运算符( )。

（2）按照连接运算对象的个数分类。运算符按连接运算对象的个数可分为单目运算符、双目运算符和三目运算符等。单目运算符的运算对象只有一个，双目运算符的两侧各有一个运算对象。

① 单目运算符（仅对一个运算对象进行操作）。

```
!  ~  ++  --  -（求负数运算）  *（指针运算）  &（指针运算）  sizeof  （类型标识符）
```

例如，求负数单目运算符"-"和强制类型转换运算符"(类型标识符)"：

```
-5    (float)
```

② 双目运算符（对两个运算对象进行操作）。

```
+  -  *  /  %  <  <=  >  >=  ==  !=  &&  ||  <<  >>  &（位运算）  |  ^  ~  =
复合赋值运算符（+=  -=  *=  /=  %=）
```

例如，乘法双目运算符"*"和求余双目运算符"%"：

```
2*3    3%5
```

③ 三目运算符（对 3 个运算对象进行操作）。

```
?  :
```

例如：

```
a>b?a:b
```

其含义是，若 a>b，则结果为 a 值；否则结果为 b 值。

④ 其他。

```
(  )  [  ]  .  ->
```

2. 运算符的优先级及结合性

运算符之间具有优先级及结合性。按优先级从高到低可将运算符分为 15 个等级，如表 2.5 所示。

表 2.5　运算符的优先级及结合性

优 先 级	运 算 符	含 义	运算对象个数类型	结 合 性
1	( ) [ ] -> .	括号运算符 下标运算符 成员或分量运算符 成员或分量运算符		左结合
2	! ~ ++ -- - (类型标识符) * & sizeof	逻辑非运算符 按位取反运算符 自增、自减运算符 负号运算符 强制类型转换运算符 指针和地址运算符 取长度运算符	单目运算符	右结合
3	* / %	乘、除、求余运算符		
4	+ -	算术加、减运算符		
5	<< >>	位左移、右移运算符		
6	< <= > >=	关系运算符	双目运算符	左结合
7	== !=	关系运算符		
8	&	按位与运算符		
9	^	位异或运算符		
10			位或运算符		
11	&&	逻辑与运算符		

续表

优 先 级	运 算 符	含 义	运算对象个数类型	结 合 性
12	||	逻辑或运算符		
13	? :	条件运算符	三目运算符	右结合
14	= += -= *= /= %= `<<=` `>>=` &= |= ^=	组合算术运算符 组合位运算符	双目运算符	右结合
15	,	逗号运算符		左结合

（1）优先级。在求解表达式时总会按运算符的优先级由高到低进行操作。优先级用来标识运算符在表达式中的运算顺序，相当于加了一个括号。

（2）结合性。若一个运算对象两侧的运算符优先级相同，则按运算符的结合性来确定表达式的运算顺序。运算符的结合性分为两类：一类运算符的结合性为左结合（自左至右），大多数运算符都是这种结合性；另一类运算符的结合性为右结合（自右至左）。例如，3-5*2，按运算符的优先级应先乘后减，即表达式的值为-7；又如，3*5/2，因为 5 两侧的"*"和"/"优先级相同，所以按运算符的结合性处理，由于算术运算符的结合性为自左至右，故应先乘后除，表达式的值为 7。

一般来说，单目运算符、三目运算符和赋值运算符（组合算术运算符和组合位运算符）的结合性为自右至左，而其他双目运算符的结合性基本上都是自左至右。

2.4.2　算术运算符与算术表达式

1. 基本算术运算符

基本算术运算符按操作数的个数是一个还是两个可分为单目运算符和双目运算符两类。

（1）单目运算符：+（取正）、-（取负）。

（2）双目运算符：+（加）、-（减）、*（乘）、/（除）、%（求余）。

使用基本算术运算符要注意以下几点。

（1）+（加）、-（减）、*（乘）、/（除）和%（求余）运算符都是双目运算符，结合性均为自左至右；-（取负）运算符是单目运算符，它的结合性为自右至左，并且其优先级高于+、-、*、/和%等双目运算符。

（2）除法运算符"/"的运算结果与运算对象有关。当除数和被除数均为整数时，除的结果也是整数；这种整除的方法是舍去结果的小数部分，只保留结果的整数部分。例如，7/4 的运算结果为 1，4/5 的运算结果为 0。

（3）求余运算符"%"要求参与运算的两个操作数均为整型，求余运算所得结果的符号与被除数的符号相同。设 a 和 b 是两个整型数据，并且 b≠0，则有 a%b 的值与 a-(a/b)*b 的值相等。例如，5%3 的结果为 2；-5%3 的结果为-2；5%-3 的结果为 2。

2. 自增和自减运算符

C 语言中有两个特殊的算术运算符，即自增运算符"++"和自减运算符"--"。这两个运算符都是单目运算符，并且运算对象只能是整型变量或指针变量（指针变量在第 6 章中介绍）。"++"的功能是使变量的值加 1，"--"的功能是使变量的值减 1。这两个运算符可以有以下 4 种表示方式。

（1）++i：变量 i 值先加 1 后再参与其他运算。

（2）--i：变量 i 值先减 1 后再参与其他运算。

（3）i++：变量 i 先参与其他运算，之后 i 值再加 1。

（4）i--：变量 i 先参与其他运算，之后 i 值再减 1。

使用自增和自减运算符应注意以下几点。

（1）自增、自减运算符的运算对象只能是整型变量，不能是常量或表达式。例如，6--、++(a=2*b)、++(-i)等都是错误的。

（2）自增、自减运算符的结合性为前置时（++或--位于变量之前）是自右至左的，后置时（++或--位于变量之后）是自左至右的。例如，x=-k++等价于 x=-(k++)，即先用变量 k 的当前值求负后赋给 x，然后 k 再加 1；该表达式不等于 x=(-k)++，因为这样++的运算对象就是表达式"-k"了，这是（1）中指出的错误。

（3）若两个运算对象之间连续出现多个运算符，则 C 语言采用"最长匹配"原则，即在保证有意义的前提下，从左到右尽可能多地将字符组成一个运算符。因此，i+++j 就被解释成(i++)+j。同样，i++++j 被解释成(i++)++j，但这种解释是没有意义的，因此是错误的。而 i+++++j 被解释成((i++)++)+j 也是没有意义的，正确的写法应是(i++)+(++j)。

下面我们通过几个例子来了解自增、自减运算符的作用。

【例 2.7】变量进行自增、自减运算后的输出。

```c
#include<stdio.h>
void main()
{
    int i=3;
    printf("%d\n",i++);
    printf("%d\n",i);
    i=3;
    printf("%d\n",++i);
    printf("%d\n",i);
}
```

运行结果：

```
3
4
4
4
```

从程序的运行结果来看，i++是变量 i 先参与运算（在此是输出其值）再加 1，因此第 1 个 printf 语句输出的 i 值为 3，然后 i 值加 1 变为 4，故第 2 个 printf 语句输出的 i 值为 4。也就是说，可以将 i++的"++"操作看作运算级别最低的操作，即当它所在的表达式中的其他操作都结束后，再给 i 值执行加 1 操作。

++i 是先使变量 i 值加 1 再参与运算，因此第 3 个 printf 语句先给 i 值加 1，即 i 值由 3 变为 4，再输出，即输出值为 4；第 4 个 printf 语句输出的 i 值没有发生变化，也为 4。因此，可将++i 的"++"操作看作运算级别最高的操作。

3．算术表达式

算术表达式是由常量、变量、函数和算术运算符组合而成的式子。一个算术表达式有一个确定类型的值，即求解算术表达式所得到的最终结果。算术表达式的求值过程是按运算符的优先级和结合性规定的顺序进行的。例如，(x+y)*2-z、sin(x)/2+3 等都是算术表达式。

当一个算术表达式中存在多个算术运算符时,各个运算符的优先级与常规算术运算相同,即先计算乘、除和取余,再计算加、减。同级运算符的计算顺序是自左至右,当然也可以用圆括号 "( )" 来改变表达式计算的先后顺序。

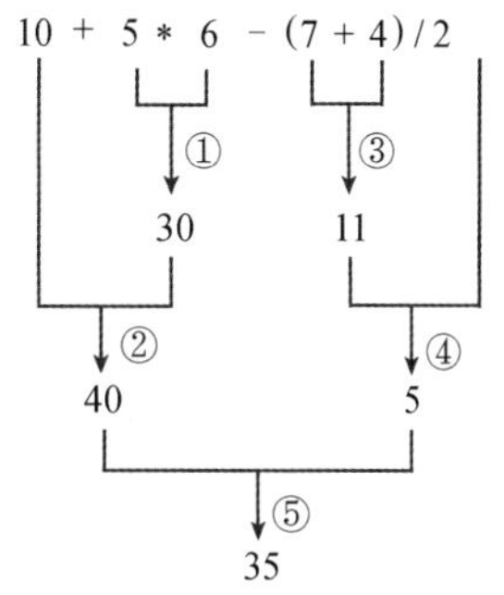

图 2.11　算术表达式计算的先后顺序

例如,算术表达式 10+5*6−(7+4)/2 将按图 2.11 中①、②、③、④、⑤所示的先后顺序进行运算。

在程序中必须正确地书写算术表达式,否则将导致结果错误。算术表达式的书写规则如下。

（1）所有字符必须大小一样地写在同一条水平线上。

（2）凡是相乘的地方必须写上 "*",不能省略,也不能用点乘 "·" 代替。

（3）表达式中出现的括号一律使用圆括号 "( )",并且一定要成对出现;不能使用方括号 "[]" 和花括号 "{}"。

（4）函数的自变量（函数的参数）必须写在圆括号 "( )" 内。

（5）在书写表达式时应注意数据的类型、运算符的优先级及结合性。

例如,$\dfrac{1}{3}\sin^2\left(\dfrac{1}{2}\right)$ 应写为 sin(0.5)*sin(0.5)/3。

$\sqrt{\left|n^x + e^x\right|}$ 应写为 sqrt(fabs(pow(n,x)+exp(x)))。

$\dfrac{2}{3}(x+y)(x-b)$ 应写为 2.0/3*(x+y)*(x−b)（注意,若写为 2/3,则结果为 0）。

2.4.3　关系运算符与关系表达式

在程序中经常需要比较两个数据量的大小,以决定程序执行的下一步走向。比较两个数据量的运算符称为关系运算符,由关系运算符组成的式子称为关系表达式。关系表达式有且只有两个值:真和假。在 C 语言中没有专门用于表示 "真" 和 "假" 的逻辑型数据,因此规定用数值 0 表示 "假",用非 0 表示 "真"（运算结果用数值 1 来表示 "真"）。

1. 关系运算符及其优先级

C 语言提供了以下 6 种关系运算符,这些关系运算符可以分成两个优先级。在下面的关系运算符中,前 4 种关系运算符的优先级高于后 2 种关系运算符的优先级。

$$
\left.
\begin{array}{ll}
> & （大于） \\
>= & （大于或等于） \\
< & （小于） \\
<= & （小于或等于）
\end{array}
\right\}\ 优先级相同（高）
$$

$$
\left.
\begin{array}{ll}
== & （等于） \\
!= & （不等于）
\end{array}
\right\}\ 优先级相同（低）
$$

关系运算符都是双目运算符,其结合性均为左结合。关系运算符的优先级低于算术运算

符，高于赋值运算符，即算术运算符、关系运算符和赋值运算符的运算次序为

算术运算符→关系运算符→赋值运算符

例如：

```
x>a+b    等价于   x>(a+b)
x=a==b   等价于   x=(a==b)
x==y<z   等价于   x==(y<z)
```

若关系运算符的运算对象为字符型数据，则大小比较是按其 ASCII 码值进行的。例如，'a'>'b'的值为假。此外，由于计算机中的数值是以二进制形式存储的，数值的小数部分可能是近似值，因此不能使用"=="和"!="来判断两个实型数据（float 型或 double 型）是否相等。

2．关系表达式

用关系运算符将两个表达式连接起来的式子称为关系表达式。这两个表达式可以是算术表达式、关系表达式、逻辑表达式、赋值表达式或字符表达式。关系表达式的一般形式为

```
表达式   关系运算符   表达式
```

例如，下面都是合法的关系表达式。

```
a+b>c+d
a>b==c>d
x!='d'
(x=2)>=(b=a)
```

关系表达式的值是一个逻辑值，即真或假。C 语言在判断一个数据项的逻辑值时，认为非 0 就是真，等于 0 就是假。

例如，若 i=1、j=2、k=3，则表达式 k>j>i 的值为 0。该表达式的计算过程是，先计算 k>j，k 大于 j 成立，为真，即值为 1；再计算 1>i，1 大于 i 不成立，为假，即值为 0。因此，这种写法容易引起逻辑混乱，最好与下面将要介绍的逻辑运算符结合起来表示，这样在逻辑上会更加清楚，如 k>j&&j>i。

【例 2.8】以下选项中，当 x 为大于 1 的奇数时，值为 0 的表达式是_____。

A．x%2==1　　　　B．x/2　　　　C．x%2!=0　　　　D．x%2==0

解：A 选项，因为 x 是大于 1 的奇数，所以它除以 2 所得的余数为 1，而 1==1 成立，即表达式结果为真，值为 1。

B 选项，因为 x 是大于 1 的奇数，即 x 最小是 3，所以 x 整除 2 的值大于或等于 1，不为 0。

C 选项，因为 x%2 为 1，而 1!=0 成立，所以表达式结果为真，值为 1。

D 选项，因为 x%2 为 1，而 1--0 不成立，所以表达式结果为假，即值为 0。故应选 D 选项。

2.4.4　逻辑运算符与逻辑表达式

关系运算符只能对单一条件进行判断，如 a>b 和 a<c 等。若要对多个组合在一起的条件进行判断，如 a>b 且同时 a<c，则需要通过逻辑运算来完成。逻辑运算与关系运算的结果相同，也只有真或假两个值，即非 0 为真，0 为假。

1．逻辑运算符及其优先级

C 语言提供了 3 种逻辑运算符："&&"（与运算符）、"||"（或运算符）和"!"（非运算符）。

这 3 种逻辑运算符与其他运算符的优先级如下。

优先级由高到低

!（非运算符）

算术运算符

关系运算符

&&（与运算符）、||（或运算符）

赋值运算符

逗号运算符

例如：

((a+b)>c)&&(x+y)<b	可写成	a+b>c&&x+y<b
(a%2==0)&&(b%2!=0)	可写成	a%2==0&&b%2!=0
(!x)&&(y<=z)	可写成	!x&&y<=z
(a<-5)||(b>9)	可写成	a<-5||b>9

"&&"和"||"是双目运算符，要求有两个运算量（操作数），并且其结合性为左结合。"!"是单目运算符，其结合性为右结合。

2. 逻辑表达式

用逻辑运算符连接起来的式子称为逻辑表达式。逻辑表达式的一般形式为

表达式　逻辑运算符　表达式

其中，表达式也可以是逻辑表达式，即形成了逻辑表达式的嵌套。

例如：

(a>c&&b>d)||(!c&&d<e)

逻辑表达式的值是一个逻辑值，即 1（真）或 0（假）。逻辑运算符两边的运算对象可以是 0 或 1，也可以是 0 或非 0 的整数，还可以是任何类型的数据，如实型数据、字符型数据和指针类型的数据，系统最终以 0 和非 0 来判断它们的真或假。例如，'a'&&'d'，由于'a'和'd'的 ASCII 码值均不是 0，因此按"真"处理，即表达式的值为 1。注意，逻辑表达式在进行判断时非 0 为真、0 为假，而运算结果则是真为 1、假为 0。

3. 逻辑表达式的求值规则

3 种逻辑运算符 "&&"、"||" 和 "!" 的求值规则如下。

（1）与运算 "&&"：若参与运算的两个量都为真，则结果才为真；否则为假。

（2）或运算 "||"：参与运算的两个量只要有一个为真，结果就为真；当参与运算的两个量均为假时，结果才为假。

（3）非运算 "!"：若参与运算的量为真，则结果为假；若参与运算的量为假，则结果为真。

例如，5>3&&8>5，由于 5>3 为真，8>5 为真，因此结果为真。

5>3&&6>9，由于 5>3 为真，6>9 为假，因此结果为假。

5<0||8>5，由于 5<0 为假，8>5 为真，因此结果为真。

3>4||6>9，由于 3>4 为假，6>9 为假，因此结果为假。

!5，由于 5 不等于 0，即为真值，因此!5 的结果为假。

3 种逻辑运算的运算规则如表 2.6 所示。

表 2.6　3 种逻辑运算的运算规则

a	b	a&&b	a||b	!a
1	1	1	1	0
1	0	0	1	0
0	1	0	1	1
0	0	0	0	1

需要指出的是，在计算逻辑表达式时，并不是所有的表达式都被求解，当已执行的表达式得出整个逻辑表达式的求解结果时，则不再执行后继剩余的表达式。

（1）在逻辑与运算表达式中，只要前面有一个表达式被判定为"假"，就不再求解其后的表达式，整个表达式的值为 0。

例如，对于 a&&b&&c，当 a=0 时，表达式的值为 0，不必再判断 b 和 c；当 a=1、b=0 时，表达式的值为 0，不必再判断 c；只有当 a=1 且 b=1 时，才需判断 c。

（2）在逻辑或运算表达式中，只要前面有一个表达式被判定为"真"，就不再求解其后的表达式，整个表达式的值为 1。

例如，对于 a\|\|b\|\|c，当 a=1（非 0）时，表达式的值为 1，不必再判断 b 和 c；当 a=0、b=1 时，表达式的值为 1，不必再判断 c；只有当 a=0 且 b=0 时，才需判断 c。

【例 2.9】已知字母 A 的 ASCII 码值为 65，若变量 k 为 char 型，以下不能正确判断出 k 值为大写英文字母的表达式是＿＿＿＿。

A．k>='A'&&k<='Z'　　　　　　　　B．k>='A'\|\|k<='Z'

C．k+32>='a'&&k+32<='z'　　　　　D．k>='A'&&k<91

解：A 选项，k 值要同时满足 k>='A'和 k<='Z'，即当 k 值是一个大写英文字母时，表达式为真。

B 选项，只要满足 k>='A'或者 k<='Z'中的一项，表达式即为真，若 k 为小写英文字母'a'，其值为 97，则这时 k 值满足 k>='A'（'A'值为 65），即表达式为真，所以 B 选项不能正确判断出 k 值为大写英文字母，故选 B 选项。

C 选项，k+32>='a'等价于 k>='a'-32，对相同的大、小写英文字母来说，小写英文字母的 ASCII 码值要比大写英文字母的 ASCII 码值大 32，所以'a'-32 等于'A'，而'z'-32 等于'Z'，故 C 选项与 A 选项等价。

D 选项，我们知道小写英文字母的 ASCII 码值范围是 97～122，大写英文字母的 ASCII 码值范围是 65～90。所以，D 选项中的 k>='A'已经确定 k 的 ASCII 码值必须大于或等于 65，而 k<91 又确定 k 的 ASCII 码值范围只能是 65～90，故 k 值必为大写英文字母。

2.4.5　赋值运算符与复合赋值运算符

1．赋值运算符

赋值运算用来改变一个变量的值。赋值符号"="就是赋值运算符，其一般形式为

变量=表达式

或

变量=表达式；

赋值运算符的作用是，首先计算赋值符号"="右边的表达式的值，然后将这个值赋给赋

值符号"="左边的变量，实际上是将这个值存储到变量所对应的内存单元中。例如：

```
int a,x;
a=5;                //将 5 赋值给变量 a
x=3*a+2;            //将表达式 3*a+2 的计算结果 17 赋值给变量 x
```

使用赋值运算符应注意以下几点。

（1）赋值运算符的优先级只高于逗号运算符的优先级，比其他任何运算符的优先级都低，且结合性为自右至左。例如：

```
x=a+6/b;
```

由于其他运算符的优先级比赋值运算符高，因此先计算赋值运算符右边表达式的值，然后将此值赋给变量 x。

（2）赋值运算符的左边只能是变量，不能是常量或表达式，而赋值运算符的右边可以是常量、已赋值的变量或表达式，即赋值运算是将赋值运算符"="右边表达式的值赋给赋值运算符"="左边的变量，这种赋值操作是单方向的操作。例如，当 a 的值为 1 时，以下是不合法的赋值表达式。

```
12=a                //赋值运算符的左边是常量
2*x=3*a+6           //赋值运算符的左边是表达式
x=b                 //赋值运算符的右边是没有赋过值的变量 b
```

（3）赋值运算可以连续进行。例如，a=b=c=5，这个表达式等价于 a=(b=(c=5))（赋值运算符的结合性为自右至左），即先将 5 赋给 c，再将 5（c 值）赋给 b，接着将 5（b 值）赋给 a，此时 a、b 和 c 的值都是 5。

（4）赋值表达式的值就是赋值运算符"="左边变量的值，而赋值表达式中的"表达式"也可以是一个赋值表达式。例如：

```
a=(x=5)*(y=3)      //x 的值为 5，y 的值为 3，表达式的值为 15，即 a 的值为 15
x=20+(y=7)         //y 的值为 7，表达式的值为 27，即 x 的值为 27
```

（5）当赋值运算符两边的数据类型不一致时，要进行类型转换。当将实型数据赋值给整型变量时，舍去小数部分。当将整型数据赋值给实型变量时，数值不变，以实数形式赋给实型变量。例如：

```
int k;
float x;
k=5.7;
x=2;
```

k 值为 5，而 x 值为 2.000000。

2．复合赋值运算符

在赋值运算符前面加上其他运算符，就构成了复合赋值运算符。

+=，例如，a+=b 等价于 a=a+b。

−=，例如，a−=b 等价于 a=a−b。

=，例如，a=b 等价于 a=a*b。

/=，例如，a/=b 等价于 a=a/b。

%=，例如，a%=b 等价于 a=a%b。

例如：

```
a-=b+4 等价于 a=a-(b+4)
```

在复合赋值运算中，将赋值符号"="右边的表达式看作一个整体，即

```
a-=b+4 不等价于 a=a-b+4
```

为了便于记忆，可以这样理解：

```
a  +=  b        //将赋值符号"="左边的部分一起平移到赋值符号"="右边的开始处

   = a+b        //平移后的结果
a  = a+b        //在赋值符号"="左边补上原来在"+="左边的部分
```

使用复合赋值运算符应注意以下几点。

（1）若赋值符号"="右边是一个表达式，则将其看成一个整体，即相当于它位于圆括号"()"之中。例如：

```
a%=b+5 等价于 a=a%(b+5);
```

（2）赋值表达式也可以包含复合赋值运算符。例如：

```
int a=12;
a+=a-=a*a;
```

复合赋值运算符的结合性为自右至左，即先计算 a-=a*a，它等价于 a=a-a*a，即 a=12-12*12=-132；再计算 a+=-132，它等价于 a=a+(-132)=-264。

（3）在书写复合赋值运算符时，两个运算符之间不能有空格，否则会出错。

【例 2.10】分析下面程序的运行结果。

```c
#include<stdio.h>
void main()
{
    int n=2;
    n+=n-=n*n;
    printf("n=%d\n",n);
}
```

运行结果：

```
n=-4
```

解：在程序中，由于复合赋值运算符的结合性为自右至左，因此对于 n+=n-=n*n 来说，先执行 n-=n*n，其等价于 n=n-n*n=-2；再执行 n+=-2，其等价于 n=n+(-2)=-2-2=-4，故运行结果为 n=-4。

2.4.6　表达式中数据类型的自动转换和强制转换

整型数据和实型数据可以混合运算，字符型数据和整型数据可以通用，因此整型数据、实型数据及字符型数据之间可以混合运算。C 语言规定，相同类型的数据可以直接进行运算，其运算结果还是原来的数据类型；而不同类型的数据若要进行运算，则需先将这些数据转换成同一种类型，再进行运算。类型转换的方法有两种：一种是自动类型转换（隐式转换）；另一种是强制类型转换。

1. 自动类型转换

自动类型转换发生在不同类型的数据进行混合运算时，它由编译系统自动完成。自动类型转换遵循以下规则。

（1）当参与运算的数据类型不同时，需要先将这些数据转换成同一种类型，再进行运算。

（2）转换按数据长度增加的方向进行，以保证精度不至于降低。例如，int 型数据和 double 型数据进行运算，应先将 int 型数据转换成 double 型后再进行运算。

（3）所有的实数运算都是以双精度进行的，即使是仅含 float 型的单精度运算表达式，也要先将其转换成 double 型，再进行运算。

（4）当 char 型数据和 short 型数据参与运算时，必须先将其转换成 int 型。

（5）在赋值运算中，若赋值符号两边的数据类型不同，则右边表达式的值的类型将转换为左边变量的类型。若右边表达式的值的类型所占的内存长度大于左边变量的类型所占的内存长度，则在转换过程中会丢失一部分数据。例如：

```
int x; float y=5.718;
x=y;
```

其中，x 值为 5，丢失了小数点后的 0.718。

各种数据类型自动转换的规则如图 2.12 所示。

图 2.12　各种数据类型自动转换的规则

例如，变量的定义为

```
int i;
float f;
double d;
char ch;
```

则在计算 ch/i+f*d−(f+i)的过程中，数据类型转换示意如图 2.13 所示。

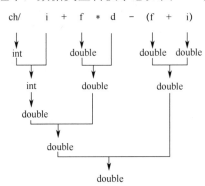

图 2.13　在计算 ch/i+f*d−(f+i)的过程中数据类型转换示意

2．强制类型转换

有时需要根据实际情况改变某个表达式的数据类型，这时就需要使用强制类型转换。强制类型转换是通过类型转换运算来实现的，其一般形式为

```
(类型标识符) (表达式)
```

其功能就是把表达式的运算结果强制转换成类型标识符所标识的类型。例如：

```
(float)5/7
(int)3.5%2
(double)6
```

使用强制类型转换应注意以下几点。

（1）若表达式中的项数大于 1，则在对该表达式进行强制类型转换时，一定要用圆括号"()"将其括起来，否则仅对表达式中紧跟强制类型转换运算符的第一项进行类型转换。而在对单一数值或变量进行强制类型转换时，该数值或变量可不加圆括号。例如：

```
(int)a+b          //将变量 a 转换成整型后再与变量 b 相加
(int)(a+b)        //将 a+b 的值转换成整型
```

（2）强制类型转换只是为了本次运算的需要而进行的临时性转换，它并不改变原来变量定义时的类型。例如：

```
int n;
float x=5.85;
n=(int)x%3;
```

对 x 进行强制类型转换，得到一个整型数值 5，但变量 x 的 float 类型及存放在内存中的 x 值 5.85 并没有改变。

（3）强制类型转换是一种不安全的数值转换，因为强制类型转换在将高类型数据转换为低类型数据时可能会造成数据精度的损失。例如：

```
(int)6.5/8
```

对 6.5 进行强制类型转换，得到一个整型数值 6，而 6/8 为两个整型数据相除，结果将舍去小数部分而得到 0 值。

2.5　数据的输入/输出

数据的输入/输出是程序的基本功能，它是程序运行中与用户交互的基础。C 语言没有自己的输入/输出语句，要实现数据的输入/输出功能，必须调用标准输入/输出库函数，而这些函数是在头文件"stdio.h"中定义的。因此，在使用标准输入/输出函数之前，要用预编译命令"#include"将头文件包含到源文件（程序）中。

使用预编译命令将头文件包含到源文件中的格式如下。

```
#include<stdio.h>
```

或者

```
#include "stdio.h"
```

2.5.1　字符输入/输出函数

1. 字符输出函数

putchar 函数的一般形式为

```
putchar(ch);
```

putchar 函数的作用是将一个字符输出到标准输出设备（通常指显示器）上。ch 可以是一个字符型变量或字符常量、整型变量或整型常量，也可以是转义字符。

例如：

```
char a='A';
int k=65;
putchar(a);
putchar('A');
putchar(k);
putchar(65);
putchar('\101');
```

都可以输出大写英文字母 A。

2．字符输入函数

getchar 函数的一般形式为

```
getchar();
```

getchar 函数的作用是从标准输入设备（通常指键盘）上读入一个字符。在调用 getchar 函数时，不需要提供参数，调用该函数的返回值就是从输入设备上得到读入字符的 ASCII 码值。

【例 2.11】输入并输出一个字符。

```
#include<stdio.h>
void main()
{
    char c;
    c=getchar();          //通过键盘输入一个字符并赋给字符型变量 c
    putchar(c);           //将存入字符型变量 c 中的字符输出到显示器上
    putchar('\n');        //输出一个换行符
}
```

在程序运行时，若从键盘上输入 H 并按 Enter 键（后面用"✓"表示），则可在屏幕上看到输出的字符'H'。

使用 getchar 函数应注意以下几点。

（1）通过 getchar 函数得到的字符可以赋给一个字符型变量或整型变量，也可以不赋给任何变量而作为表达式的一部分。例如：

```
c=getchar();
putchar(c);
```

可用下面一条语句取代：

```
putchar(getchar());
```

若 getchar()的函数值为'H'，则 putchar(getchar())的输出也为'H'。

（2）getchar 函数只能接收单个字符，输入数字也按字符处理。若输入多于一个字符，则只接收第一个字符。

（3）在使用 getchar 函数输入字符时不需要加单引号"'"，输入字符后必须按 Enter 键，这样字符才能被赋给相应的变量。

2.5.2　格式输出函数

putchar 函数仅能输出一个字符，当要输出一个字符串或具有某种格式的数据时，就要使用格式输出函数 printf。printf 的最后一个字母 f 即"格式"（format）之意，也就是按照用户指定的格式把数据或信息输出到标准输出设备上。

printf 函数的一般形式为

```
printf("格式控制字符串",输出项列表);
```

其中，格式控制字符串用于指定输出格式，它可以包含以下 3 类内容。

（1）普通字符：按字符原样输出。

（2）转义字符：按转义字符的含义输出。例如，'\n'表示换行，'\b'表示退格（使光标回退一个字符位置）。

（3）格式字符：以"%"开始，后面跟一个或几个规定的字符，就组成了格式字符。格式字符的作用有两个：①确定该格式字符在输出显示时所处的位置；②在格式控制字符串中按顺序出现的每个格式字符依次对应输出项列表中的每个输出项，并且按格式字符指定的格式对输出项的值进行转换，然后取代格式字符输出在该格式字符所处的位置上。

输出项列表是由若干用逗号分隔的输出项组成的，每个输出项均可以是一个常量、变量或表达式。输出项的个数一般应与格式字符的个数相同，并且每个输出项的数据类型必须与所对应的格式字符指定的类型一致。若输出项的个数多于格式字符的个数，则多余的输出项将不被输出。

常用的输入/输出格式字符如表 2.7 所示（表中只给出%后的字符）。

表 2.7　常用的输入/输出格式字符

格式字符	说　　明	
	输出（printf）	输入（scanf）
d	以有符号的十进制形式输出整数（正数不输出正号）	输入有符号的十进制整数
o	以无符号的八进制形式输出整数（不输出前导符 0）	输入无符号的八进制整数
x 或 X	以无符号的十六进制形式输出整数。若用 x，则十六进制数用小写英文字母 a~f；若用 X，则十六进制数用大写英文字母 A~F	输入无符号的十六进制整数（大小写作用一样）
u	以无符号的十进制形式输出整数	输入无符号的十进制整数
c	输出 1 个字符	输入 1 个字符
s	输出 1 个字符串	输入 1 个字符串
f	以带小数点的形式输出实数（单精度、双精度），默认输出小数点后 6 位小数	输入实数，可用小数形式或指数形式输入
e 或 E	以指数形式输出实数。若用 E，则指数部分的 e 用大写英文字母 E	作用与 f 相同

此外，在%和表 2.7 中的输出格式字符之间还可以插入如表 2.8 所示的格式修饰符。

表 2.8　printf 函数的格式修饰符

格式修饰符	说　　明
−	输出默认为右对齐，加 "−" 后改为左对齐
+	正数输出带正号
#	输出八进制数时前面加数字 0，输出十六进制数时前面加 0x
数字	指定数据输出的宽度（位数）
.数字	指定小数点后显示的位数（默认为 6 位小数）；若是 s 格式，则指定输出的字符个数
l 或 L	输出长整型（long int）数或长双精度型（long double）浮点数

因此，用于输出的格式字符和格式修饰符组合的一般形式为

```
%[标志] [数字] [.数字] [长度]类型
```

其中，方括号 "[]" 中的内容为可选项；"类型" 表示输出数据类型的类型字符，也就是表 2.7 中的格式字符；"标志" 是表 2.8 中的格式修饰符 "−""+""#"；"数字" 和 ".数字" 是表 2.8 中的 "数字" 和 ".数字"；"长度" 是表 2.8 中的 "l 或 L"。若输出的数据实际长度小于指定数据输出的宽度，则根据有无格式修饰符 "−"，在数据后面或前面补足空格；若输出的数据实际长度超出指定数据输出的宽度，则不受指定数据输出宽度的限制，按数据的实际长度输出（对于 s 格式，若指定数据输出宽度含有 ".数字" 这种格式修饰符，则按 ".数字" 中 "数字" 指定的宽度输出，而不管数据的实际长度）。例如：

```
printf("x+y=%10.4f, x−y=%8.2f", x+y,    x−y);
         格式控制字符串        输出项列表
```

其中，"x+y=" 和 "x−y=" 是普通字符，而 "%10.4f" 和 "%8.2f" 是格式字符，它们分别对应输出项 x+y 和 x−y。

此外，若要在屏幕上输出 "%"，则应在格式控制字符串中连续使用两个%。例如：

```
printf("%5.2f%%\n",1.0/3*100);
```

输出：

```
33.33%
```

【例 2.12】使用不同格式字符的输出。

```
#include<stdio.h>
void main()
{
    int a=88,b=89;
    printf("%d %d\n",a,b);
    printf("%d,%d\n",a,b);
    printf("%c,%c\n",a,b);
    printf("a=%d,b=%d\n",a,b);
}
```

运行结果：

```
88 89
88,89
X,Y
a=88,b=89
```

本例中 4 次输出了 a 和 b 的值，但由于格式控制字符串的不同，每次输出的结果也不同。在第 1 个输出语句 printf 中，两个格式字符%d 之间加了 1 个空格（为普通字符），故输出的 a 和 b 值之间有 1 个空格；在第 2 个 printf 语句中，两个格式字符%d 之间加了 1 个 "," 字符（也为普通字符），故输出的 a 和 b 值之间有 1 个逗号；第 3 个 printf 语句中的两个格式字符%c 要求按字符型输出 a 和 b 值，故输出的是 "X,Y"；第 4 个 printf 语句在格式控制字符串中又增加了字符串 "a=" 和 "b="，即在输出时按字符串原值输出。

【例 2.13】不同类型数据在不同格式字符控制下的输出。

```
#include<stdio.h>
void main()
{
    int a=15;
    double f=123.456;
    printf("%d,%6d,%o,%x\n",a,a,a,a);
    printf("%f,%10f,%10.2f,%-10.2f,%.2f\n",f,f,f,f,f);
    printf("%8s,%3s,%7.2s,%-5.3s,%.4s\n","China","China","China",
    "China","China");
}
```

运行结果：

```
15,    15,17,f
123.456000,123.456000,    123.46,123.46    ,123.46
  China,China,     Ch,Chi  ,Chin
```

在程序中，第 1 个 printf 语句以十进制、八进制和十六进制形式输出整型数值 15，其中%6d 指定输出整型数据的宽度为 6，即在 15 前面补上 4 个空格后输出。

第 2 个 printf 语句是对实型数据的输出，"%10.2f" 指定在输出 123.46（占 6 位）时在其前面补上 4 个空格；"%-10.2f"表示向左对齐，即在输出 123.46 时在其右边补上 4 个空格；而"%.2f"仅指出了小数点后的位数，所以输出 123.46，前面不加空格。

第 3 个 printf 语句是对字符串的输出，"%8s"指定输出的字符串占 8 个字符位，即在输出的"China"前面补上 3 个空格；"%3s"，由于其指定的位数小于字符串的实际位数，故按字符串的实际位数输出，因此输出的"China"前面不加空格；"%7.2s"指定位数为 7 位，但只在最后两位输出字符串"China"的头两个字符，即输出"   Ch"；"%-5.3s"表示按左对齐方式输出字符串的前 3 个字符，后面补上两个空格，即输出"Chi "；"%.4s"指定输出字符串"China"的前 4 个字符，即"Chin"。

【例 2.14】对 printf 语句的输出结果进行分析。

```c
#include<stdio.h>
void main()
{
    int i=8;
    printf("%d,",++i);
    printf("%d,",--i);
    printf("%d,",i++);
    printf("%d,",i--);
    printf("%d,",-i++);
    printf("%d\n",-i--);
}
```

运行结果：

```
9,8,8,9,-8,-9
```

解：第 1 个 printf 语句中的输出项为"++i"，即 i 值先由 8 增 1 为 9，然后输出这个 i 值 9。

第 2 个 printf 语句中的输出项为"--i"，即 i 值先由 9 减 1 为 8，然后输出这个 i 值 8。

第 3 个 printf 语句中的输出项为"i++"，即先输出这个 i 值 8，然后 i 值增 1 为 9。

第 4 个 printf 语句中的输出项为"i--"，即先输出这个 i 值 9，然后 i 值减 1 为 8。

第 5 个 printf 语句中的输出项为"-i++"，即先输出这个-i 值-8，然后 i 值增 1 为 9。

第 6 个 printf 语句中的输出项为"-i--"，即先输出这个-i 值-9，然后 i 值减 1 为 8。

由此可以看出，当对多个输出项进行输出时，用一个 printf 语句输出多个输出项和用多个 printf 语句逐个输出每个输出项的结果是不同的。

2.5.3　格式输入函数

格式输入函数 scanf 的作用是通过键盘输入数据，该输入数据按格式字符指定的输入格式被赋给相应的输入项地址。

scanf 函数的一般形式为

```
scanf("格式控制字符串",输入项地址列表);
```

其中，格式控制字符串用于指定输入格式，它包含下面两类内容。

（1）普通字符：要求用户必须按字符原样输入，不得做任何改变。

（2）格式字符：scanf 函数的格式字符在书写格式和功能上与 printf 函数的格式字符完全相同，区别在于一个用于输入，而另一个用于输出。

输入项地址列表由一个或若干用逗号分隔的变量地址项组成，每个变量地址项均是一个在变量名前加地址运算符"&"的变量地址，也可以是由数组名表示的地址常量，还可以是一个指向变量地址的指针变量（见第 6 章）。

scanf 函数的输入项与 printf 函数的输出项的区别如下。

（1）printf 函数用于将常量、表达式或变量的值输出显示，所以输出项只要给出表达式或变量的名字，即可计算出表达式的值或取出变量的值用于输出。

（2）scanf 函数用于给变量输入数据，即将数据存储到变量对应的内存单元中，因此变量地址项必须是变量的存储地址，而不能是变量名。由于表达式没有对应的内存单元，因此也不能作为输入项地址。

例如：

```
scanf("%d,%d",&x,&y);
```

是正确的 scanf 语句，而

```
scanf("%d,%d",x,y);和 scanf("%d",x+y);
```

是错误的 scanf 语句。

scanf 函数常用的输入格式字符如表 2.7 所示。此外，在%和表 2.7 中的输入格式字符之间还可以插入如表 2.9 所示的格式修饰符。

表 2.9　scanf 函数的格式修饰符

格式修饰符	说　　明
l	可用%ld、%lo、%lx 输入长整型数据，也可用%lf、%le 输入 double 型数据
数字	指定输入数据所占的宽度（必须为正数）
*	赋值抑制符，即可以输入当前数据，但不传送给对应的变量（地址项）

因此，用于输入的格式字符和格式修饰符组合的一般形式为

```
%[*][数字][长度]类型
```

其中，方括号"[ ]"中的内容为可选项；"类型"表示输入数据类型的类型字符，也就是表 2.7 中的格式字符；"*"和"数字"是表 2.9 中的格式修饰符"*"和"数字"；"长度"是表 2.9 中的"l"。

注意，若输入的数据是 double 型，则格式字符必须用"%lf"表示。例如：

```
double x;
scanf("%lf",&x);
```

若用语句"scanf("%f",&x);"读入 double 型变量 x 的值，则系统在编译时并不指出格式错误，但运行结果是错误的。这一点与 printf 语句不同，对于 double 型变量 x 值的输出，printf 语句的格式字符用"%f"或"%lf"均可，即语句"printf("%f\n",x);"和语句"printf("%lf\n",x);"的功能完全相同。

【例 2.15】指出下面程序中的错误。

```
#include<stdio.h>
void main()
{
    int a;
    float x;
    scanf("Input data:%d\n",&a);
    scanf("%5.2f",x);
    printf("%d,%f\n",a,x);
}
```

解：第 1 个 scanf 语句存在两个错误。

（1）scanf 函数本身不能显示提示信息，即此处格式控制字符串中的"Input data"必须是由用户输入的信息，而不是提示给用户的显示信息，不要将 scanf 与 printf 搞混了。通常是先采用 printf 语句输出提示信息，再用 scanf 语句输入数据。

（2）在 scanf 函数的格式控制字符串中尽量不要使用转义字符'\n'。'\n'是需要用户输入的字符，它与输入数据结束时的"↙"相同，这样就会造成输入混乱，无法确定这个'\n'是要求输入的字符还是输入数据结束的标志。这个错误非常严重，往往会造成程序不能正常运行，甚至死机。

第 2 个 scanf 语句也存在两个错误。

（1）在 scanf 函数中没有对输入数据的精度控制，仅指定输入数据的宽度。因此，格式字符"%5.2f"是非法的。此外，对于宽度控制也要慎用。

（2）scanf 函数中的输入项 x 是一个变量名，在它的前面缺少了地址符"&"。这种错误在程序编译时并不指出，但在程序运行时会弹出一个出错窗口。

在使用 scanf 函数时，还需要注意以下几个问题。

（1）scanf 函数的格式控制字符串中除格式字符外的其他字符，在输入数据时必须按照原样输入。例如：

```
scanf("%d,%d,%d",&a,&b,&c);
```

在输入数据时，数据之间必须按要求输入一个逗号"，"，即输入应为如下形式。

```
12,56,78↙
```

同样，对于

```
scanf("%d %d %d",&a,&b,&c);
```

则应输入

```
12 56 78↙
```

而对于

```
scanf("a=%d,b=%d,c=%d",&a,&b,&c);
```

则应输入

```
a=12,b=56,c=78↙
```

（2）在使用"%c"格式字符输入字符时，空格字符、回车符等均作为有效字符，并作为输入项的字符型变量地址。例如：

```
scanf("%c%c%c",&a,&b,&c);
```

若输入

```
x y z↙
```

则 a 值为'x'，b 值为空格字符，c 值为'y'。

又如：

```
scanf("%c%c%c",&a,&b,&c);
```

若输入

```
x,y,z↙
```

则 a 值为'x'，b 值为','，c 值为'y'。

再如：

```
scanf("%c%c%c",&a,&b,&c);
```

若输入

```
x↙
y↙
z↙
```

则 a 值为'x'，b 值为回车符'\n'，c 值为'y'。

（3）在输入数据时，遇到以下情况则认为数据输入结束。

① 遇到空格键、回车键或 Tab 键。

② 读入数据到达指定的宽度。例如，"%3d" 则只取数据的前 3 位。

③ 遇到非法输入。例如，对于语句 "scanf("%f",&x);"，当输入为 "123o.45↙" 时，由于读入数据 "123" 后遇到了字母 "o"，这是一个非法字符，因此认为数据输入结束，即将 123 赋给 x。

（4）若格式字符指定的类型和与其对应的输入项类型不符，则会出错。例如：

```
int x;
scanf("%f",&x);
```

或

```
float y;
scanf("%d",&y);
```

在编译时不产生错误，但在运行中会出错或者得到错误的结果。

习题 2

1. 下面给出的标识符中，能作为变量的标识符是_____。

A. for　　　　　　B. int　　　　　　C. word　　　　　　D. sizeof

2. 在 C 语言中，下列属于构造类型的是_____。

A. 整型　　　　　　B. 字符型　　　　　　C. 实型　　　　　　D. 数组类型

3. 下面 4 个选项中，均是合法整型常量的选项是_____。

A. 160　　　　　　B. −0xcdf　　　　　　C. −01　　　　　　D. −0x48a

　　−0xffff　　　　　　01a　　　　　　986.012　　　　　　2e5

　　011　　　　　　0xe　　　　　　0667　　　　　　0x

4. 下面 4 个选项中，均是合法实型常量的选项是_____。

A. +1e+1　　　　　　B. −.60　　　　　　C. 123e　　　　　　D. −e3

　　5e−9.4　　　　　　12e−4　　　　　　1.2e−4　　　　　　0.8e−4

　　03e2　　　　　　−8e5　　　　　　+2e−1　　　　　　5.e−7

5. 下面不合法的字符常量是_____。

A. '\018'　　　　　　B. '\"'　　　　　　C. '\\'　　　　　　D. '\xcc'

6. 在 C 语言中，其值可以被改变的量称为变量，变量具有的基本特征是_____。

A. 变量名　　　　　　B. 变量类型　　　　　　C. 变量值　　　　　　D. A～C 三项

7. 在 C 语言中，int 型数据在内存中的存储形式是_____。

A. ASCII 码　　　　　　B. 原码　　　　　　C. 反码　　　　　　D. 补码

8. 能够正确定义且赋值的语句是_____。

A. int n1=n2=10;　　　　　　　　　　B. char c=32;

C. float f=f+1.1;　　　　　　　　　　D. double x=12.3E2.5;

9. 设有定义语句 "char x1,x2,x3;"，且给 x1、x2 和 x3 均赋字符'a'，则下面出错的一组赋值语句是_____。

A. x1='a';　　　　　B. x1='\141';　　　　　C. x1='\x61';　　　　　D. x1=97;

　　x2='\x61';　　　　　x2=0x61;　　　　　x2=97;　　　　　x2="a";

　　x3=97;　　　　　x3=0141;　　　　　x3=0x61;　　　　　x3='\141';

10. 设有定义语句"float a=2,b=4,h=3;"，下面表达式中与代数式 $\frac{1}{2}(a+b)h$ 计算结果不符的是_____。

A. (a+b)*h/2　　　　　　　　B. (1/2)*(a+b)*h

C. (a+b)*h*1/2　　　　　　　D. h/2*(a+b)

11. 设有定义语句"int a=2,b=3,c=4;"，下面选项中值为 0 的表达式是_____。

A. (!a==1)&&(!b==0)　　　　B. (a<b)&&!c||1

C. a&&b　　　　　　　　　　D. a||(b+b)&&(c-a)

12. 当整型变量 c 的值不为 2、4、6 时，值也为"真"的表达式是_____。

A. (c==2)||(c==4)||(c==6)　　　　B. (c>=2&&c<=6)||(c!=3)||(c!=5)

C. (c>=2&&c<=6)&&!(c%2)　　　　D. (c>=2&&c<=6)&&(c%2!=1)

13. 设有定义语句"int k=0;"，下面 4 个表达式中与其他 3 个表达式的值不相同的是_____。

A. k++　　　　B. k+=1　　　　C. ++k　　　　D. k+1

14. 设有定义语句"int k=7;float a=2.5,b=4.7;"，则表达式 a+k%3*(int)(a+b)%2/4 的值是_____。

A. 2.500000　　　B. 2.750000　　　C. 3.500000　　　D. 0.000000

15. 若有代数式 $\sqrt{|n^x+e^x|}$（其中 e 仅代表自然对数的底数，不是变量），则下面能够正确表示该代数式的表达式是_____。

A. sqrt(abs(n^x+e^x))　　　　B. sqrt(fabs(pow(n,x)+pow(x,e)))

C. sqrt(fabs(pow(n,x)+exp(x)))　　D. sqrt(fabs(pow(x,n)+exp(x)))

16. 下面关于 scanf 语句的叙述中正确的是_____。

A. 输入项地址可以是一个实型常量，如 scanf("%f",3.5)

B. 只有格式控制字符串而没有输入项地址也能正确输入数据，如 scanf("a=%d,b=%d")

C. 当输入数据时，必须指明输入项地址，如 scanf("%f",&f)

D. 由于该语句是给变量输入数据，因此输入项地址也可以是一个变量，如 scanf("%f",f)

17. 下面程序的功能是给 r 输入数据后计算半径为 r 的圆的面积 s，但程序在编译时出错，出错的原因是_____。

```
#include<stdio.h>
void main()
{
    int r;
    float s;
    scanf("%d",&r);
    s=π*r*r;
    printf("s=%f\n",s);
}
```

A. 注释语句书写位置错误　　　　B. 存放圆半径的变量 r 不应该定义为整型

C. 输出语句中格式描述符非法　　D. 计算圆面积的赋值语句中使用了非法变量

18. 以下程序执行的结果是_____。

```
#include<stdio.h>
void main()
```

```
{
    int x=102,y=012;
    printf("%2d,%2d\n",x,y);
}
```

   A. 10,01   B. 02,12   C. 102,10   D. 02,10

19．以下程序执行的结果是_____。

```
#include<stdio.h>
void main()
{
    int m=0256,n=256;
    printf("%o,%o\n",m,n);
}
```

   A. 0256,0400   B. 0256,256   C. 256,400   D. 400,400

20．以下程序执行的结果是_____。

```
#include<stdio.h>
void main()
{
    int a=666,b=888;
    printf("%d\n",a,b);
}
```

   A. 错误信息   B. 666   C. 888   D. 666,888

21．以下程序执行的结果是_____。

```
#include<stdio.h>
void main()
{
    char a='a',b;
    printf("%c,",++a);
    printf("%c\n",b=a++);
}
```

   A. b,b   B. b,c   C. a,b   D. a,c

22．以下程序执行的结果是_____。

```
#include<stdio.h>
void main()
{
    int a=0,b=0;
    a=10;                      /*给 a 赋值
    b=20;                      给 b 赋值*/
    printf("a+b=%d\n",a+b);    /*输出计算结果*/
}
```

   A. a+b=10   B. a+b=30   C. 30   D. 出错

23．设有定义语句"int i=2;"，则表达式(i++)+(++i)+(++i)的值是_____。

   A. 9   B. 10   C. 11   D. 12

24．有以下程序，若由键盘输入数据，使变量 m 中的值为 123，n 中的值为 456，p 中的值为 789，则正确的输入是_____。

```
#include<stdio.h>
void main()
{
    int m,n,p;
    scanf("m=%dn=%dp=%d",&m,&n,&p);
```

```
    printf("%d %d %d\n",m,n,p);
}
```

  A．m=123n=456p=789↙   B．m=123 n=456 p=789↙

  C．m=123,n=456,p=789↙   D．123 456 789↙

  25．有以下语句段：

```
int n1=10,n2=20;
printf("_____",n1,n2);
```

要求按以下格式输出 n1 和 n2 的值，每项输出从第一列开始，请填空。

```
n1=10
n2=20
```

  26．计算下列表达式的值。

  （1）(1+3)/(2+4)+8%3   （2）2+7/2+(9/2*7)

  （3）(int)(11.7+4)/4%4   （4）2.0*(9/2*7)

  27．阅读以下程序，若由键盘输入"10 20 30↙"，请给出程序运行的结果。

```
#include<stdio.h>
void main()
{
    int i=0,j=0,k=0;
    scanf("%d%*d%d",&i,&j,&k);
    printf("%d %d %d\n",i,j,k);
}
```

3 种基本结构的程序设计

3.1 程序的基本结构及 C 语言程序中的语句分类

3.1.1 程序的基本结构

计算机程序的一个重要方面就是描述问题求解的计算过程，即计算步骤。在程序设计语言中，一个计算步骤可以用一个基本语句实现，也可以用一个控制结构实现。控制结构主要由控制条件和被控制的语句组成，不同的控制结构用于描述不同的控制方式，以实现对程序中各种成分语句的顺序、选择和循环等方式的控制。

1966 年，Bohm 和 Jacopini 的研究表明，只需要采用顺序结构、选择结构和循环结构，就能够编写所有的程序。

对于一些规模较大而又比较复杂的问题，解决的方法往往是把它们分解成若干个较为简单或基本的问题进行求解。这在程序设计中表现为，将一个大程序分解为若干相对独立且较为简单的子程序，这些子程序就是过程与函数。大程序通过调用这些子程序来完成预定的任务。过程与函数的引入不仅可以较容易地解决一些复杂问题，更重要的是使程序有了一个层次分明的结构，这就是结构化程序设计"自顶向下、逐步求精、模块化"的基本思想。

因此，一个结构化程序是由顺序结构、选择结构和循环结构 3 种基本结构及过程（函数）结构组成的。结构化程序的开创者 N. Wirth 曾这样说："在程序设计技巧中，过程是很少的几种基本工具中的一种，掌握了这种工具，就能对程序员工作的质量和风格产生决定性的影响。" N. Wirth 所说的"过程"就是 C 语言中的函数，我们将在第 5 章介绍，下面只对 3 种基本结构进行介绍。

（1）顺序结构。顺序结构指按照语句的书写顺序依次执行各语句序列。图 3.1（a）所示为顺序结构。图 3.1（a）中的 A 框和 B 框表示基本的操作处理，可以是一条语句，也可以是多条语句，它表示程序在执行完 A 框的操作后，再去顺序执行 B 框的操作，即严格按照语句的书写顺序进行。因此，顺序结构是一种最基本的程序结构。

（2）选择结构。选择结构指按照条件判断选择执行某段语句序列。图 3.1（b）所示为选择结构。需要指出的是，在选择结构程序中，A 框和 B 框的操作只能二选一，即执行了 A 框的操作，就不能再执行 B 框的操作；而执行了 B 框的操作，就不能再执行 A 框的操作。无论是执行 A 框的操作还是执行 B 框的操作，接下来都会继续向下顺序执行后续操作。

（3）循环结构。循环结构能够通过条件判断控制循环执行某段语句序列。按照条件和循环执行的语句段之间的关系,循环结构可以细分为当型循环结构和直到型循环结构。图 3.1(c)和图 3.1(d)所示分别为当型循环结构和直到型循环结构。在当型循环结构中,需要先判断条件 P 是否成立,然后决定是否执行 A 框的操作,若一开始条件 P 就不成立,则 A 框的操作一次也不执行。直到型循环结构与当型循环结构的区别是,直到型循环结构要先执行 A 框的操作,再判断条件 P 是否成立,即在直到型循环结构中,无论条件 P 是否成立,A 框的操作至少会被执行一次。

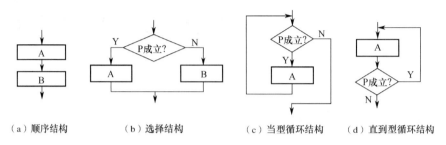

（a）顺序结构　　　　（b）选择结构　　　　（c）当型循环结构　　　（d）直到型循环结构

图 3.1　结构化程序设计的 3 种基本结构

关于 3 种基本结构,有以下几点需要说明。

（1）无论是顺序结构、选择结构还是循环结构,都只有一个入口和一个出口,整个程序是由若干这样的基本结构组合而成的。

（2）3 种基本结构中的 A 框和 B 框都是广义的,它们可以是一种操作,也可以是一种基本结构或者几种基本结构的组合。

（3）在选择结构和循环结构中都会出现判断框,选择结构会根据条件 P 是否成立来决定执行 A 框的操作还是 B 框的操作,且执行后就会脱离该选择结构而顺序执行下面的其他结构,即选择结构中的 A 框操作和 B 框操作只能选择其一执行且只能执行一次。循环结构在条件 P 成立时会反复执行 A 框的操作,直到条件 P 不成立为止才跳出该循环结构而顺序执行下面的其他结构。

3.1.2　C 语言程序中的语句分类

C 语言程序中的语句分为简单语句和结构语句两类。简单语句是指那些不包含其他语句成分的基本语句;结构语句是指那些"句中有句"的语句,它是由简单语句或结构语句根据某种规则构成的。C 语言程序中的语句分类情况如图 3.2 所示。

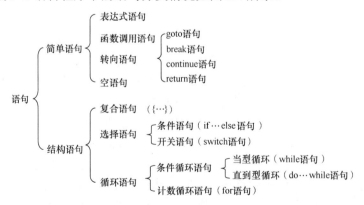

图 3.2　C 语言程序中的语句分类情况

（1）表达式语句。在 C 语言中，一个表达式加上一个分号";"就构成了一个表达式语句。最典型的是赋值表达式加上分号";"就构成了赋值语句。表达式语句的一般形式为

```
表达式;
```

例如：

```
i++;
k=k+2;
m=n=j=3;
a=1;
```

按照 C 语言的语法，任何表达式后面加上分号";"均可构成表达式语句。例如，"x+y;"是一个 C 语言的语句，但这种语句没有实际意义。一般来说，表达式的执行应能赋予或改变某些变量的值，或者说表达式的执行应能产生某种效果，才能成为有意义的表达式语句。

（2）函数调用语句。"函数名(实际参数表)"加上一个分号";"就构成了函数调用语句，其主要作用是完成该函数指定的操作。函数调用语句的一般形式为

```
函数名(实际参数表);
```

例如：

```
printf("s=%d\n",s);
```

一个 printf 格式输出函数加上一个分号";"就构成了一个函数调用语句。

（3）空语句。仅由一个分号";"构成的语句就是空语句，其一般形式为

```
;
```

空语句是不执行任何操作的语句。C 语言引入空语句出于以下考虑。

① 为了满足构造特殊控制结构的需要。例如，循环控制结构在语法上需要一个语句作为循环语句的循环体（这种结构语句必须"句中有句"）；当要循环执行的动作已经由循环控制部分完成后，就不再需要循环体语句了，但是为了满足结构语句"句中有句"的要求，此时就必须用一个空语句作为循环体。

② 在复合语句的末尾设置一个空语句作为转向的目标位置，以便 goto 语句能够将控制转移到复合语句的末尾。

（4）复合语句。用一对花括号"{ }"括起来的若干语句称为复合语句。复合语句在语法上相当于一个语句（从外部看，一个复合语句就相当于一个语句）。复合语句的一般形式为

```
{
    语句 1;
    ⋮
    语句 n;
}
```

需要注意的是，复合语句内的各个语句都必须以分号";"结束，并且在复合语句的标识"}"外不能加分号。

（5）控制语句。控制语句用来规定语句的执行顺序。C 语言中有如下 9 种控制语句。

① if…else，条件语句。

② switch，多分支选择语句，又称开关语句。

③ while，循环语句。

④ do…while，循环语句。

⑤ for，循环语句。

⑥ continue，结束本次循环语句。

⑦ break，退出循环或 switch 语句。

⑧ goto，转移语句。

⑨ return，返回语句。

3.2 顺序结构程序设计

3.2.1 赋值语句

顺序结构的程序在第 2 章中已多次出现，其中出现的函数调用语句如 printf 和 scanf 也在第 2 章中介绍过。下面介绍顺序结构中出现的赋值语句。

赋值语句由赋值表达式与分号";"构成。赋值语句的功能和特点都与赋值表达式相同，它是程序中使用较多的语句。赋值语句的一般形式为

```
变量=表达式;
```

例如：

```
a=b+3;
```

与赋值表达式相同，赋值语句的赋值运算符"="的左边是变量，而不能是常量或表达式。赋值语句也可以写成下面的形式。

```
变量=变量=…=变量=表达式;
```

它表示将最右边的表达式逐一赋给赋值运算符"="左边的每一个变量。例如：

```
a=b=c=d=10;
```

C 语言中有"赋值表达式"和"赋值语句"的概念，两者只差一个分号";"，而其他大多数高级语言中没有"赋值表达式"这个概念。因此，赋值表达式可以包含在其他表达式之中。例如：

```
if((a=b)>0)
    x=a;
```

按大多数语言的语法规定，if 后面的圆括号内是一个条件，如"if(x>0) …"，而在 C 语言中，这个 x 的位置可以放一个赋值表达式，如"a=b"。其作用是，先进行赋值运算（先将 b 的值赋给 a），再判断 a 是否大于 0。若 a 大于 0，则执行 x=a（if 语句的使用可以参考第 3.3 节的内容）。但是在 C 语言中，诸如 if、while 和 do 语句，其圆括号"()"中一定是表达式，而不能是一个语句，如下面形式的语句是错误的。

```
if((a=b;)>0)
    x=a;
```

C 语言把赋值语句和赋值表达式区分开来，增加了表达式的种类，因此能够实现其他高级语言难以实现的功能。例如：

```
if((ch=getchar())=='\n');
```

这条语句的作用是，先由键盘输入一个字符并赋给变量 ch，然后判断 ch 是否等于换行符'\n'；若其等于换行符'\n'，则什么也不做。

此外，需要注意的是，必须清楚在变量定义时给变量赋初值和赋值语句的区别。给变量

赋初值是变量说明的一部分，即必须一个变量一个变量地定义，各变量之间（包括赋初值的变量和不赋初值的变量）必须用逗号"，"隔开。例如：

```
int a=10,b;
```

但不允许在变量定义时连续用赋值符号给多个变量赋初值，如下面的变量定义方式是错误的。

```
int a=b=c=10;
```

应该写成

```
int a=10,b=10,c=10;
```

而赋值语句则允许连续赋值。例如：

```
int a, b, c;
a=b=c=10;
```

3.2.2 顺序结构程序

顺序结构的程序基本上是由函数调用语句和表达式语句构成的，这种结构的程序在执行时的特点是，执行完一个操作后，接着执行紧随其后的下一个操作。由于顺序结构非常简单，因此其求解的问题是有限的。

【例 3.1】输入三角形的三条边长，求三角形的面积。

解：已知三角形的三条边长 a、b 和 c，则三角形的面积可用下面的公式求出。

$$p = \frac{1}{2}(a+b+c) \qquad s = \sqrt{p(p-a)(p-b)(p-c)}$$

程序如下。

```
#include<stdio.h>
#include<math.h>
void main()
{
    float a,b,c,p,s;
    printf("Input a,b,c=");
    scanf("%f,%f,%f",&a,&b,&c);
    p=1.0/2*(a+b+c);
    s=sqrt(p*(p-a)*(p-b)*(p-c));
    printf("s=%6.2f\n",s);
}
```

运行结果：

```
Input a,b,c=3,4,5↙
s=  6.00
```

在该程序中要注意以下两点。

（1）由于程序中使用了 C 语言的库函数 sqrt 来求平方根，因此必须在程序开始处用 include 命令给出所使用库函数的说明。include 命令必须以"#"开头，所说明的库函数文件名以".h"作为其后缀，且该文件名用一对尖括号"<>"括起来或一对双引号""""引起来。由于以#include 开头的命令行不是语句，因此其末尾不加分号"；"。在此使用的库函数为数学函数 math.h。

（2）求 p 值时的"$\frac{1}{2}$"在程序中必须写成"1.0/2"。若写成"1/2"，则两个整数相除后将舍去结果的小数部分而仅保留结果的整数部分，这样"1/2"的结果为 0。而"1.0/2"则是一个单精度数和 1 个整数相除，其结果为单精度数，故不受影响。这一点在编写程序时要尤为注意，否则会产生很大的误差。

【例 3.2】由键盘输入 a 和 b 的值，然后交换它们的值并输出交换后的 a 和 b 的值。

解：在计算机中进行数据交换，如交换变量 a 和 b 的值，不能简单地通过下面两条赋值语句实现。

```
a=b;
b=a;
```

当执行第 1 条赋值语句"a=b;"后，会将变量 b 的值送入变量 a 的内存单元中，从而覆盖变量 a 原有的值，即 a 的原值丢失，此时其已具有变量 b 的值（a 和 b 中都保存着 b 值）。接下来执行第 2 条赋值语句"b=a;"，则将 a 中所保存的 b 值又送回到变量 b 的内存单元中，这样就无法实现将两个变量值相互交换的目的。因此，必须借助一个中间变量（如下面的 t）来实现 a、b 值交换的目的。其实现过程是连续使用 3 个赋值语句：

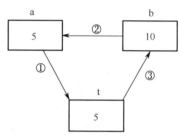

```
t=a;
a=b;
b=t;
```

先执行"t=a;"，将 a 值保存在 t 中，再执行"a=b;"，将 b 值赋给 a（此时 a 中已为 b 值），最后执行"b=t;"，将 t 中所保存的原 a 值赋给 b，即实现了 a 与 b 值的交换。图 3.3 所示为变量 a 与 b 之间数据交换的过程。

图 3.3　变量 a 与 b 之间数据交换的过程

程序如下。

```
#include<stdio.h>
void main()
{
    int a,b,t;
    printf("Input a,b=");
    scanf("%d,%d",&a,&b);
    printf("old data: a=%d,b=%d\n",a,b);    //输出变量 a 与 b 的原值
    t=a;
    a=b;
    b=t;                                     //实现变量 a 与 b 值的交换
    printf("new data: a=%d,b=%d\n",a,b);    //输出交换后 a 与 b 的新值
}
```

运行结果：

```
Input a,b=5,10↙
old data: a=5,b=10
new data: a=10,b=5
```

3.3　选择结构程序设计

选择结构通过选择语句实现。选择语句根据是否满足条件来选择所应执行的语句，进而控制程序的执行顺序。选择语句有两个：一个是 if 语句，另一个是 switch 语句。

3.3.1　if 语句

if 语句是 C 语言中用来实现选择结构的重要语句，它根据给定的条件进行判断来决定执

行某个分支语句（可以是复合语句）。C 语言的 if 语句有 3 种基本形式。

1. 单分支 if 语句

单分支 if 语句的一般形式为

```
if(表达式)
    语句;
```

单分支 if 语句的功能是，首先计算表达式的值，若表达式的值为非 0（为真），则执行语句；若表达式的值为 0（为假），则该 if 语句不起作用（相当于一个空语句），继续执行其后的其他语句。单分支 if 语句的执行流程如图 3.4 所示。

例如：

```
int a=5, b=3;
if(a==b) printf("a=b");
if(3) printf("OK! ");
if('a') printf("%d",'a');
```

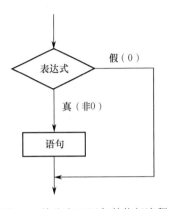

图 3.4　单分支 if 语句的执行流程

以上语句都是合法的。第 1 个 if 语句因表达式"a==b"的值为"假"而相当于一个空语句；第 2 个 if 语句因表达式的值为 3（非 0）而按"真"处理，即输出"OK!"；第 3 个 if 语句的表达式为字符'a'（非 0），因此也按"真"处理，即输出'a'的 ASCII 码值 97。

【例 3.3】输入任意两个整数，并按由大到小的顺序输出。

解：程序如下。

```
#include<stdio.h>
void main()
{
    int a,b,t;
    printf("Input a,b=");
    scanf("%d,%d",&a,&b);
    if(a<b)                    //若 a<b，则交换 a 和 b 的值
    {
        t=a;
        a=b;
        b=t;
    }
    printf("%d,%d\n",a,b);
}
```

运行结果：

```
Input a,b=5,10↵
10,5
```

2. 双分支 if 语句

双分支 if 语句的一般形式为

```
if(表达式)
    语句1;
else
    语句2;
```

双分支 if 语句的功能是，若表达式的值为非 0（为真），则执行语句 1；否则执行语句 2。双分支 if 语句的执行流程如图 3.5 所示。

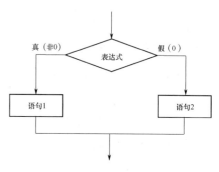

【例 3.4】 输入任意两个整数，并按由大到小的顺序输出。

解：程序如下。

```
#include<stdio.h>
void main()
{
    int a,b;
    printf("Input a,b=");
    scanf("%d,%d",&a,&b);
    if(a<b)
        printf("%d,%d\n",b,a);
    else
        printf("%d,%d\n",a,b);
}
```

图 3.5　双分支 if 语句的执行流程

运行结果：

```
Input a,b=5,10↙
10,5
```

【例 3.5】 判断下面的（1）和（2）是否等效。

```
(1) if(a>0&&b>0)  a=a+b;
    if(a<=0&&b<=0)  b=a-b;
(2) if(a>0&&b>0)  a=a+b;
        else b=a-b;
```

解：当 a>0 且 b>0 时，（1）和（2）等效，因为两者执行的都是 "a=a+b;" 语句，而其余语句均不执行。但是，当 a>0 或 b>0 这两个条件中有一个不满足时，（1）和（2）就不等效了，这是因为（1）中的第 2 个 if 语句在 a≤0 和 b≤0 条件同时满足时执行 "b=a-b;" 语句，而（2）中的 else 当 a≤0 和 b≤0 中有一个条件满足时就执行 "b=a-b;" 语句，即（2）中 else 后面语句执行的条件范围比（1）中第 2 个 if 语句执行的条件范围宽，所以（1）和（2）不等效。

3．多分支 if 语句

多分支 if 语句是通过多个双分支 if 语句的复合来实现多分支功能的。多分支 if 语句的一般形式为

```
if(表达式 1)
    语句 1；
else if(表达式 2)
        语句 2；
    else if(表达式 3)
            语句 3；
            …
        else if(表达式 n)
                语句 n；
            else
                语句 n+1；
```

多分支 if 语句的功能是，依次判断每个表达式的值，若某个表达式 i 的值为真（非 0），则执行语句 i，然后结束整个多分支 if 语句的执行，接下来执行其后的其他语句；若所有表达

式的值都为假（0），则执行语句 n+1。多分支 if 语句的执行流程如图 3.6 所示。

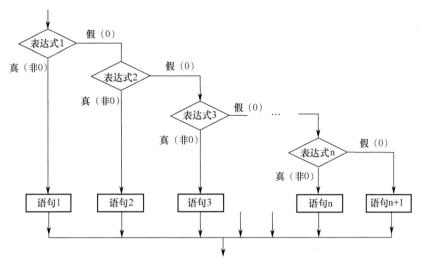

图 3.6　多分支 if 语句的执行流程

【例 3.6】判断由键盘输入的字符类型。

解：判断由键盘输入的字符类型，可以根据附录 A 的 ASCII 码表来判断，即 ASCII 码值小于 32 时为控制字符，在'0'～'9'之间为数字字符，在'A'～'Z'之间为大写英文字母，在'a'～'z'之间为小写英文字母，其余则为其他字符。这是一个多分支的选择问题，因此用多分支 if 语句实现。程序如下。

```c
#include<stdio.h>
void main()
{
    char c;
    printf("Input a character:");
    c=getchar();
    if(c<32)
        printf("This is a control character.\n");
    else
        if(c>='0'&&c<='9')
            printf("This is a digit.\n");
        else
            if(c>='A'&&c<='Z')
                printf("This is a capital letter.\n");
            else
                if(c>='a'&&c<='z')
                    printf("This is a small letter.\n");
                else
                    printf("This is another character.\n");
}
```

在 if 语句的使用过程中应注意以下几点。

（1）if 语句中的表达式一般由算术表达式和逻辑表达式组成，C 语言在判断表达式时，表达式的值不为 0 则为真，表达式的值为 0 则为假。因此，表达式可以是任意类型的表达式（如整型、实型、字符型和指针类型的表达式等），这是 C 语言与其他高级语言的不同之处。例如：

```
if(c=getchar( ))
    printf("%c",c);
```

即输入一个字符并赋给变量 c,只要 c 值不等于 0(为真),就输出所输入的字符。

(2)分号";"是语句的标志,因此 else 之前的语句必须有分号";"。例如,下面的 if 语句是错误的。

```
if(a>b)
    printf("a>b")
else
    printf("a<b");
```

(3)分支语句可以是一条语句,也可以是多条语句复合而成的语句。若条件成立或不成立所需执行的语句不止一条,则必须使用复合语句。例如,当 a>b 时需交换 a 和 b 的值,对应的 if 语句写成如下形式。

```
if(a>b)
    t=a;
    a=b;
    b=t;
```

这种形式是错误的。因为属于 if 语句范围的仅有一条"t=a;"语句,而"a=b;b=t;"是 if 语句的后继语句。交换 a 和 b 的值正确的操作是,当条件"a>b"为真时,"t=a;a=b;b=t;"3 条语句都执行;当条件"a>b"为假时,"t=a;a=b;b=t;"3 条语句都不执行。而上面 if 语句的实际执行情况则是,当条件"a>b"为真时,"t=a;a=b;b=t;"3 条语句都将执行,虽然结果正确,但后面两条语句"a=b;b=t;"并不是 if 语句中的部分,而是作为 if 语句的后继语句来执行的;当条件"a>b"为假时,if 语句相当于一个空语句,即语句"t=a;"并不执行,这时仍将执行 if 语句的后继语句"a=b;b=t;",而执行这两条本不该执行的语句将得到错误的结果。因此,正确的写法如下。

```
if(a<b)
{
    t=a;
    a=b;
    b=t;
}
```

(4)在 if 语句表达式的圆括号"()"之后不能加分号";"。例如,当 a>b 时,输出"a>b",对应的 if 语句写成如下形式。

```
if(a>b);
    printf("a>b");
```

这种形式是错误的。因为当表达式 a>b 为真时,执行的语句为空语句";",而"printf("a>b");"语句则是 if 语句的后继语句,即无论 a>b 是否为真都执行 printf 语句并输出同一个结果:a>b,所以该 if 语句失去了判断的意义。

3.3.2　if 语句的嵌套

当 if 语句中的内嵌语句是一个或多个 if 语句时,就形成了 if 语句的嵌套。下面给出了 3 种不同的 if 语句嵌套形式。

```
(1) if (表达式 1)
        if(表达式 2) 语句 1;
        else    语句 2;
```

```
    else
        if(表达式 3) 语句 3;
        else  语句 4;
 (2) if (表达式 1)
        if(表达式 2) 语句 1;
        else  语句 2;
    else  语句 3;
 (3) if (表达式 1) 语句 1;
    else
        if(表达式 2) 语句 2;
        else  语句 3;
```

注意：else 总与它之前最近的尚未与 else 匹配的那个 if 匹配，这就是 else 的"就近匹配"原则。若想使 else 不遵循该原则，则可用花括号"{ }"来改变匹配关系。

例如：

```
if(表达式 1)
{ if(表达式 2) 语句 1; }
else 语句 2;
```

此时，else 与第 1 个 if 匹配。若没有使用花括号"{ }"，则 else 与第 2 个 if 匹配。

【例 3.7】以下程序运行的结果是_____。

```
#include<stdio.h>
void main()
{
    int x=1,y=2,z=3;
    if(x>y)
        if(y<z)
            printf("%d",++z);
        else
            printf("%d",++y);
    printf("%d\n",x++);
}
```

　　A. 331　　　　　　B. 41　　　　　　C. 2　　　　　　D. 1

解：由于 else 总与它之前最近的尚未与 else 匹配的那个 if 匹配，因此程序中的 else 与第 2 个 if 匹配。程序在执行时首先判断"x>y"，由于 x=1 而 y=2，即"x>y"的结果为假，因此跳过内嵌的第 2 个 if···else 语句，而直接执行最后一个输出语句"printf("%d\n",x++);"，即先输出 x 的值，再加 1，故输出结果为 1，选 D 选项。

【例 3.8】闰年的判断方法：若某年（以阳历表示）是 4 的倍数而不是 100 的倍数，或者是 400 的倍数，则这一年是闰年。试编写判断闰年的程序。

解：由题意可知，闰年首先能够被 4 整除（用 4 取余为 0）；在能被 4 整除的年份中显然含有能被 100 整除的年份，但也不能将这些能被 100 整除的年份统统排除在闰年之外，因为其中能够被 400 整除的仍然是闰年，所以需要在能被 4 整除同时又能被 100 整除的年份中，找出能被 400 整除的年份。程序如下。

```
#include<stdio.h>
void main()
{
    int y,b;
    printf("Input year:");
    scanf("%d",&y);
    if(y%4==0)
```

```
            if(y%100==0)
                if(y%400==0)
                    b=1;         //能被 4 整除、能被 100 整除且又能被 400 整除
                else
                    b=0;         //能被 4 整除、能被 100 整除但不能被 400 整除
            else
                b=1;             //能被 4 整除但不能被 100 整除
        else
            b=0;                 //不能被 4 整除
        if(b)
            printf("%d is a leapyear.\n",y);
        else
            printf("%d is not a leapyear.\n",y);
}
```

此题也可将题设条件用一个布尔表达式来描述：能够被 4 整除且不能被 100 整除或者能够被 400 整除的年份是闰年。由此得到如下程序。

```
#include<stdio.h>
void main()
{
    int y;
    printf("Input year:");
    scanf("%d",&y);
    if((y%4==0&&y%100!=0)||y%400==0)
        printf("%d is a leapyear.\n",y);
    else
        printf("%d is not a leapyear.\n",y);
}
```

运行结果：

```
Input year:2010↙
2010 is not a leapyear.
```

3.3.3 条件运算符与条件表达式

若条件语句 if 中只执行单个赋值语句，则可以用条件表达式来取代 if 语句。条件表达式是包含条件运算符的表达式；条件运算符是 C 语言中唯一的三目运算符，即有 3 个参与运算的量。条件表达式的一般形式为

```
表达式 1 ?  表达式 2 : 表达式 3
```

其求值规则为，先求解表达式 1 的值，若表达式 1 的值为真（非 0），则表达式 2 的值就是整个条件表达式的值；否则表达式 3 的值就是整个条件表达式的值。例如，10>8?5:15 的值是 5，而 10<8?5:15 的值是 15。

对于条件语句：

```
if (a>b)  max=a;
else  max=b;
```

可用条件表达式语句（条件表达式后加分号 ";" 即构成条件表达式语句）写为

```
max=(a>b)?a:b;
```

使用条件表达式应注意以下几点。

（1）条件运算符的优先级高于赋值运算符，低于关系运算符和算术运算符。例如：

```
max=(a>b)?a:b+1;
```

可以去掉括号写为

```
max=a>b?a:b+1;
```

（2）条件运算符的结合性为自右至左。例如：

```
a>b?a:c>d?c:d;
```

相当于

```
a>b?a:(c>d?c:d);
```

这也属于条件表达式嵌套的情况，即其中的表达式 3 是一个条件表达式（当然表达式 2 也可以是一个条件表达式）。

（3）条件表达式通常不能取代一般的 if 语句，只有当 if 语句内嵌的语句为赋值语句且两个分支都给同一个变量赋值时，才能使用条件表达式取代 if 语句。

（4）在条件表达式中，表达式 1 的类型可以与表达式 2 和表达式 3 的类型不一致。例如：

```
a?'x':'y'
```

（5）条件运算符 "?" 和 ":" 是一对运算符，不能拆开单独使用。

【例 3.9】输入一个字符，若是小写英文字母，则转换成对应的大写英文字母；若是大写英文字母，则保持不变。

程序如下。

```
#include<stdio.h>
void main()
{
    char ch;
    printf("Input one char:");
    ch=getchar();
    ch=ch>='a'&&ch<='z'?ch-32:ch;
    putchar(ch);
    putchar('\n');
}
```

运行结果：

```
Input one char:h✓
H
```

3.3.4　switch 语句

if 语句本质上是两路分支的选择结构，若要用于多路分支，则 if 语句就得采用嵌套形式，这使得程序的可读性降低。对于多路分支问题，C 语言提供了更加简练的语句，即可以直接使用多路分支选择语句 switch 来实现多种情况的选择。switch 语句的一般形式为

```
switch(表达式)
{
    case 常量表达式 1：语句 1；
    case 常量表达式 2：语句 2；
        ⋮
    case 常量表达式 n：语句 n；
    default：语句 n+1；
}
```

switch 语句的执行过程是，首先计算表达式的值，并逐个与 case 后面的常量表达式的值相比较，若表达式的值与某个常量表达式的值相等，则执行该常量表达式后面的语句，此后遇到下面其他 case 后的语句（包括 default 后面的语句）就不再判断，即顺序向下执行直到遇

到 break 语句则跳出 switch 语句，或执行到 switch 语句的结束标志"}"处；然后继续执行 switch 语句的后继语句。若表达式的值与所有 case 后面的常量表达式的值均不相等，则执行 default 后面的语句，若没有 default 部分，则此时 switch 语句相当于一个空语句。例如：

```
switch(class)
{
    case 'A': printf("GREAT!\n");
    case 'B': printf("GOOD!\n");
    case 'C': printf("OK!\n");
    case 'D': printf("NO!\n");
    default: printf("ERROR!\n");
}
```

若 class 的值为'B'，则输出结果为

```
GOOD!
OK!
NO!
ERROR!
```

若 class 的值为'D'，则输出结果为

```
NO!
ERROR!
```

因此，switch 语句的功能是，先根据 switch 后面表达式的值找到匹配的入口，然后从这个入口开始执行下去且不再进行判断。因此，为了保证只执行一条分支上的语句，就需要在每个分支语句的结束处增加一个 break 语句来强制终止 switch 语句的执行（最后一个分支语句的结束处可不加 break 语句），即跳出 switch 语句。例如：

```
switch(class)
{
    case 'A': printf("GREAT!\n"); break;
    case 'B': printf("GOOD!\n"); break;
    case 'C': printf("OK!\n"); break;
    case 'D': printf("NO!\n"); break;
    default: printf("ERROR!\n");
}
```

这样，若 class 的值为'B'，则输出结果为

```
GOOD!
```

注意，在 switch 语句"}"之前的语句后面可不加 break 语句。

使用 switch 语句应该注意以下几点。

（1）switch 后面常量表达式的类型可以是整型、字符型或枚举型，但不能是其他类型。例如，单精度型和双精度型的值由于存在计算误差而难以进行相等比较，因此可将其强制转换为整型后再进行相等比较。

（2）常量表达式的类型应与 switch 后"()"中表达式的类型一致。

（3）case 后面常量表达式的值必须互不相同，否则将出现多个入口的错误。例如，下面的 switch 语句是错误的。

```
switch(x)
{
    case 2+3: 语句 i;
        ⋮
    case 8-3: 语句 j;
        ⋮
}
```

（4）多个 case 可以共享一组执行语句。例如：

```
switch(ch)
{
    case 'A':
    case 'B':
    case 'C':
    case 'D': printf("Pass!\n");
        ⋮
}
```

当 ch 的值为'A'、'B'、'C'或'D'时，都会执行 "printf("Pass!\n");" 语句。

（5）switch 结构可以嵌套，即在一个 switch 语句中可以嵌套另一个 switch 语句，但要注意 break 语句只能跳出当前层的 switch 语句。例如：

```
int x=1,y=0;
switch(x)
{
    case 1: switch(y)
            {
                case 0: printf("x=1,y=0\n");
                        break;
                case 1: printf("x=1,y=1\n");
            }
    case 2: printf("x=2\n");
}
```

运行结果：

```
x=1,y=0
x=2
```

本来不应该再输出 "x=2"。这是因为 break 语句仅结束了内层 switch 语句，由于外层的 "case 1" 语句后无 break 语句，因此继续执行 "case 2" 后的语句。正确的写法如下。

```
int x=1,y=0;
switch(x)
{
    case 1: switch(y)
            {
                case 0: printf("x=1,y=0\n");
                        break;
                case 1: printf("x=1,y=1\n");
            }
            break;
    case 2: printf("x=2\n");
}
```

【例 3.10】用数字 1～7 代表星期一至星期日，根据键盘上输入的数字，输出该数字所代表星期几的英文单词。

解：程序如下。

```
#include<stdio.h>
void main()
{
    int a;
    printf("Input data:");
    scanf("%d",&a);
```

```
switch(a)
{
    case 1: printf("Monday\n");
            break;
    case 2: printf("Tuesday\n");
            break;
    case 3: printf("Wednesday\n");
            break;
    case 4: printf("Thursday\n");
            break;
    case 5: printf("Friday\n");
            break;
    case 6: printf("Saturday\n");
            break;
    case 7: printf("Sunday\n");
            break;
    default: printf("Input error!\n");
}
}
```

运行结果：

```
Input data:4↙
Thursday
```

【例 3.11】输入 2 个运算量及 1 个运算符，如 5+3，用程序实现四则运算并输出运算结果。

解：首先输入参与运算的 2 个数和 1 个运算符，然后根据运算符来进行相应的运算。但是在做除法运算时应先判断除数是否为 0，若除数为 0，则运算非法，会给出错误提示。若运算符不是 "+" "−" "*" "/"，则运算同样非法，也会给出错误提示。对于其他情况，则输出运算结果。程序如下。

```
#include<stdio.h>
void main()
{
    float a,b,result;
    int flag=0;                          //0 为合法，1 为非法
    char ch;
    printf("Input expression:a+(-、*、/)b:\n");
    scanf("%f%c%f",&a,&ch,&b);
    switch(ch)                           //根据运算符进行相关运算
    {
    case '+': result=a+b;
            break;
    case '-': result=a-b;
            break;
    case '*': result=a*b;
            break;
    case '/': if(!b)
            {
                printf("divisor is zero!\n");    //显示除数为 0
                flag=1;                          //置非法标志
            }
            else
                result=a/b;
            break;
```

```
        default: printf("Input error!\n");           //显示输入错误
                flag=1;                               //置非法标志
    }
    if(!flag)                                         //若合法，则输出运算结果
        printf("%f %c %f=%f\n",a,ch,b,result);
}
```

运行结果：

```
Input expression:a+(-、*、/)b:
8+3↵
8.000000 + 3.000000=11.000000
```

【例 3.12】求解一元二次方程 $ax^2+bx+c=0$。

解：由一元二次方程的解法可知，根据系数 a、b、c 的不同取值，方程的解可以分为如下 6 种情况。

（1）$a=0$，$b=0$，方程退化。

（2）$a=0$，$b\neq0$，方程有 1 个单根。

（3）$c=0$，方程的 1 个根为 0。

（4）$b^2-4ac=0$，方程有 2 个相等的实数根。

（5）$b^2-4ac>0$，方程有 2 个不相等的实数根。

（6）$b^2-4ac<0$，方程有 2 个复数根。

因此，采用多分支语句 switch 对这 6 种情况进行处理，求解程序如下。

```
#include<stdio.h>
#include<math.h>
void main()
{
    int a,b,c,d,k;
    float r,i;
    printf("Input a,b,c:");
    scanf("%d,%d,%d",&a,&b,&c);
    if(a==0&&b==0) k=1;
    if(a==0&&b!=0) k=2;
    if(c==0) k=3;
    if(a!=0&&b!=0&&c!=0)
    {
        d=b*b-4*a*c;
        r=-b/(2.0*a);
        i=sqrt(abs(d))/(2*a);
        if(d==0) k=4;
        if(d>0) k=5;
        if(d<0) k=6;
    }
    switch(k)
    {
        case 1: printf("Error!\n");break;
        case 2: printf("Single root is %f\n",-(float)c/b);break;
        case 3: printf("The roots are %f and 0\n",-(float)b/a);break;
        case 4: printf("Two roots are %f\n",r); break;
        case 5: printf("Two roots are %f and %f\n",r+i,r-i);break;
        case 6: printf("Complex roots: %f+i%f and %f-i%f\n",r,i,r,i);
    }
}
```

3.4 循环结构程序设计

程序的循环结构是用循环语句实现的。程序中有时需要反复执行某段语句序列,我们称这段语句序列为循环体。每次循环前都要做出是继续执行循环体还是退出循环的判定,这个循环终止条件的判定是由表达式来完成的。所以,循环语句至少要包含循环体和判定循环终止条件的表达式两部分。

循环语句分为两种类型:一种是条件循环语句,包括当型(while)和直到型(do…while)两种形式的循环语句;另一种是计数(for)循环语句。若能预先确定循环的次数,则使用 for 循环语句;否则应使用 while 或 do…while 循环语句。虽然 C 语言已经将 for 循环语句的功能扩展到足以取代 while 和 do…while 循环语句的地步,但是出于对程序易读性的考虑,最好还是根据具体情况来选择使用哪种循环语句。

3.4.1 while 语句

while 语句用来实现当型循环,其一般形式为

```
while (表达式)
    语句;
```

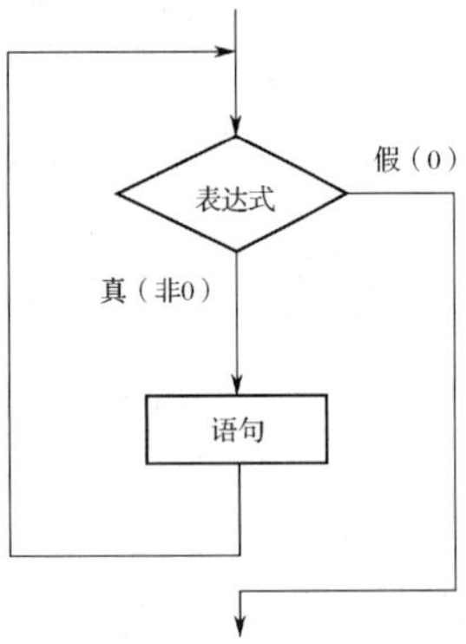

图 3.7 while 语句的执行流程

其中,"表达式"是循环条件,"语句"为循环体。在执行 while 语句时,先对表达式的循环条件进行计算,若其值为真(非 0),则执行循环体语句;然后继续重复刚才表达式的值的计算并判断,若其值为真,则再次执行循环体语句,直到表达式的值为假(0),循环结束,程序转至 while 语句之后的下一条语句继续执行。while 语句的执行流程如图 3.7 所示。

在使用 while 语句时应注意以下几点。

(1)循环体是一个语句。若循环体由多个语句组成,则必须用花括号 "{}" 括起来的复合语句表示。

(2)循环体内一定要有使表达式(循环条件)的值为假(0)的操作,否则循环将永远进行下去而形成死循环。

(3)while 语句中的表达式一般是关系表达式或逻辑表达式,但也可以是数值表达式或字符表达式,只要其值为非 0,就执行循环体语句。

(4)while 语句的特点是"先判断,后执行",若表达式的值一开始就为 0,则循环体语句一次也不执行(相当于一个空语句)。但需要注意的是,由于要先进行判断,因此表达式至少要执行一次。

【例 3.13】分析下面程序的运行结果。

```
(1) #include<stdio.h>
    void main()
    {
        int x=2;
        while(x--)
            printf("%d\n",x);
    }
(2) #include<stdio.h>
    void main()
```

```
            {
                int x=2;
                while(x--);
                printf("%d\n",x);
            }
    (3) #include<stdio.h>
        void main()
            {
                int x=2;
                while(x)
                    printf("%d\n",x);
            }
    (4) #include<stdio.h>
        void main()
            {
                int x=0;
                while(x--)
                    x--;
                printf("%d\n",x);
            }
```

解：程序（1）中的"x--"表示 x 先参与操作，再减 1。因此，while 语句中的表达式"x--"先判断 x 值是否为 0，若 x 值为非 0，则执行循环体语句 printf；若 x 值为 0，则结束 while 语句的循环。但是在判断 x 值后且在执行循环体语句 printf 或者结束 while 循环语句之前，还应执行 x 的自减 1 操作。该 while 语句的执行步骤如下。

① 对 x 值进行判断。

② x 自减 1。

③ 根据①的判断结果，若 x 值为非 0，则执行循环体语句 printf，然后转到①；否则结束 while 语句的循环。

因此，每当判断 x 值为非 0 时，都要执行这个 printf 语句（当然在执行 printf 语句前 x 要先减 1）；若 x 值为 0（判断后 x 仍要减 1），则不再执行 printf 语句而结束循环。程序的执行结果如下。

```
1
0
```

程序（2）中的 while 语句的表达式与程序（1）中的相同，而循环体语句是一个空语句（分号";"），即什么也不执行。因此，每判断 x（判断后再减 1）一次，只要其值为非 0，就执行一次循环体，即空语句；当 x 值为 0 时，意味着要结束循环，由于要先判断再减 1，因此 x 值为-1。所以，循环结束后由 printf 语句（它不属于循环体语句）输出-1。

程序（3）中的 while 语句的表达式为 x，循环体语句与程序（1）中的相同，即每当判断 x 值为非 0 时，都要执行这个 printf 语句。由于在表达式和循环体语句中都没有对 x 值进行修改，即 x 值始终为 2，因此每次判断 x 值都为非 0，所以该程序的 while 循环是一个死循环，即无休止地输出 2。

程序（4）中的 x 初值为 0，即 while 语句的表达式在判断 x 值时已为 0，即不执行循环体语句"x--;"，并结束循环。但表达式"x--"则会先判断后减 1，因此循环结束后由 printf 语句输出-1。

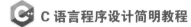

【例 3.14】利用下面的公式求 π 值，要求 n=10000。

$$\frac{\pi}{4}=1-\frac{1}{3}+\frac{1}{5}-\frac{1}{7}+\cdots+\frac{1}{4n-3}-\frac{1}{4n-1}$$

解：本题是求累加和问题，可用 while 语句实现。在循环体语句中应分解为两步来实现求累加和任务：①计算通项 $\frac{1}{4n-3}-\frac{1}{4n-1}$（$n=1,2,\cdots,10000$）的值并存于 m 中；②用语句"sum=sum+m;"求累加和。程序如下。

```
#include<stdio.h>
void main()
{
    int n=1;
    float m,sum=0;
    while(n<=10000)
    {
        m=1.0/(4*n-3)-1.0/(4*n-1);        //求通项的值
        sum=sum+m;                        //求累加和
        n++;
    }
    printf("PI=%f\n",4*sum);
}
```

运行结果：

```
PI=3.141384
```

在该程序中要注意以下两点。

（1）变量 sum 和 n 的初始值：sum 必须先置 0，否则 sum 就是一个随机数，不置 0 结果必然会出错；设置 n 的初始值为 1，这是求通项的需要。

（2）在求通项的语句中，不能写成"m=1/(4*n-3)-1/(4*n-1);"，这样两个整数相除所得结果会舍去小数部分，那么在求通项时除第一次所求通项值为 1 外，其后所有的通项值都为 0，即无法得到正确的结果。

【例 3.15】求自然对数 e 的近似值，其中 $e\approx1+\frac{1}{1!}+\frac{1}{2!}+\cdots+\frac{1}{n!}$，$\frac{1}{n!}\geqslant10^{-7}$。

解：该问题也是求累加和问题，循环结束的条件是 $\frac{1}{n!}\geqslant10^{-7}$。程序如下。

```
#include<stdio.h>
void main()
{
    int i=1;
    float e=1,n=1;
    while(1/n>=1e-7)
    {
        n=n*i;                    //形成 n!
        e=e+1/n;                  //求累加和
        i++;
    }
    printf("e=%f\n",e);
}
```

运行结果：

```
e=2.718282
```

在编写程序时，若不清楚循环结束的条件，则往往会写成"1/n<1e-7"，这样当 n 值为 1

时，该条件为假，即根本不执行循环体，也就得不到正确的 e 值。此外，由公式可以看出，有规律的计算是 $\frac{1}{1!}+\frac{1}{2!}+\cdots+\frac{1}{n!}$，而第 1 项的"1"不属于有规律的范围，所以将这个 1 作为初值先赋给了 e。另外，要形成 n!，所以必须先给 n 赋初值 1，而 i 值则从 1 开始每次加 1，这样每次循环相应得到 1!、2!、3!…。最后要说明的是，由于 1/n 中的两个除数分别为整型和实型，因此结果为实型，即不会出现两个整数相除其结果的小数部分被舍去的问题。

3.4.2 do…while 语句

do…while 语句用来实现直到型循环，其一般形式为

```
do
    语句;
while(表达式);
```

其中，"表达式"是循环条件，"语句"为循环体。do…while 语句的执行过程是，首先执行 do 后的循环体语句，然后对表达式的循环条件进行计算，若其值为真（非 0），则继续循环，重复上述过程；若其值为假（0），则结束循环，程序控制转至 do…while 语句之后的下一条语句继续执行。do…while 语句的执行流程如图 3.8 所示。

使用 do…while 语句应注意以下几点。

（1）循环体只能是一个语句。若循环体由多个语句组成，则必须用花括号"{}"括起来的复合语句表示。

（2）循环体内一定要有使表达式的值为假（0）的操作，否则循环将永不停止。

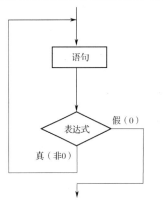

图 3.8 do…while 语句的执行流程

（3）do 和 while 都是关键字，缺一不可；while (表达式)后面的分号";"不能缺少。

（4）do…while 语句的执行仍然是表达式的值为真继续循环；否则循环结束。这与当型循环 while 语句是一样的。

（5）由于 do…while 语句是先执行后判断，因此循环体至少要执行一次。从概念上讲，while 语句的循环体可以执行 0～n 次，而 do…while 语句的循环体只能执行 1～n 次。所以，从相容原则来看，while 语句包含 do…while 语句。也就是说，do…while 语句可以由 while 语句取代，反之则不一定成立。

【例 3.16】对 while 循环和 do…while 循环进行比较。

```
(1) #include<stdio.h>              (2) #include<stdio.h>
    void main()                        void main()
    {                                  {
        int i=1;                           int i=1;
        while(i<0)                         do
            i++;                               i++;
        printf("%d\n",i);                  while(i<1);
    }                                      printf("%d\n",i);
                                       }
```

解：程序（1）中的 while 循环是先判断后执行，因此当表达式"i<0"的值为假时，并不执行循环体语句"i++;"；而程序（2）中的 do…while 循环是先执行后判断，即先执行循环体语句"i++;"，再判断表达式"i<1"的值为假，从而结束循环。所以，程序（1）输出的 i 值为

1，而程序（2）输出的 i 值为 2。

【例 3.17】利用下面的公式求 π 值，要求 *n*=10000。

$$\frac{\pi}{4}=1-\frac{1}{3}+\frac{1}{5}-\frac{1}{7}+\cdots+\frac{1}{4n-3}-\frac{1}{4n-1}$$

解：求累加和问题也可以用 do…while 语句实现。程序如下。

```
#include<stdio.h>
void main()
{
    int n=1;
    float m,sum=0;
    do
    {
        m=1.0/(4*n-3)-1.0/(4*n-1);        //求通项的值
        sum=sum+m;                        //求累加和
        n++;
    }while(n<=10000);
    printf("PI=%f\n",4*sum);
}
```

运行结果：

```
PI=3.141384
```

与例 3.14 相对照，本例除 do…while 语句是先执行后判断外，其实现方法与例 3.14 完全相同。

【例 3.18】求自然对数 e 的近似值，其中 $e \approx 1+\frac{1}{1!}+\frac{1}{2!}+\cdots+\frac{1}{n!}$，$\frac{1}{n!} \geqslant 10^{-7}$。

解：程序如下。

```
#include<stdio.h>
void main()
{
    int i=1;
    float e=1,n=1;
    do
    {
        n=n*i;                //形成 n!
        e=e+1/n;              //求累加和
        i++;
    }while(1/n>=1e-7);
    printf("e=%f\n",e);
}
```

运行结果：

```
e=2.718282
```

3.4.3 for 语句

C 语言中的 for 语句不同于其他高级语言中的 for 语句，其功能更加强大，使用更加灵活。它不仅可以用于计数型循环，而且可以用于条件型循环，因此 for 语句完全可以取代 while 和 do…while 语句。for 语句的一般形式为

```
for(表达式 1;表达式 2;表达式 3)  语句;
```

其中，"语句"为循环体，可以是一个语句，也可以是用花括号"{}"括起来的复合语句。for 语句圆括号中的两个分号";"所分隔的 3 个表达式的作用如下。

（1）表达式 1：给循环控制变量赋初值，只在循环开始时执行一次。

（2）表达式 2：作为控制循环的条件在每次循环之前进行计算，若条件成立（其值为非 0），则执行循环体语句；若条件不成立（其值为 0），则结束循环并终止 for 语句的执行。

（3）表达式 3：用于改变循环控制变量的值，使得循环条件趋向于不成立（结束循环）。

for 语句的执行流程如图 3.9 所示。

for 语句的执行过程可以分解为如下几步。

（1）计算表达式 1。

（2）求解表达式 2。若其值为真（非 0），则执行循环体语句，然后转到（3）；若其值为假（0），则转到（5）。

（3）计算表达式 3。

（4）转到（2）继续执行。

（5）结束循环，程序控制转至 for 语句之后的第一条语句继续执行。

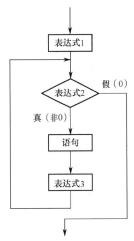

图 3.9　for 语句的执行流程

因此

```
for (表达式1;表达式2;表达式3)  语句;
```

相当于

```
表达式1;
while(表达式2)
{
    语句;
    表达式3;
}
```

使用 for 语句应注意以下几点。

（1）表达式 1 可以省略，省略后的形式如下。

```
for( ;表达式2;表达式3)  语句;
```

这时省略了给循环控制变量赋初值的操作，所以应在 for 语句之前给循环控制变量赋初值。

（2）表达式 3 可以省略，省略后的形式如下。

```
for(表达式1;表达式2; )  语句;
```

这时省略了改变循环控制变量的值的操作，所以应在循环体语句中添加改变循环控制变量的值的语句，使循环能够正常结束（否则可能陷入死循环）。

（3）表达式 1 和表达式 3 可以同时省略，省略后的形式如下。

```
for( ;表达式2; )  语句;
```

这时既没有给循环控制变量赋初值的操作，也没有改变循环控制变量的值的操作，这种情况下的 for 语句就完全等同于 while 语句。因此，需要像 while 语句那样，在 for 语句之前给循环控制变量赋初值，并在循环体语句中添加改变循环控制变量的值的语句，以便最终能够结束循环。

（4）表达式 2 在一般情况下不能省略，省略后的形式如下。

```
for(表达式1; ;表达式3)  语句;
```

由于没有表达式 2，因此没有判断循环是否结束的条件，若在循环体内没有 break 和 goto 等结束循环的语句，则容易使程序陷入死循环。同样，同时省略 3 个表达式的情况也是如此。

（5）for 语句圆括号 "()" 内的两个分号 ";" 在任何情况下都不能省略。

（6）表达式 2 的值可以是任意类型的，系统只对其值进行判断，若其值为非 0，则执行循环体语句；若其值为 0，则结束循环。

【例 3.19】分析下面程序的运行结果。

```
(1) #include<stdio.h>
    void main()
    {
        int i;
        for(i=0;i<=10;i++)
            printf("%d",i);
    }
(3) #include<stdio.h>
    void main()
    {
        int i=0;
        for( ;i<=10;i++)
            printf("%d",i);
    }
(5) #include<stdio.h>
    void main()
    {
        int i;
        for(i=0;i<=i+10;i++)
            printf("%d",i);
    }
(7) #include<stdio.h>
    void main()
    {
        int i;
        for(i=0;i<=10; )
            printf("%d",i);
    }
```

```
(2) #include<stdio.h>
    void main()
    {
        int i;
        for(i=0;i<=10;i++);
            printf("%d",i);
    }
(4) #include<stdio.h>
    void main()
    {
        int i,j=0;
        for(i=0;i<=10;j++)
            printf("%d",i);
    }
(6) #include<stdio.h>
    void main()
    {
        int i;
        for(i=0; ;i++)
            printf("%d",i);
    }
(8) #include<stdio.h>
    void main()
    {
        int i=1;
        for( ;i>0;i++)
            if(i==10) break;
        printf("%d",i);
    }
```

解：程序（1）中的循环体语句为 "printf("%d",i);"，当表达式 2 "i<=10" 的值为真时，输出当时的 i 值，所以程序的运行结果为 012345678910；当 i 值等于 11 时，表达式 2 "i<=10" 的值为假，循环结束。

程序（2）中的循环体语句为空语句（分号 ";"），因此当表达式 2 "i<=10" 的值为真时，不执行任何语句；当循环结束后，执行语句 "printf("%d",i);"，输出 i 值为 11。

程序（3）仅是将给 i 赋初值 0 放到 for 语句之前，其余与程序（1）相同，因此结果与程序（1）相同。

在程序（4）中，由于表达式 3 "j++" 并没有改变循环控制变量 i 的值，因此是死循环。

在程序（5）中，随着 i 值的增加，表达式 2 "i<=i+10" 的值始终为真，即也是死循环。

程序（6）同程序（5），因为没有表达式 2，所以始终执行循环体语句 printf，也是死循环。

程序（7）同程序（4），因为没有表达式 3，即没有改变循环控制变量 i 的值，所以也是死循环。

程序（8）中的表达式 "i>0" 的值永远为真，但对于循环体语句 "if(i==10) break;"，当 i 值为 10 时，强制结束 for 循环，因此不是死循环；循环结束后输出 i 值为 10。

【例 3.20】利用下面的公式求 π 值，要求 n=10000。

$$\frac{\pi}{4}=1-\frac{1}{3}+\frac{1}{5}-\frac{1}{7}+\cdots+\frac{1}{4n-3}-\frac{1}{4n-1}$$

解：本题为求累加和问题，并已知求和范围，所以特别适合用计数循环 for 语句实现。程序如下。

```
#include<stdio.h>
void main()
{
    int n;
    float m,sum=0;
    for(n=1;n<=10000;n++)
    {
        m=1.0/(4*n-3)-1.0/(4*n-1);
        sum=sum+m;
    }
    printf("PI=%f\n",4*sum);
}
```

【例 3.21】求自然对数 e 的近似值，其中 $e \approx 1+\frac{1}{1!}+\frac{1}{2!}+\cdots+\frac{1}{n!}$，$\frac{1}{n!} \geqslant 10^{-7}$。

解：程序如下。

```
#include<stdio.h>
void main()
{
    int i;
    float e=1,n=1;
    for(i=1;1/n>=1e-7;i++)
    {
        n=n*i;
        e=e+1/n;
    }
    printf("e=%f\n",e);
}
```

由程序可以看出，for 语句圆括号 "()" 中的表达 2 "1/n>=1e-7" 与表达式 1 和表达式 3 的循环控制变量 i 没有直接关系，但它仍能正确地控制循环的进行，且本题中表达式 2 是难以用有关 i 的表达式来实现对循环次数的控制的。从程序中我们还可以看出，用 while 或 do…while 语句实现的功能都能用 for 语句实现，即除计数循环外，条件循环也可以用 for 语句实现。

【例 3.22】下面不构成死循环的语句或语句组是_____。

A．n=0;

    do{++n;}while (n<=0);

B．n=0;

    while(1) {n++;}

C．n=10;

    while(n); {n--;}

D．for (n=0,i=1; ; i++) n+=i;

解：在 A 选项中，n 的初始值为 0，执行循环语句 "++n;" 使 n 值为 1，此时表达式 "n<=0" 条件为假，即结束 do…while 循环，因此不构成死循环。

在 B 选项中，因 while 语句中的表达式始终为 1，即循环条件永远满足，而在循环体中也无 break 语句来结束循环，故构成了死循环。

在 C 选项中，开始 while 语句中的表达式 n 值为 10，即循环条件满足，但循环体语句是空语句 ";"，因为没有改变循环控制变量 n 值的语句，所以 n 值永远为真，故构成了死循环。

在 D 选项中，for 语句圆括号 "()" 中的表达式 2 为空，即循环条件为空，这种没有循环条件的 for 语句将永远循环下去，除非循环体中有 break 语句，而在此循环体中并无 break 语句，故也构成了死循环。综上所述，应选 A 选项。

【例 3.23】求 Fibonacci 数列的前 20 项，这个数列的第 1 项和第 2 项均为 1，从第 3 项开始，该项是其前两项之和，即

$$\begin{cases} F_1 = 1, & n = 1 \\ F_2 = 1, & n = 2 \\ F_n = F_{n-1} + F_{n-2}, & n \geq 3 \end{cases}$$

方法一：我们用 for 循环来控制 Fibonacci 数列中每项的计算和输出。初始时置 f1 和 f2 为 1，进入 for 循环后先输出 f1 和 f2 的值，再计算 f3 的值，即 f3 的值为 f1+f2，我们将 f1+f2 的值保存在 f1 中（此时的 f1 即 f3）；接下来计算 f4 的值，其值为 f2+f3，由于 f3 已保存在 f1 中，因此这时 f4 的值为 f2+f1，我们将 f4 的值保存在 f2 中（此时的 f2 即 f4）。至此，已经将下一次循环时要输出的 2 个数准备好了，并且将它们同样保存在 f1 和 f2 中，这样就可以继续上述的输出和计算。这种循环输出和计算过程会一直持续，直到输出要求的个数为止。注意，在每次循环中，实际上输出的是 Fibonacci 数列的 2 个数，因此循环的次数应该是要求输出个数的一半。程序编写如下。

```
#include<stdio.h>
void main()
{
    int i,f1,f2;
    f1=1;
    f2=1;
    for(i=1;i<=10;i++)
    {
        printf("%10d%10d",f1,f2);
        if(i%2==0)
            printf("\n");
        f1=f1+f2;
        f2=f2+f1;
    }
}
```

运行结果：

```
       1         1         2         3
       5         8        13        21
      34        55        89       144
     233       377       610       987
    1597      2584      4181      6765
```

在程序中，语句 "if(i%2==0) printf("\n");" 的作用是每循环两次（输出 4 个数）就输出 1 个换行符。

方法二：也可以先用语句 "f3=f1+f2;" 求出 f3 的值，输出该值后再将 f2 的值赋给 f1，将 f3 的值赋给 f2；接着，用语句 "f3=f1+f2;" 求出 f4 的值；以此类推，最终可以求出 Fibonacci 数列前 20 项的值。程序如下。

```
#include<stdio.h>
void main()
{
    int i,f1,f2,f3;
    f1=1;
    f2=1;
    printf("%10d%10d",f1,f2);
    for(i=1;i<=18;i++)
    {
        f3=f1+f2;
        printf("%10d",f3);
        if(i%4==2)
            printf("\n");
        f1=f2;
        f2=f3;
    }
}
```

【例 3.24】求正整数 m 和 n 的最大公约数。

方法一：对于两个正整数 m 和 n，其最大公约数在对 m 和 n 取余时，余数必然为 0。因此，我们将 m 和 n 中的较小值送入变量 k 中作为循环结束标志，并采用 for 循环方式使循环控制变量 i 由 1 开始递增到 k，逐次把每个同时满足 m%i==0 和 n%i==0 的 i 值送入变量 g 中保存。由于 i 值由小到大变化，因此最终保存在变量 g 中的值就是同时满足对 m 和 n 取余为 0 的最大除数，即最大公约数。相应程序如下。

```
#include<stdio.h>
void main()
{
    int m,n,i,k,g;
    printf("Input data m n:");
    scanf("%d%d",&m,&n);
    if(m>n)
        k=n;
    else
        k=m;
    for(i=1;i<=k;i++)
        if(m%i==0&&n%i==0)
            g=i;
    printf("gcd=%d\n",g);
}
```

方法二：我们仍然采用方法一的思路，即用取余"%"的方法来求最大公约数。有所不同的是，在方法一中，我们采用由小到大找出能够同时整除 m 和 n 的最大值的方法来求最大公约数；在此，我们采用由大到小找到第一个能够同时整除 m 和 n 的数的方法，那么这个数就是最大公约数。相应的程序如下。

```
#include<stdio.h>
void main()
{
    int m,n,i;
    printf("Input data m n:");
    scanf("%d%d",&m,&n);
    if(m>n)
```

```
        i=n;
    else
        i=m;
    while(m%i!=0||n%i!=0)
        i--;
    printf("gcd=%d\n",i);
}
```

也可用以下程序实现。

```
#include<stdio.h>
void main()
{
    int m,n,i,k;
    printf("Input data m n:");
    scanf("%d%d",&m,&n);
    if(m>n)
        k=n;
    else
        k=m;
    for(i=k;m%i!=0||n%i!=0;i--);
    printf("gcd=%d\n",i);
}
```

方法三：对于正整数 m 和 n，若 m 大于 n，则用 m 反复减去 n，直到 m 不大于 n；若此时 m 和 n 相等，则原 m 值必然是 n 的整数倍，故此时的 m（或 n）值就是原 m 值和 n 值的最大公约数。若 m 小于 n，则用 n 反复减去 m，直到 n 不大于 m；这时若 n 等于 m，则此时的 m（或 n）值就是原 m 值和 n 值的最大公约数，否则继续执行 m 减 n 的操作；以此类推，最终必然有 m 等于 n，而此时的 m（或 n）值即原 m 值和 n 值的最大公约数。相应的程序如下。

```
#include<stdio.h>
void main()
{
    int m,n;
    printf("Input data m n:");
    scanf("%d%d",&m,&n);
    while(m!=n)
    {
        while(m>n)
            m=m-n;
        while(n>m)
            n=n-m;
    }
    printf("gcd=%d\n",m);
}
```

方法四：在方法三中，当 m>n 时反复利用 m 减 n 的过程及当 n>m 时反复利用 n 减 m 的过程都可以用取余"%"运算代替，即当 m>n 时执行 m%n，若余数为 0，则表示 n 为最大公约数；当 n>m 时执行 n%m，若余数为 0，则表示 m 为最大公约数。为了简化程序及每次正确地取余，我们只采用 m%n 的形式，即在进行 m%n 操作后，总将操作的结果作为新的 n 值，而原 n 值作为新的 m 值继续进行下一次 m%n 操作，直到某次取余操作的结果为 0，此时的 n 值（此时程序已将这个 n 值传给了 m，故为 m 值）即最大公约数。相应程序如下。

```
#include<stdio.h>
void main()
```

```
{
    int m,n,q;
    printf("Input data m n:");
    scanf("%d%d",&m,&n);
    do
    {
        q=m%n;
        m=n;
        n=q;
    }while(q!=0);
    printf("gcd=%d\n",m);
}
```

也可以写成

```
#include<stdio.h>
void main()
{
    int m,n,q;
    printf("Input data m n:");
    scanf("%d%d",&m,&n);
    q=m%n;
    while(q!=0)
    {
        m=n;
        n=q;
        q=m%n;
    }
    printf("gcd=%d\n",n);
}
```

注意，第 2 个程序应输出 n 值。

3.4.4　逗号运算符与逗号表达式

C 语言提供了一种特殊的运算符——逗号运算符，用它将两个表达式连接起来。例如：

```
65+8,7+8
```

这样的表达式称为逗号表达式。逗号表达式的一般形式为

```
表达式 1,表达式 2,…,表达式 n
```

逗号表达式的求解过程是，先求解表达式 1，再求解表达式 2，以此类推，最后求解表达式 n；整个逗号表达式的值是表达式 n 的值。

例如，逗号表达式 "65+8,7+8" 的值为 15。又如，逗号表达式 "a=3*5,4*a"，由于赋值运算符的优先级高于逗号运算符，因此先求解 "a=3*5"，得到 a 的值为 15，然后求解 4*a，得到 60，即整个逗号表达式的值为 60。

注意，并不是所有出现的逗号都是逗号运算符，如在变量定义中及函数参数表中出现的逗号 "," 是各变量之间的分隔符。

在许多情况下，使用逗号表达式是为了分别得到各个表达式的值，而并非需要得到整个逗号表达式的值。当逗号表达式用于 for、while、do…while 或 if 语句的条件表达式时，需要注意这个问题。例如：

```
for(i=0,j=5;i<3,j>0;i++,j--)
```

```
printf("%d,%d\n",i,j);
```

其中作为循环控制条件的表达式 2 是由逗号表达式"i<3,j>0"组成的,当循环到 i=3 时,表达式"i<3"的结果为假,但并不结束循环,因为整个逗号表达式的值"j>0"仍然为真,只有当循环到 j=0 时,整个逗号表达式的值才为假,循环结束。输出结果如下。

```
0,5
1,4
2,3
3,2
4,1
```

又如:

```
for(i=0,j=2;i<5,j>0;i++,j--)
printf("%d,%d\n",i,j);
```

由于逗号表达式"i<5,j>0"的作用,当 j=0 时,循环结束。输出结果如下。

```
0,2
1,1
```

此时 i<5 仍为真,但由于整个逗号表达式的值取决于"j>0",在"j--"的作用下 j 值已经为 0,即"j>0"为假,因此循环结束。

再如:

```
i=3;
if(i<10,i=0) printf("pass!\n");
else printf("OK!\n");
```

因为条件语句 if 的表达式是一个逗号表达式,并且整个逗号表达式的值"i=0"为 0,所以输出结果为"OK!"。

3.4.5 break 语句、continue 语句和 goto 语句

1. break 语句

break 语句的一般形式为

```
break;
```

break 语句的作用是在 switch 语句中或在 for、while 和 do…while 语句的循环体中,当执行到 break 语句时,终止相应的 switch、for、while 和 do…while 语句的执行,并使程序控制转到被终止的 switch 语句或循环语句的下一个语句去执行。也即,若使用 break 语句,则可以不必等到循环语句或 switch 语句执行结束,而是可以提前结束这些语句的执行。注意,break 语句只能结束当前它所在的这一层 switch 语句或其他循环语句的执行,而不能同时结束多层 switch 语句或其他循环语句的执行。

2. continue 语句

continue 语句的一般形式为

```
continue;
```

continue 语句只能出现在 for、while 和 do…while 语句的循环体中。continue 语句的作用是结束本次循环,即跳过循环体中尚未被执行的语句,转而判断是否继续下一次循环。也即,若 continue 语句出现在 while 或 do…while 语句的循环体中,则当执行完 continue 语句后,跳过位于 continue 之后的那些循环体语句,使程序控制转到该循环语句对循环条件表达式的计

算和判断。若 continue 语句出现在 for 语句的循环体中，则当执行完 continue 语句后，跳过位于 continue 之后的那些循环体语句，使程序控制转到 for 语句控制结构的表达式 3 去求值。通常，continue 语句出现在循环体内的某个 if 语句中。

3. goto 语句

任何语句都可以带语句标号，带语句标号的语句的一般形式为

```
标识符：语句;
```

其中，"标识符"称为语句的标号。例如：

```
L1: t=2*k;
```

若语句有标号，则程序就可以用 goto 语句将控制无条件地转移到指定标号的语句去继续执行。goto 语句的一般形式为

```
goto 语句标号;
```

当执行 goto 语句后，控制就立即被转移到 goto 后的"语句标号"所标识的那个语句去继续执行。

由于 goto 语句的无条件转向改变了程序的执行顺序，因此使得程序的静态描述（书写的程序）与程序的执行顺序不一致，这给程序的易读性和可修改性都造成了影响，同时也增加了程序出错的可能性。此外，goto 语句作为非正常的出口也破坏了程序模块的结构。因此，结构化程序设计要求尽量不使用 goto 语句，而是采用结构化控制结构去编写程序。

若要使用 goto 语句，则应注意以下几点。

（1）不允许多个语句之前出现相同的语句标号，否则 goto 语句将无法确定转到哪一个语句去执行。

（2）出现在 goto 语句之后的语句，若语句前没有语句标号，则该语句将永远得不到执行。

（3）不允许转到结构语句的内部。这种转向实际上是转移到 if、switch、while、do…while 和 for 语句的中间开始执行，由于没有执行一条完整的语句，因此会造成逻辑混乱而导致出错。但允许从结构语句的内部转出。

（4）不得由一个函数通过 goto 语句转到另一个函数的内部，否则也会出错。

（5）使用 goto 语句必须在要转移到的那个语句前设置语句标号，否则会因不知转到何处而出错。

【例 3.25】分析下面程序的运行结果。

```
(1) #include<stdio.h>              (2) #include<stdio.h>
    void main()                        void main()
    {                                  {
       int i,x=0;                          int i,x=0;
       for(i=0;i<=10;i++)                  for(i=0;i<=10;i++)
       {                                   {
          x++;                                x++;
          break;                              continue;
          x=x+10;                             x=x+10;
       }                                   }
       printf("x=%d\n",x);                 printf("x=%d\n",x);
    }                                  }
(3) #include<stdio.h>
    void main()
    {
```

```
        int i,x=0;
        for(i=0;i<=10;i++)
        {
            x++;
            if(i==5) goto L1;
            x=x+10;
        }
L1:    printf("x=%d\n",x);
    }
```

解：在程序（1）的 for 语句循环体中，当执行完"x++;"语句后，因执行"berak;"语句而终止了 for 语句的执行，故 printf 语句输出的 x 值为 1。

在程序（2）的 for 语句循环体中，当执行完"x++;"语句后，因执行"continue;"语句而跳过后面的"x=x+10;"语句，转去执行 for 语句圆括号"()"中的表达式 3，即"i++"，这样循环了 11 次（执行了 11 次"x++;"），当 i 值为 11 时结束循环，故输出的 x 值为 11。

在程序（3）的 for 语句循环体中，条件语句"if(i==5) goto L1;"的作用是当 i 值为 5 时，跳出 for 循环语句。因此，当 i<5 时，循环体中的"x++;"和"x=x+10;"这两条语句都要执行，即实际执行了 5 次（i 值为 0～4），所以输出的 x 值为 56。

【例 3.26】有一张纸厚 0.5mm，假如它足够大且能不断把它对折，那么对折多少次后它的厚度可以达到珠穆朗玛峰的海拔高度（约 8848m）？

解：8848m=8848000mm。程序如下。

```
#include<stdio.h>
void main()
{
    int n=0;
    float h=0.5;
    while(1)
    {
        n++;
        h=h*2;
        if(h>=8848000)
            break;
    }
    printf("n=%d\n",n);
}
```

运行结果：

```
n=25
```

程序也可以写成

```
#include<stdio.h>
void main()
{
    int n=0;
    float h=0.5;
    while(1)
    {
        n++;
        h=2*h;
```

```
            if(h<8848000)
                continue;
            printf("n=%d\n",n);
            break;
        }
}
```

程序还可以写成

```
#include<stdio.h>
void main()
{
    int n=0;
    float h=0.5;
    while(1)
    {
        n++;
        h=2*h;
        if(h<8848000)
            continue;
        printf("n=%d\n",n);
        goto L1;
    }
L1: ;
}
```

3.4.6　循环嵌套

当一个循环体内包含另一个完整的循环结构时，就称为循环的嵌套。而内嵌的这个循环结构内还可以继续嵌套循环，这就构成了多层循环。

前面介绍的 while、do…while 和 for 3 种循环可以相互嵌套，从而会出现多种复杂的嵌套方式。在阅读和编写循环嵌套的程序时，要注意每层上的循环控制变量的变化规律。例如，下面的两个 for 语句嵌套：

```
for(i=0; i<3; i++)
{
    for(j=0; j<4; j++)
        printf("  i=%d,j=%d",i,j);
    printf("\n");
}
```

外层的循环控制变量是 i，内层的循环控制变量是 j。在执行过程中，它们的变化规律是，外层的 i 值每变化一次，内层的 j 相应地就要经历由 0 到 3 的变化，即该程序段执行后将输出：

```
i=0,j=0  i=0,j=1  i=0,j=2  i=0,j=3
i=1,j=0  i=1,j=1  i=1,j=2  i=1,j=3
i=2,j=0  i=2,j=1  i=2,j=2  i=2,j=3
```

当内层 for 语句循环一次输出一行数据后，属于外层 for 循环的"printf("\n");"语句则接着输出一个换行符，然后开始新一行的输出。

【例 3.27】按下面格式输出九九乘法表。

```
1*1= 1
1*2= 2    2*2= 4
1*3= 3    2*3= 6    3*3= 9
                 …
1*9= 9    2*9=18    …    …    9*9=81
```

解：我们可以用变量 i 来控制行的变化（1～9），且 i 可以作为乘数；而用 j 来控制每行中各项（每项有 8 个字符）的变化，且 j 可以作为被乘数，并且当一行结束时需要换下一行。程序如下。

```c
#include<stdio.h>
void main()
{
    int i,j;
    for(i=1;i<=9;i++)
    {
        for(j=1;j<=i;j++)
            printf("%3d*%d=%2d",j,i,i*j);
        printf("\n");
    }
}
```

也可用 while 循环的嵌套实现，程序如下。

```c
#include<stdio.h>
void main()
{
    int i=1,j;
    while(i<=9)
    {
        j=1;
        while(j<=i)
        {
            printf("%3d*%d=%2d",j,i,i*j);
            j++;
        }
        printf("\n");
        i++;
    }
}
```

在编写循环程序时要注意，内、外循环必须层次分明，内循环必须完整地嵌套在外循环的里面，并且可以有多个循环嵌套并列，但决不允许出现交叉。循环中各语句的位置一定不要弄错，如在上面两个输出九九乘法表的程序中，若将 "printf("\n");" 语句放到内循环中，则得不到要求格式的九九乘法表。

【例 3.28】用程序实现下面图形的输出。

```
   *
  * * *
 * * * * *
* * * * * * *
 * * * * *
```

```
        *  *  *
           *
```

解：从本题的图形来看，前 4 行为一个正三角形，而第 5～7 行为一个倒三角形。正三角形的图形字符"*"随着行的增加而增加，而倒三角形的图形字符"*"随着行的增加而减少。基于这个规律，程序必须对这两部分图形的输出分别控制实现。具体到正三角形或倒三角形，我们可以用两层 for 循环来控制图形的输出。其中，外层 for 循环用来控制图形的行，即图形总共需要输出几行；内层 for 循环用来控制当前行中总共需要输出多少个图形字符。由于每行第 1 个图形字符的输出位置并不在该行的第 1 个位置，而是随着行数的变化而变化的，因此在这个控制图形字符输出的内层 for 循环之前，还要并列增加另一个内层 for 循环，用来控制该行空格字符的输出，即从该行第 1 个位置起，到要输出第 1 个图形字符的位置之前的所有位置，都由这个 for 循环控制空格字符的输出。这样内层的第 2 个 for 循环才能由正确的图形字符位置开始输出本行的所有图形字符。实际上，内层第 1 个 for 循环用来控制位于字符图形左侧的空白三角形的输出，而内层第 2 个 for 循环用来控制位于字符图形右侧的空白三角形的输出。

因此，内层循环中共有两个 for 循环，第 1 个 for 循环完成本行空格字符的输出并定位本行第 1 个图形字符的输出位置；第 2 个 for 循环由这个确定的图形字符位置开始完成本行图形字符的输出。

在内层循环中，我们用变量 n 来控制空格字符的输出。对于正三角形，空格字符随着行数的增加而减少，即每输出一行，n 值减 1；对于倒三角形，空格字符随着行数的增加而增加，即每输出一行，n 值加 1。对于图形字符的输出，前 4 行的正三角形由 1 个图形字符开始，每行增加 2 个，因此用 2*i-1（i 为控制行数的变量，初值为 1，逐行加 1）来控制前 4 行图形字符的输出个数。第 5～7 行的倒三角形由 5 个图形字符开始，每行减少 2 个，所以也用 2*i-1（i 为控制行数的变量，初值为 3，逐行减 1）来控制第 5～7 行图形字符的输出个数。

对于二维规则图形的输出，都可以采用这种两层循环的方法来控制实现。

程序设计如下。

```c
#include<stdio.h>
void main()
{
    int i,j,n=3;
    for(i=1;i<=4;i++)
    {
        for(j=1;j<=n;j++)
            printf("  ");                //输出 2 个空格
        for(j=1;j<=2*i-1;j++)
            printf(" *");
        printf("\n");
        n--;
    }
    n=1;
    for(i=3;i>=1;i--)
    {
        for(j=1;j<=n;j++)
            printf("  ");                //输出 2 个空格
        for(j=1;j<=2*i-1;j++)
            printf(" *");
```

```
        printf("\n");
        n++;
    }
}
```

【例 3.29】编写程序，输出下面的数字金字塔图形。

```
                1
              1 2 1
            1 2 3 2 1
          1 2 3 4 3 2 1
        1 2 3 4 5 4 3 2 1
      1 2 3 4 5 6 5 4 3 2 1
    1 2 3 4 5 6 7 6 5 4 3 2 1
  1 2 3 4 5 6 7 8 7 6 5 4 3 2 1
1 2 3 4 5 6 7 8 9 8 7 6 5 4 3 2 1
```

解：我们知道，输出图形必须通过两层循环实现，外层循环控制行的变化，而内层循环控制当前行中字符图形的输出。

本题我们采用两层 for 循环来实现数字金字塔图形的输出。外层 for 循环用来控制输出的行数（号），内层 for 循环用来控制每行上各列数字的输出。

首先，需要确定每行开始输出数字的位置。我们用变量 n 来记录每行第 1 个数字输出前所应该空出的字符个数，即输出相应的空格来对第 1 个数字进行定位，这由内层的第 1 个 for 循环实现。由于数字金字塔中的最大数字是 9，且为了保证输出图形的美观，因此每个数字占用 2 个字符位置。这样，下一行的第 1 个数字的输出位置应超前于上一行第 1 个数字输出位置 2 个字符位，即内层的第 1 个 for 循环控制输出空格个数的 n 值也相应减 1（因空格的输出是每次 2 个）。初始化程序中的 n 值为 10。

其次，通过分析数字金字塔图形可以发现，每行中出现的最大数字恰好就是此行的行号，且总是位于本行的中间位置。因此，内层控制各行数字输出的 for 循环可以分为两个：第 1 个 for 循环控制变量 j 由 1 递增到该行行号时为止，而第 2 个 for 循环控制变量 j 由该行行号减 1 开始递减到 1 时为止。而且，这两个 for 循环控制变量 j 变化的顺序恰好就是该行数字的变化顺序，所以只需输出这两个循环控制变量 j 的值即可。

也即，内层 for 循环共有 3 个：第 1 个 for 循环用于输出空格，即定位在当前行输出数字的起始位置；第 2 个 for 循环用于当前行递增输出（由 1 到该行行号为止的数字）；第 3 个 for 循环用于当前行递减输出（由该行行号减 1 到 1 为止的数字）。输出数字金字塔图形的程序如下。

```
#include<stdio.h>
void main()
{
    int i,j,n=10;
    for(i=1;i<=9;i++)
    {
        for(j=1;j<=n;j++)
            printf("  ");              //每次输出 2 个空格
        for(j=1;j<=i;j++)
            printf("%2d",j);
        for(j=i-1;j>=1;j--)
            printf("%2d",j);
```

```
        printf("\n");
        n--;
    }
}
```

【例 3.30】把 1 元整币兑换成 1 分、2 分和 5 分的硬币，并按如下两种方法进行。

（1）只兑换 1 种硬币。

（2）必须兑换成 3 种硬币。

试编写程序来计算共有多少种兑换硬币的方法。

解：（1）1 元整币可以分为 20 个 5 分硬币、50 个 2 分硬币或者 100 个 1 分硬币。由于只兑换 1 种硬币，因此可将这些数值作为该种硬币个数的上界。我们用变量 k、j、i 来分别统计 5 分、2 分和 1 分硬币的个数，并用变量 n 来记录共有多少种兑换方法。程序如下。

```
#include<stdio.h>
void main()
{
    int i,j,k,n;
    n=0;
    for(k=0;k<=20;k++)
        for(j=0;j<=50;j++)
        {
            i=100-k*5-j*2;
            if(i>=0)
            {
                n++;
                printf("one: %d, two: %d, five: %d\n",i,j,k);
            }
        }
    printf("n=%d\n",n);
}
```

（2）由于必须兑换成 3 种硬币，因此 5 分硬币的个数只能是 1～19，2 分硬币的个数只能是 1～47（当兑换 47 个 2 分硬币时，另外 6 分为 1 个 5 分硬币和 1 个 1 分硬币）。此时，原（1）求解程序中 if 语句的判断条件"i>=0"也改为"i>=1"。

相应程序如下。

```
#include<stdio.h>
void main()
{
    int i,j,k,n;
    n=0;
    for(k=1;k<=19;k++)
        for(j=1;j<=47;j++)
        {
            i=100-k*5-j*2;
            if(i>=1)
            {
                n++;
                printf("one: %d, two: %d, five: %d\n",i,j,k);
            }
        }
    printf("n=%d\n",n);
}
```

通过求解此题可以看出，在不同条件下，循环的上、下界可能不同，要注意循环上、下界的选取应满足题意的要求。

【例 3.31】爱因斯坦（Einstein）阶梯问题：有一个长阶梯，若每步跨 2 阶，则最后剩 1 阶；若每步跨 3 阶，则最后剩 2 阶；若每步跨 4 阶，则最后剩 3 阶；若每步跨 5 阶，则最后剩 4 阶；若每步跨 6 阶，则最后剩 5 阶；只有当每步跨 7 阶时才恰好走完，问这个阶梯最少有多少阶台阶？

方法一：用变量 a、b、c、d、e、f 分别对步距为 2、3、4、5、6、7 的台阶进行计数。为了便于解题，我们设 a、b、c、d、e、f 的初值分别是 1、2、3、4、5 和 0。这样，当每步跨 7 阶走完全部台阶时，其余步距也恰好走完，即最终当 a、b、c、d、e、f 具有相同的台阶数时就是所求的台阶数。此外，为了保证某个时刻按 a、b、c、d、e、f 步距都恰好走完全部台阶，我们必须对每种步距的行走速度加以控制，即以每步跨 7 阶的 f 值作为行走标准，其余步距只能小于或等于 f 值，不得超过 f 值，并且每个步距与 f 之间的差距也不得大于自身的一个步距，只有这样才能保证在某个时刻所有步距的计数值相等。在判断过程中，若有一个步距不等，则继续循环，使 f 增加一个步距长度 7，然后重复前述判断过程。按照这种思路设计的程序如下。

```c
#include<stdio.h>
void main()
{
    int a,b,c,d,e,f;
    a=1;b=2;c=3;
    d=4;e=5;f=0;
    while(a!=f||b!=f||c!=f||d!=f||e!=f)
    {
        f=f+7;
        while(a<=f-2) a=a+2;
        while(b<=f-3) b=b+3;
        while(c<=f-4) c=c+4;
        while(d<=f-5) d=d+5;
        while(e<=f-6) e=e+6;
    }
    printf("Steps=%d\n",f);
}
```

运行结果：

```
Steps=119
```

方法二：由于当已知步距为 7 时正好走完全部台阶，因此我们以步距为 7 的计数变量 f 作为基准，使 f 每次增加一个步距长度 7，并且每增加一个步距时就去检查此时的 f 值是否恰好满足除以 6 余 5（每步跨 6 阶剩 5 阶）、除以 5 余 4（每步跨 5 阶剩 4 阶）、…、除以 2 余 1（每步跨 2 阶剩 1 阶）这些条件，若全部满足，则此时的 f 值就是所求的台阶数。按此思路编写的程序如下。

```c
#include<stdio.h>
void main()
{
    int f=7;
    while(f%6!=5||f%5!=4||f%4!=3||f%3!=2||f%2!=1)
        f=f+7;
    printf("Steps=%d\n",f);
}
```

【例 3.32】素数是指在大于 1 的自然数中，除 1 和该数本身外，再不能被其他任何自然数整除的数。求 1000 以内的所有素数。

方法一：对于任意一个自然数 i，若小于或等于 $\sqrt{i}$ 的自然数都不能除尽 i，则大于 $\sqrt{i}$ 的自然数也不能除尽 i。这是因为若有大于 $\sqrt{i}$ 的自然数 j 能够除尽 i，则它的商 k 必定小于 $\sqrt{i}$，且 k 同样能除尽 i（此时的商即 j）。因此，对任意一个自然数 i，用 2～$\sqrt{i}$ 范围内的自然数去逐个除以 i，若都不能除尽，则说明 i 为素数。相应的程序如下。

```c
#include<stdio.h>
#include<math.h>
void main()
{
    int i,j,n=0,flag;
    for(i=2;i<=1000;i++)
    {
        flag=1;                     //先假定 i 为素数
        for(j=2;j<=(int)sqrt(i);j++)
            if(i%j==0)
            {
                flag=0;             //i 能够被 j 整除，故 i 不是素数
                break;              //跳出当前 for 循环开始判断下一个 i 值是否为素数
            }
        if(flag)                    //若 i 为素数，则输出该素数
        {
            printf("%6d",i);
            n++;
            if(n%10==0)
                printf("\n");
        }
    }
    printf("\n");
}
```

方法二：对于任意一个自然数 i，我们还可由 2 到 i-1 顺序对 i 进行取余运算；若每次运算的余数都不为 0，则表示不存在 i 的因子，同时也说明 i 是一个素数；若某次运算出现了余数为 0 的情况，则说明 i 不是素数，因此也就没有必要再对 i 进行取余运算，而马上跳出当前的 for 循环，对下一个自然数进行是否为素数的判断。因此，在程序中使用了 goto 语句。相应的程序如下。

```c
#include<stdio.h>
void main()
{
    int i,j,n=0;
    for(i=2;i<=1000;i++)
    {
        for(j=2;j<i;j++)
            if(i%j==0)
                goto L1;
        printf("%6d",i);
        n++;
        if(n%10==0)
            printf("\n");
```

```
    L1: ;
    }
    printf("\n");
}
```

运行结果：

```
  2    3    5    7   11   13   17   19   23   29
 31   37   41   43   47   53   59   61   67   71
 73   79   83   89   97  101  103  107  109  113
127  131  137  139  149  151  157  163  167  173
179  181  191  193  197  199  211  223  227  229
233  239  241  251  257  263  269  271  277  281
283  293  307  311  313  317  331  337  347  349
353  359  367  373  379  383  389  397  401  409
419  421  431  433  439  443  449  457  461  463
467  479  487  491  499  503  509  521  523  541
547  557  563  569  571  577  587  593  599  601
607  613  617  619  631  641  643  647  653  659
661  673  677  683  691  701  709  719  727  733
739  743  751  757  761  769  773  787  797  809
811  821  823  827  829  839  853  857  859  863
877  881  883  887  907  911  919  929  937  941
947  953  967  971  977  983  991  997
```

习题 3

1. 以下叙述中错误的是_____。

A．C 语言是一种结构化程序设计语言

B．结构化程序由顺序、分支和循环 3 种基本结构组成

C．使用 3 种基本结构构成的程序只能解决简单问题

D．结构化程序设计提倡模块化的设计方法

2. 以下叙述中错误的是_____。

A．C 语言的语句必须以分号结束

B．复合语句在语法上被看作一个语句

C．空语句出现在任何位置都不会影响程序运行

D．赋值表达式末尾加分号就构成了赋值语句

3. 在嵌套使用 if 语句时，C 语言规定 else 总是_____。

A．和之前与其具有相同缩进位置的 if 配对

B．和之前与其最近的 if 配对

C．和之前与其最近的且不带 else 的 if 配对

D．和之前的第一个 if 配对

4. 若变量已正确定义，则下面能正确计算 f=n! 的程序段是_____。

A．f=0;   B．f=1;

    for(i=1;i<=n;i++) f*=i;   for(i=1;i<n;i++) f*=i;

C. f=1;
　　for(i=n;i>1;i++) f*=i;

D. f=1;
　　for(i=n;i>=2;i--) f*=i;

5. 有以下程序段：

```
int n,t=1,s=0;
scanf("%d",&n);
do
{
    s=s+t; t=t-2;
}while(t!=n);
```

为了使此程序段不陷入死循环，从键盘上输入的数据应该是_____。

A. 任意正奇数　　　B. 任意负偶数　　　C. 任意正偶数　　　D. 任意负奇数

6. 设变量 a、b、c、d 和 y 都已正确定义并赋值。若有以下 if 语句：

```
if(a<b)
    if(c==d)  y=0;
    else  y=1;
```

则该语句所表示的含义是_____。

A.　$y=\begin{cases}0, & a<b \text{ 且 } c=d \\ 1, & a \geqslant d\end{cases}$

B.　$y=\begin{cases}0, & a<b \text{ 且 } c=d \\ 1, & a \geqslant b \text{ 且 } c \neq d\end{cases}$

C.　$y=\begin{cases}0, & a<b \text{ 且 } c=d \\ 1, & a<b \text{ 且 } c \neq d\end{cases}$

D.　$y=\begin{cases}0, & a<b \text{ 且 } c=d \\ 1, & c \neq d\end{cases}$

7. 若变量已正确定义，要求程序段完成 5! 的计算，则不能完成此操作的程序段是_____。

A. for (i=1,p=1;i<=5;i++) p*=i;

B. for(i=1;i<=5;i++) {p=1;p*=i;}

C. i=1; p=1; while(i<=5){p*=i;i++;}

D. i=1; p=1; do(p*=i;i++;)while(i<=5);

8. 若有定义 float x=1.5;int a=1,b=3,c=2;，则正确的 switch 语句是_____。

A. switch(x)
　　{
　　　　case 1.0: printf("*\n");
　　　　case 2.0: printf("**\n");
　　}

B. switch((int)x);
　　{
　　　　case 1: printf("*\n");
　　　　case 2: printf("**\n");
　　}

C. switch(a+b)
　　{
　　　　case 1: printf("*\n");
　　　　case 2+1: printf("**\n");
　　}

D. switch(a+b)
　　{
　　　　case 1: printf("*\n");
　　　　case c: printf("**\n");
　　}

9. 以下叙述中正确的是_____。

A. break 语句只能用于 switch 语句体中

B. continue 语句的作用是使程序的执行流程跳出包含它的所有循环

C. break 语句只能用在循环体内和 switch 语句体内

D. 在循环体内使用 break 语句和 continue 语句的作用相同

10. 以下程序运行的结果是_____。

```
#include<stdio.h>
void main()
{
    int a=-2,b=0;
    while(a++&&++b);
    printf("%d,%d\n",a,b);
}
```

A. 1,3   B. 0,2   C. 0,3   D. 1,2

11. 阅读程序，给出程序的运行结果。

```
#include<stdio.h>
void main()
{
    int a=3,b=4,c=5,t=99;
    if(b<a&&a<c) t=a; a=c; c=t;
    if(a<c&&b<c) t=b; b=a; a=t;
    printf("%d,%d,%d\n",a,b,c);
}
```

12. 阅读程序，给出程序的运行结果。

```
#include<stdio.h>
void main()
{
    int a=3,b=4,c=5,d=2;
    if(a>b)
        if(b>c)
            printf("%d",(d++)+1);
        else
            printf("%d",++d+1);
    printf("%d\n",d);
}
```

13. 以下程序的功能是输出 a、b 和 c 3 个变量中的最小值，请填空。

```
#include<stdio.h>
void main()
{
    int a,b,c,t1,t2;
    scanf("%d%d%d",&a,&b,&c);
    t1=a<b?  (1)  ;
    t2=c<t1?  (2)  ;
    printf("%d\n",t2);
}
```

14. 以下程序的功能是计算 s=1+12+123+1234+12345，请填空。

```
#include<stdio.h>
void main()
{
    int t=0,s=0,i;
    for(i=1;i<=5;i++)
    {
        t=i+_____;
        s=s+t;
    }
    printf("s=%d\n",s);
}
```

15. 阅读程序，给出程序的运行结果。

```
#include<stdio.h>
void main()
{
    int k=5;
    while(--k)
        printf("%d",k-=3);
    printf("\n");
}
```

16. 阅读程序，给出程序的运行结果。

```
#include<stdio.h>
void main()
{
    int y=10;
    while(y--);
    printf("y=%d\n",y);
}
```

17. 阅读程序，给出程序的运行结果。

```
#include<stdio.h>
void main()
{
    int i,j,sum;
    for(i=3;i>=1;i--)
    {
        sum=0;
        for(j=1;j<=i;j++)
            sum+=i*j;
    }
    printf("%d\n",sum);
}
```

18. 下面程序的功能是输出如下形式的方阵，请填空。

13	14	15	16
9	10	11	12
5	6	7	8
1	2	3	4

```
#include<stdio.h>
void main()
{
    int i,j,x;
    for(j=4;j__(1)__;j--)
    {
        for(i=1;i<=4;i++)
        {
            x=(j-1)*4+__(2)__;
            printf("%4d",x);
        }
        printf("\n");
    }
}
```

19．若程序运行时由键盘输入"18,11↙"，请分析程序的运行结果。

```c
#include<stdio.h>
void main()
{
    int a,b;
    scanf("%d,%d",&a,&b);
    while(a!=b)
    {
        while(a>b)  a-=b;
        while(b>a)  b-=a;
    }
    printf("%3d,%3d\n",a,b);
}
```

20．阅读程序，给出程序的运行结果。

```c
#include<stdio.h>
void main()
{
    int i=5;
    do
    {
        if(i%3==1)
            if(i%5==2)
            {
                printf("*%d",i);
                break;
            }
        i++;
    }while(i!=0);
    printf("\n");
}
```

21．有以下 2 个程序段，且变量已正确定义和赋值，请填空，使程序段①和程序段②的功能完全相同。

```c
① for(s=1.0,k=1;k<=n;k++)
     s=s+1.0/(k*(k+1));
   printf("s=%f\n",s);
② s=1.0;k=1;
   while(   (1)   )
   {
       s=s+1.0/(k*(k+1));
        (2)  ;
   }
   printf("s=%f\n",s);
```

22．阅读程序，给出程序的运行结果。

```c
#include<stdio.h>
void main()
{
    int i,n=0;
    for(i=2;i<5;i++)
    {
        do
        {
```

```
        if(i%3) continue;
        n++;
    }while(!i);
    n++;
    }
    printf("n=%d\n",n);
}
```

23. 阅读程序，给出程序的运行结果。

```
#include<stdio.h>
void main()
{
    int a=1,b;
    for(b=1;b<10;b++)
    {
        if(a>=8)
            break;
        if(a%2==1)
        {
            a+=5;
            continue;
        }
        a-=3;
    }
    printf("%d\n",b);
}
```

24. 下面程序的功能是输入任意整数给 n 后，输出 n 行由大写英文字母 A 开始构成的三角形字符阵列图形。例如，当输入整数 5 时（注意，n 不得大于 10），程序运行结果如下。

```
A B C D E
F G H I
J K L
M N
O
```

请填空完成该程序。

```
#include<stdio.h>
void main()
{
    int i,j,n;
    char ch='A';
    scanf("%d",&n);
    if(n<11)
    {
        for(i=1;i<=n;i++)
        {
            for(j=i;j<=n;j++)
            {
                printf("%2c",ch);
                   (1)  ;
            }
               (2)  ;
        }
    }
```

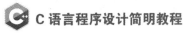

```
    else
        printf("n is too large!\n");
    printf("\n");
}
```

25. 下面程序的功能是将输入的正整数按逆序输出。例如，若输入 135，则输出 531。请填空。

```
#include<stdio.h>
void main()
{
    int n,s;
    scanf("%d",&n);
    do
    {
        s=n%10;
        printf("%d",s);
        _____;
    }while(n!=0);
    printf("\n");
}
```

26. 阅读程序，给出程序的运行结果。

```
#include<stdio.h>
void main()
{
    int k=5,n=0;
    while(k>0)
    {
        switch(k)
        {
            default: break;
            case 1: n+=k;
            case 2:
            case 3: n+=k;
        }
        k--;
    }
    printf("%d\n",n);
}
```

27. 阅读程序，给出程序的运行结果。

```
#include<stdio.h>
void main()
{
    int k=5,n=0;
    do
    {
        switch(k)
        {
            case 1:
            case 3: n+=1;k--;break;
            default: n=0;k--;
            case 2:
            case 4: n+=2;k--;break;
```

```
    }
    printf("%d\n",n);
  }while(k>0&&n<5);
}
```

28．求出 10～1000 能同时被 2、3、7 整除的数。

29．编写程序求 $s=a+aa+aaa+\cdots+aaa\cdots a$，其中 a 为小于 10 的整数。例如，2+22+222，此时 $a=2$，$n=3$（a 和 n 由键盘输入）。

30．按下面格式输出九九乘法表。

```
1*1= 1   1*2= 2   1*3= 3   1*4= 4   1*5= 5   1*6= 6   1*7= 7   1*8= 8   1*9= 9
         2*2= 4   2*3= 6   2*4= 8   2*5=10   2*6=12   2*7=14   2*8=16   2*9=18
                  3*3= 9   3*4=12   3*5=15   3*6=18   3*7=21   3*8=24   3*9=27
                                      ...
                                                               8*8=64   8*9=72
                                                                        9*9=81
```

31．用程序实现下面图形的输出。

```
      *
     ***
    **  **
   **    **
    **  **
     ***
      *
```

32．将一堆礼物平均分成若干份，从 2 个一份一直试到 6 个一份，划分时总是多出一个礼物，试用程序求解这堆礼物至少有多少个。

33．用程序实现字母金字塔的输出。

```
      A
     A B
    A B C
    ...   ...

A B ... ... ... ... Y Z
```

34．圣诞老人第一年把 5 个礼物分给了 5 个孩子，第二年又把同样的 5 个礼物分给这 5 个孩子，每个孩子得到的礼物与上一年得到的礼物都不同，用程序找出并输出分礼物的所有方案。

35．编写程序找出 1～1000 的全部同构数。若一个数的平方的尾数与该数相同，则该数就是同构数。例如：

$5^2=25$

$6^2=36$

$25^2=625$

36．对于三位数 abc，若有 $abc=a^3+b^3+c^3$，则称 abc 是水仙花数，如 $153=1^3+5^3+3^3$，求出所有符合条件的水仙花数。

37．古希腊人认为因子之和等于它本身的数为完数。例如，28 的因子是 1、2、4、7、14，且 1+2+4+7+14=28，则 28 是完数。求 2～1000 的完数。

38．给定一个正整数，求出它的质因子，并按如下形式输出。

```
15=3*5
20=2*2*5
```

39．设一个数列的前三项为 0、1 和 2，以后各项是前三项之和，求该数列的前 20 项。

40．用圆的内接正多边形的面积代替圆的面积的方法计算 π 值。

41．草地上有一堆野果，有一只猴子每天吃掉这堆野果的一半加一个，5 天后刚好吃完这堆野果。编写程序求这堆野果原来共有多少个及猴子每天吃多少个野果。

42．根据下面的泰勒公式求 sinx 的近似值，要求误差小于 10^{-6}。

$$\sin x = x - \frac{x^3}{3!} + \frac{x^5}{5!} - \frac{x^7}{7!} + \cdots + \frac{(-1)^i x^{2i+1}}{(2i+1)!}$$

第 4 章

数组

数组类型是程序设计中常用的一种构造类型。数组类型可以使一批性质相同的数据共用一个数组名，而不必为每个数组元素都指派一个名字。例如，现需要统计并处理某个班级 30 名学生的数学成绩，如果我们定义 30 个整型变量来分别保存每名学生的数学成绩，那么就太复杂了，这时定义一个一维数组 int score[30]就能够解决这 30 名学生数学成绩的存储问题。数组在处理批量数据时显得非常有效。一个数组的构成有以下特点。

（1）数组中的元素个数固定。

（2）每个数组元素的数据类型相同。

（3）数组中的元素按顺序排列。

在数组中，所有的数组元素都共用数组名并按排列顺序存放在内存中，这种排列顺序由下标进行标识。也就是说，数组中的每个元素实际上是由数组名和下标来共同标识的，对数组元素的访问也是通过数组名和下标共同完成的。因此，数组是有序数据的集合，数组中每个元素的数据类型都相同，且每个元素都由统一的数组名和对应的下标来标识。

4.1 一维数组

4.1.1 一维数组的定义

数组元素可以有多个下标，下标的个数表示数组的维数。当只有一个下标时，表示该数组为一维数组。数组也必须遵循先定义后使用的原则。一维数组定义的一般形式为

```
类型标识符  数组名[常量表达式];
```

数组定义包含以下几个要点。

（1）类型标识符用来指明数组元素的类型，同一个数组元素的类型相同；类型标识符可以是任意一种基本数据类型或者构造数据类型。

（2）数组名的命名规则与普通变量的命名规则相同，但不得与其他变量同名；数组名表示该数组在内存中存放的首地址，它是一个地址常量。

（3）方括号 "[]" 是数组的标志，方括号中的常量表达式表示数组的元素个数，即数组的长度（大小）。

（4）常量表达式是整型常量、符号常量及由它们组成的表达式，但不允许出现变量。

例如：

```
int a[5];
```

数组 a 共有 5 个元素：a[0]、a[1]、a[2]、a[3] 和 a[4]，且每个元素的类型都是整型。特别要注意的是，数组元素的下标从 0 开始，直至数组元素的个数减 1。int a[5] 的内存分配示意如图 4.1 所示。从图 4.1 中可以看到，数组名 a 实际上就是数组元素 a[0] 的地址。C 语言的编译器不对数组的越界问题进行检查，当运行出错时才会给出出错信息，这一点要特别引起注意。

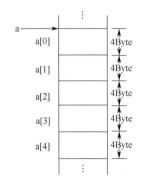

图 4.1   int a[5] 的内存分配示意

【例 4.1】指出下面的数组定义中哪些是正确的，哪些是错误的。

```
int x[40],y[20],z(10);
float b[7.5],s[8];
int m;
char m[15],ch[m];
```

解：对本题的数组定义说明如下。

（1）分析 "int x[40],y[20],z(10);"，其中数组 x 和数组 y 的定义是正确的，而数组 z 的定义有错，因为数组的标志是方括号 "[ ]"，而不是圆括号 "( )"。

（2）分析 "float b[7.5],s[8];"，其中数组 s 的定义是正确的，而数组 b 中表示数组元素个数的常量表达式是浮点型常量，而不是整型常量，故数组 b 的定义有错。

（3）分析 "char m[15],ch[m];"，数组 m 因其与整型变量 m 同名而出错；数组 ch 的常量表达式是变量 m，而不是常量，故数组 ch 的定义也有错。

4.1.2   一维数组的引用和初始化

数组必须先定义后使用，并且只能逐个引用数组元素，而不能一次引用整个数组。数组元素的引用格式为

数组名[下标]

其中，方括号 "[ ]" 中的 "下标" 只能是整型常量或整型表达式。例如：

```
a[5]
b[i+2*j]              //i 和 j 均为整型变量
c[i+1]               //i 为整型变量
```

以上都是合法的数组元素。

程序在引用数组元素的值之前，必须先给数组元素置初值。数组元素的初值可以由键盘输入，也可以通过赋值语句来设置。若在程序每次运行过程中数组元素的初值都是固定不变的，则可在数组定义时就给定数组元素的初值，这种方式称为数组的初始化。数组的初始化可以有以下几种方法。

（1）在数组定义时给数组所有元素赋初值。例如：

```
int a[5]={0,1,2,3,4};
```

将数组元素的初值用 "," 分隔并依次写在一对花括号 "{ }" 内。经过上面的定义和初始化后，就有

```
a[0]=0、a[1]=1、a[2]=2、a[3]=3、a[4]=4
```

若令一个数组中全部元素的初值均为 0，则可写成

```
int a[10]={0,0,0,0,0,0,0,0,0,0};
```

或者

```
int a[10]={0};
```

此时，a[0]被赋初值 0，而对于其余未被赋初值的数组元素，则同时由系统自动为其赋初值 0。注意，若写成

```
int a[10]={2};
```

则 a[0]被赋初值 2，而对于其余数组元素，则由系统自动为其赋初值 0。

（2）在数组定义时只给前面一部分元素赋初值。例如：

```
int b[10]={0,1,2,3};
```

定义了数组 b 有 10 个元素，其中前 4 个元素被赋予了初值，而后面 6 个元素自动被赋予 "0" 值（仅针对数值型数组）。

（3）若数组的全部元素都被赋予了初值，则在定义中可以不指定数组的长度。例如：

```
int a[5]={1,2,3,4,5};
```

可以写成

```
int a[ ]={1,2,3,4,5};
```

此时，系统会根据花括号 "{ }" 中初值的个数来确定数组的长度，但是数组的标志 "[ ]" 不能省略。此外，若提供的初值个数小于所需的数组长度，则方括号中的常量表达式不能省略。例如，需要定义数组 a 的长度为 10，但前 5 个初值元素分别为 1、2、3、4、5，则不能写成

```
int a[ ]={1,2,3,4,5};
```

而必须写成

```
int a[10]={1,2,3,4,5};
```

除数组初始化外，通常通过 for 语句为数组的每个元素输入数据或者输出数据。例如：

```
int a[10],i;
for(i=0;i<10;i++)
    scanf("%d",&a[i]);
```

为数组 a 的每个元素输入数据。或者通过下面的 for 语句输出每个数组元素的值。

```
for(i=0;i<10;i++)
    printf("%4d",a[i]);
```

【例 4.2】定义数组 a 为

```
int a[6]={1,2,3,4,5,6};
```

现通过下面两种输出语句输出数组 a 中每个元素的值。

```
(1)printf("%4d",a[6]);
(2)printf("%4d",a);
```

请指出它们的错误并给出正确的输出语句。

解：语句（1）只输出了下标序号为 6 的数组元素的值，而没有输出所有数组元素的值；并且数组 a 只有 a[0]～a[5]6 个数组元素，而并不存在 a[6]，所以该语句是错误的。

语句（2）输出的变量是数组名 a，而 a 是一个地址常量，它代表数组 a 的首地址，所以该语句也无法输出所有数组元素的值，而仅输出数组 a 的首地址。

正确的输出语句为

```
for(i=0;i<=5;i++)
    printf("%d",a[i]);
```

【例 4.3】给数组 a 输入任意一组数据，然后实现数组元素的逆置，最后输出逆置后的数组元素的值。

解：实现数组元素的逆置如图 4.2 所示。

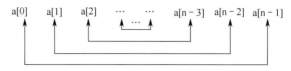

图 4.2 实现数组元素的逆置

因此，对 n 个数组元素进行逆置的 for 语句只能循环 n/2 次。实现逆置的程序如下。

```
#include<stdio.h>
void main()
{
    int a[20],i,n,x;
    printf("Input number of elements:");
    scanf("%d",&n);
    printf("Input element:\n");
    for(i=0;i<n;i++)                    //输入数据
        scanf("%d",&a[i]);
    printf("Before:\n");               //输出输入的数据
    for(i=0;i<n;i++)
        printf("%4d",a[i]);
    printf("\n");
    for(i=0;i<n/2;i++)                  //实现逆置
    {
        x=a[i];
        a[i]=a[n-i-1];
        a[n-i-1]=x;
    }
    printf("After:\n");
    for(i=0;i<n;i++)
        printf("%4d",a[i]);
    printf("\n");
}
```

运行结果：

```
Input number of elements:10✓
Input element:
1 2 3 4 5 6 7 8 9 10✓
Before:
   1   2   3   4   5   6   7   8   9  10
After:
  10   9   8   7   6   5   4   3   2   1
```

【例 4.4】用数组实现 Fibonacci 数列前 20 项数据的输出。

解：在第 3 章中求 Fibonacci 数列的方法是每求出两个值就进行输出，然后继续求后继的两个值。这里，我们每求出一个值就保存在数组 f 中，当求出所需长度的 Fibonacci 数列后（已保存于数组 f 中），再通过 for 循环输出数组 f 中保存的 Fibonacci 数列值。程序如下。

```
#include<stdio.h>
void main()
{
    int i;
    int f[20]={1,1};
    for(i=2;i<20;i++)
        f[i]=f[i-2]+f[i-1];
    for(i=0;i<20;i++)
```

```
{
    if(i%5==0)                        //每输出 5 项换行
        printf("\n");
    printf("%12d",f[i]);
    }
    printf("\n");
}
```

运行结果：

```
    1          1          2          3          5
    8         13         21         34         55
   89        144        233        377        610
  987       1597       2584       4181       6765
```

【例 4.5】输入任意一个十进制数，将其转换成二进制数并按位保存在数组中，最后输出数组中所保存的二进制数。

解：根据十进制数转换为二进制数的方法，使十进制数重复除以 2，将每次得到的余数按先后顺序逆序排列，即可得到该十进制数对应的二进制数。因此，我们采用的方法是当十进制数 n 不等于 0 时，先对 2 取余（"%"），将余数保存在数组 a 中，然后使 n 除以 2，再重复刚才的这两步操作，直到 n 等于 0。这样 a[0]、a[1]、…、a[i-1]保存着该十进制数对应的二进制数的最低位、次低位、…、最高位的值。程序如下。

```
#include<stdio.h>
void main()
{
    int i=0,j,n,a[20];
    printf("Input data:");
    scanf("%d",&n);
    while(n!=0)
    {
        a[i]=n%2;
        n=n/2;
        i++;
    }
    printf("Output:\n");
    for(j=i-1;j>=0;j--)                //二进制数由高位到低位输出
        printf("%4d",a[j]);
    printf("\n");
}
```

运行结果：

```
Input data:11↙
Output:
   1   0   1   1
```

【例 4.6】给一维数组输入数据，然后将数组元素循环右移 k 位，并且只能用一个变量辅助实现这种移动。

解：由于只允许使用一个变量辅助实现数组元素的移动，因此将该题转化为每次将数组元素循环右移 1 位，并且进行 k 次来实现，故需要使用两层 for 循环：外层的 for 循环控制 k 次移位；内层的 for 循环控制数组元素循环右移 1 位。数组元素循环右移 1 位示意如图 4.3 所示。

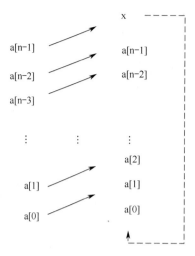

图 4.3 数组元素循环右移 1 位示意

实现程序如下。

```c
#include<stdio.h>
void main()
{
    int a[20],i,j,k,n,x;
    printf("Please input number of elements:");
    scanf("%d",&n);
    printf("Please input elements:\n");
    for(i=0;i<n;i++)
        scanf("%d",&a[i]);
    for(i=0;i<n;i++)
        printf("%4d",a[i]);
    printf("\n");
    printf("Please input number of moves:");
    scanf("%d",&k);
    for(i=1;i<=k;i++)
    {
        x=a[n-1];
        for(j=n-2;j>=0;j--)
            a[j+1]=a[j];
        a[0]=x;
    }
    printf("Output after moves:\n");
    for(i=0;i<n;i++)
        printf("%4d",a[i]);
    printf("\n");
}
```

运行结果：

```
Please input number of elements:8↙
Please input elements:
1 2 3 4 5 6 7 8↙
   1   2   3   4   5   6   7   8
Please input number of moves:3↙
Output after moves:
   6   7   8   1   2   3   4   5
```

【例 4.7】利用数组求 2～1000 的完数。完数是其因子之和等于该数自身的数。例如，6=1×2×3=1+2+3。

解：我们采用数组来保存在判断某个数是否为完数的过程中所找出的每个因子，一旦确定这个数为完数，就可以直接输出已保存在数组中的因子。在程序中，我们用变量 k 来指示数组 f 中下一个放置因子的位置。实现程序如下。

```c
#include<stdio.h>
void main()
{
    int f[10],i,j,k,s;
    for(i=2;i<=1000;i++)
    {
        s=0;                        //用于保存因子之和
        k=0;
        for(j=1;j<i;j++)
            if(i%j==0)
            {
                f[k]=j;             //保存找到的1个因子
                s=s+j;              //求因子的累加和
                k++;
            }
        if(i==s)
        {
            printf("%4d its factors are",i);
            for(j=0;j<k;j++)
                printf("%4d",f[j]);
            printf("\n");
        }
    }
}
```

运行结果：

```
  6 its factors are   1   2   3
 28 its factors are   1   2   4   7  14
496 its factors are   1   2   4   8  16  31  62 124 248
```

【例 4.8】用数组存储的方式实现求解素数问题。

解：此例我们采用筛法来求素数。用数组实现筛法求素数的思想是，先设一个整型数组，并认为每个数组元素的下标值即代表一个整数，这样这个数组的下标就可表示某个范围内的全部整数。初始时假定该数组下标对应的全部整数都是素数，即设置该数组的每个元素值均为 1。用筛法求素数的过程是，先从该数组中取出第 1 个元素，根据其下标值（它代表一个整数）将这个下标所有倍数的下标所指数组元素全部置 0（筛去一个整数对应的全部倍数整数）；然后继续顺序取出数组中的第 2 个元素，同样根据其下标值找出其所有倍数的下标所指数组元素并全部置 0；这样反复进行，就好像过筛子一样，每遍都筛去一些不是素数的数组元素（将其值置 0），即筛去的是与这些数组元素下标相同的整数。当筛到数组中的最后一个元素时，该数组中元素值为 1 的那些元素的下标值就是我们所求的素数，而那些非素数已经在反复过筛子的过程中被筛掉了（置为 0）。程序设计如下。

```c
#include<stdio.h>
void main()
{
```

```
int b[1000],i,j;
for(i=2;i<1000;i++)
    b[i]=1;
for(i=2;i<1000;i++)
    if(b[i])                          //若b[i]为非0,则i为素数
        for(j=2;i*j<1000;j++)
            b[i*j]=0;                 //筛去i的所有倍数
printf("Output prime:\n");
j=1;
for(i=2;i<1000;i++)
{
    if(b[i])
    {
        printf("%5d",i);
        if(j%10==0)
            printf("\n");
        j++;
    }
}
printf("\n");
}
```

运行结果：

```
Output prime:
    2    3    5    7   11   13   17   19   23   29
   31   37   41   43   47   53   59   61   67   71
   73   79   83   89   97  101  103  107  109  113
  127  131  137  139  149  151  157  163  167  173
  179  181  191  193  197  199  211  223  227  229
  233  239  241  251  257  263  269  271  277  281
          ..........
```

【例 4.9】约瑟夫（Josephus）问题：设有 n 个人围成一圈并按顺时针方向由 1 到 n 编号；由第 s 个人开始进行 1 到 m 的报数，数到 m 的人出圈；接着从该出圈人后的第 1 个人开始重新进行 1 到 m 的报数，直到所有的人出圈为止。请输出出圈人的出圈次序。

解：首先，我们把 1～n 个人的顺序编号存入一维数组 p 中，数组元素的下标表示每个人的当前排列位置。假定某一时刻未出圈的人还有 i 个，并且已找到出圈人，则将出圈人后面参与报数的人顺序前移一个元素位置，并在所空出的第 i 个位置 p[i] 放置这个出圈人的编号；再一次报数就从出圈人之后的第 1 个人（此人现已移至出圈人的位置上）开始，并且参与报数的人数也随之减 1，即为 i−1；重复上述报数过程。这样，每次循环报数都有 1 个人出圈，i 值也随之减 1；当仅剩最后 1 个人时，出圈顺序就全部确定。由于将每次循环报数的出圈人的编号放入 p[i] 中，而这个 i 值的变化是由 n 到 2，因此出圈人的编号按由先到后的出圈顺序被逐个存放在 p[n]、p[n−1]、…、p[2]、p[1] 中。

在程序中，用变量 s 记录每次报数时开始人的位置，即参与报数的 i 个人从位置 s 开始由 1 报数至 m，其对应位置上的人出圈，这个出圈位置是 (s+m−1)%i。由于出圈人后面参与报数的人的位置顺序前移，因此当前出圈人的位置就是下一次报数时的开始位置，即语句"s=(s+m−1)%i;"指出了下一次报数的开始位置。此外，当 (s+m−1)%i 等于 0 时，因出圈人的位置不可能为 0，所以这意味着 s+m−1 的值与 i 的值相等，即出圈人的位置是 i。也就是说，其余参与报数的人的位置都在出圈人之前，在这种情况下，其余参与报数的人的位置是不移

动的。这在程序中表现为内层 for 语句中的循环初值 s（s 等于 i）大于循环终值 i-1，故并不执行这个 for 语句的循环体。最后，程序以出圈人的出圈先后顺序每行输出 10 个人的编号。实现程序如下。

```
#include<stdio.h>
void main()
{
    int p[40],i,j,n,m,s,t;
    printf("Total number,Start number,Repeat number(n s m):\n");
    scanf("%d%d%d",&n,&s,&m);
    for(i=1;i<=n;i++)
        p[i]=i;
    for(i=n;i>=2;i--)
    {
        s=(s+m-1)%i;               //确定出圈位置
        if(s==0)
            s=i;
        t=p[s];                    //将出圈人编号暂存于 t 中
        for(j=s;j<=i-1;j++)        //将出圈人后面的位置顺序前移 1 位
            p[j]=p[j+1];
        p[i]=t;                    //存放出圈人的编号在 p[i]中
    }
    printf("Sequence coming out from the queue is:\n");
    for(i=n;i>=1;i--)
    {
        printf("%4d",p[i]);
        if((n-i+1)%10==0)
            printf("\n");
    }
}
```

运行结果：

```
Total number,Start number,Repeat number(n s m):
20 6 8↙
Sequence coming out from the queue is:
  13   1   9  18   7  17   8  20  12   5
   2  16  15  19   4  11  10   3  14   6
```

4.2 二维数组

4.2.1 二维数组的定义

若将一维数组看成同一类型变量的一个线性排列，则可以将二维数组看成同一类型变量的一个平面排列，即行和列。实际上也是这样的，二维数组元素有两个下标，一个是行下标，另一个是列下标。由于二维数组是多维数组中比较容易理解的一种，并且它可以代表多维数组处理的一般方法，因此这里主要介绍二维数组。

二维数组定义的一般形式为

类型标识符　数组名[常量表达式 1][常量表达式 2];

其中，常量表达式 1 表示第一维的长度（行数），常量表达式 2 表示第二维的长度（列数）。二维数组元素的总数为常量表达式 1 与常量表达式 2 的乘积。例如：

```
int a[3][4];
```

以上定义了一个 3 行 4 列的数组，数组名为 a，其数组元素的类型为整型。该数组共有
3×4 个元素，这些元素排列如下。

```
a[0][0],a[0][1],a[0][2],a[0][3]
a[1][0],a[1][1],a[1][2],a[1][3]
a[2][0],a[2][1],a[2][2],a[2][3]
```

注意，二维数组的定义不能写成

```
int a[3,4];
```

与一维数组的定义相同，二维数组定义中的两个常量表达式必须是常量，不能是变量。
二维数组在内存中是以一维线性方式排列的，并且采用行优先原则，即先存储第一行元素，
然后在第一行元素之后顺序存储第二行元素，以此类推，直至存储完二维数组中的全部元素。
对于定义了 3 行 4 列的 int a[3][4];来说，其内存分配示意如图 4.4 所示。

图 4.4　int a[3][4];的内存分配示意

由图 4.4 可知，数组名 a 是二维数组 a 的起始地址，即数组元素 a[0][0]的地址，而 a[0]、
a[1]和 a[2]分别是二维数组 a 各行的起始地址，即 a[0]对应数组元素 a[0][0]的地址，a[1]对应
数组元素 a[1][0]的地址，a[2]对应数组元素 a[2][0]的地址。我们可以这样理解，把二维数组看
成一种特殊的一维数组，这个数组中的每个元素又是一个一维数组。也就是说，我们把二维
数组 a 看成一维数组，它有 3 个元素，即 a[0]、a[1]和 a[2]，每个元素 a[i]又是一个包含 4 个
元素的一维数组，而 a[0]、a[1]和 a[2]就是其对应的数组名。因此，a[0]、a[1]和 a[2]在二维数
组中是数组名（一个地址），而不能将其当作元素使用，并且 a[0]和 a 都指向 a[0][0]这个数组
元素的地址。

4.2.2　二维数组的引用和初始化

二维数组元素的引用方式为

```
数组名[行下标1][列下标2]
```

其中，方括号"[ ]"中的行下标 1 和列下标 2 既可以是整型常量，也可以是整型表达式。
二维数组也必须先定义后使用，并且也只能逐个引用数组元素。二维数组包括行和列，其行
下标在 0 到数组行数减 1 之间变化，列下标在 0 到数组列数减 1 之间变化。同样，C 语言也
不对二维数组进行越界检查，所以要特别注意。

例如，对二维数组的定义为

```
int a[2][2];
```

则

```
a[1][0]=5;
a[0][1]=a[1][1]+8;
```

都是正确的，而

```
a[1][2]=10;              //列越界
```

```
    a[0,0]=7;                   //行下标和列下标都必须放在方括号"[ ]"中
```

是错误的。

二维数组的初始化有以下几种方法。

（1）按行分段给每个元素赋值。例如：

```
int a[3][4]={{1,2,3,4},{5,6,7,8},{9,10,11,12}};
```

这种赋初值的方法比较直观，行和列都很清楚。

（2）按数组元素在内存中的排列顺序给每个元素赋值。例如：

```
int a[3][4]={1,2,3,4,5,6,7,8,9,10,11,12};
```

（3）给部分元素赋值。对于整型数组，当"{ }"中值的个数少于二维数组元素的个数时，只给前面的部分元素赋值，而后面的元素自动取"0"值。例如：

```
int a[3][3]={{1},{2,3},{4}};
```

等价于

```
int a[3][3]={{1,0,0},{2,3,0},{4,0,0}};
```

（4）给全部元素赋初值。在定义二维数组时，第一维（行）的大小可以省略，但第二维（列）的大小不能省略，否则无法确定行和列各自的大小。例如：

```
int a[][4]={1,2,3,4,5,6,7,8,9};
```

系统根据每行存放 4 个元素这条信息可知，放下这 9 个值至少需要 9 个数组元素，故需要 3 行才能满足要求，即二维数组 a 为 3 行 4 列。又如：

```
int a[][4]={{1,2,3},{1,2},{4}};
```

对于这种按行分段赋值方式，系统会根据最外面的花括号内有几个花括号来确定行数，因此系统认为二维数组 a 有 3 行。

【例 4.10】已知程序：

```
#include<stdio.h>
void main()
{
    int x[3][2]={0},i;
    for(i=0;i<3;i++)
        scanf("%d",x[i]);
    printf("%d%d%d\n",x[0][0],x[0][1],x[1][0]);
}
```

若运行时输入"2 4 6↙"，则输出的结果为_____。

A．200   B．204   C．240   D．246

解：我们知道 x[0]、x[1]和 x[2]分别对应二维数组 x 各行的首地址，即数组元素 x[0][0]、x[1][0]和 x[2][0]的地址（x[i]即&x[i][0]），故语句"scanf("%d",x[i]);"写法正确（因 x[i]为一个地址）。这样，当输入"2 4 6↙"时，相应的数组元素 x[0][0]的值为 2，x[1][0]的值为 4，x[2][0]的值为 6，而其余数组元素的值不变，仍为 0。最后我们得到的输出结果应为 204，因此选 B 选项。

【例 4.11】定义一个 3 行 4 列的二维数组，并逐行输入二维数组的元素值，再逐行输出二维数组的元素值。

解：我们知道，一维数组元素值的输入和输出是通过一个 for 语句来实现的；而二维数组元素值的输入和输出要用两个 for 语句组成的两层循环来实现，即外层 for 语句控制行的变化，内层 for 语句控制列的变化。实现程序如下。

```
#include<stdio.h>
void main()
```

```
{
    int a[3][4],i,j;
    printf("Input data:\n");
    for(i=0;i<3;i++)
        for(j=0;j<4;j++)
            scanf("%d",&a[i][j]);
    printf("Output data:\n");
    for(i=0;i<3;i++)
    {
        for(j=0;j<4;j++)
            printf("%5d",a[i][j]);
        printf("\n");
    }
}
```

运行结果：

```
Input data:
1 2 3 4↙
5 6 7 8↙
9 10 11 12↙
Output data:
    1    2    3    4
    5    6    7    8
    9   10   11   12
```

【例 4.12】输入年、月、日，求这一天是该年的第几天。

解：为确定输入的日期为该年的第几天，需要一张各月份的天数表，该表给出每个月的天数。因为闰年和平年 2 月份的天数相差 1 天，所以把各月份的天数表设计成 2 行 12 列的二维数组。数组的第 0 行给出平年各月份的天数，数组的第 1 行给出闰年各月份的天数。为了计算某月某日是这一年的第几天，首先要确定这一年是平年还是闰年，然后根据各月份的天数表将前几个月的天数与当月的日期累加，就得到了某年某月某日是该年的第几天。程序编写如下。

```
#include<stdio.h>
void main()
{
    int days[][12]={{31,28,31,30,31,30,31,31,30,31,30,31},
            {31,29,31,30,31,30,31,31,30,31,30,31}};
    int year,month,day,leap=0,i;
    printf("Input year、month、day:\n");
    scanf("%d%d%d",&year,&month,&day);
    if((year%4==0&&year%100!=0)||year%400==0)
        leap=1;
    for(i=0;i<month-1;i++)
        day=day+days[leap][i];
    printf("date=%d\n",day);
}
```

运行结果：

```
Input year、month、day:
2016 10 12↙
date=286
```

【例 4.13】找出 5×5 矩阵中每行绝对值最大的数组元素，并与同行中对角线上的数组元素交换位置。

解：矩阵运算必须用二维数组实现，外层 for 语句用来确定行，而内层 for 语句用来寻找该行绝对值最大的数组元素（确定列）。我们用变量 k 来记录当前行中绝对值最大的数组元素位置，即开始时假定第 0 列位置上的数组元素的绝对值最大，然后依次检查该行中其余数组元素的绝对值是否大于由 k 标识的这个数组元素的绝对值，若大于，则用 k 记录下新的绝对值最大的数组元素位置。当检查完该行所有的数组元素后，k 值就为本行中绝对值最大的数组元素；然后判断这个 k 是否在对角线位置，若不在，则将 k 标识的数组元素与本行对角线上的数组元素交换。

此外，程序中还用到了求绝对值的函数 abs，因此要在程序开始处写上 "math.h" 头文件。程序编写如下。

```c
#include<stdio.h>
#include<math.h>
void main()
{
    int a[5][5],i,j,k,t;
    printf("Input data of a[5][5]:\n");
    for(i=0;i<5;i++)                    //输入 5×5 矩阵的元素值
        for(j=0;j<5;j++)
            scanf("%d",&a[i][j]);
    for(i=0;i<5;i++)                    //对每行进行操作
    {
        k=0;
        for(j=1;j<5;j++)
            if(abs(a[i][j])>abs(a[i][k]))
                k=j;                    //记录下新的绝对值最大的数组元素位置
        if(k!=i)                        //当 k 的位置不是对角线位置时
        {
            t=a[i][i];
            a[i][i]=a[i][k];
            a[i][k]=t;
        }
    }
    printf("Output:\n");
    for(i=0;i<5;i++)
    {
        for(j=0;j<5;j++)
            printf("%4d",a[i][j]);
        printf("\n");
    }
}
```

运行结果：

```
Input data of a[5][5]:
3 1 -8 5 7↙
20 3 11 -12 10↙
-1 5 25 -6 4↙
-10 37 -32 9 40↙
33 -41 3 -4 18↙
Output:
  -8   1   3   5   7
```

```
 3  20  11  -12  10
-1   5  25  -6   4
-10  37  -32  40   9
33  18   3  -4  -41
```

4.3 字符数组和字符串

用来存放字符数据的数组被称为字符数组。在 C 语言中没有专门的字符串类型，而是采用字符数组来存放一串连续的字符。通常使用的字符数组是一维数组（当然也可以是多维数组），其数组元素的类型为字符类型。也就是说，字符数组中的每个元素都仅存放一个字符。

4.3.1 字符数组的定义、引用及初始化

1. 字符数组的定义

字符数组本质上与前面介绍的数组相同，只不过其类型标识符是 char。字符数组的定义方式为

```
char 数组名[常量表达式];                //定义一维字符数组
```

或者

```
char 数组名[常量表达式 1][常量表达式 2];         //定义二维字符数组
```

例如：

```
char c[5];
```

表示定义了一个一维字符数组，数组名为 c，其最多可以存放 5 个字符。若给字符数组 c 赋值：

```
c[0]='C'; c[1]='h'; c[2]='i'; c[3]='n'; c[4]='a';
```

则字符数组 c 的存储如图 4.5 所示。

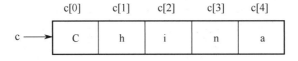

图 4.5　字符数组 c 的存储

由图 4.5 可知，字符数组的存储也占用一段连续的内存空间，其存储及表示方法与前面介绍的数值型数组相同。

2. 字符数组的引用

字符数组的引用与数值型数组的引用不同。数值型数组仅能逐个元素引用，而字符数组既可以逐个元素引用，又可以通过字符串的形式来整体引用。

（1）对字符数组元素的引用。对字符数组元素的引用与对数值型数组元素的引用完全相同。字符数组元素的引用方式为

```
数组名[下标]
```

其中，方括号"[ ]"中的下标只能是整型常量或整型表达式。例如：

```
char a[10];
a[0]='a';
```

（2）对字符数组的整体引用。例如：

```
char c[5]={'a','b','c'};
printf("%s",c);
```

在 printf 语句中，字符数组 c 是以数组名整体引用的。

3. 字符数组的初始化

若在定义字符数组时不进行初始化，则字符数组中各元素的值是不确定的。可以通过下列方法对字符数组进行初始化。

（1）逐个为字符数组中的元素赋初值。例如：

```
char s[10]={'P','r','o','g','r','a','m'};
```

或者

```
char c[6];
c[0]='C';c[1]='h';c[2]='i';c[3]='n';c[4]='a';
```

或者

```
char x[10];
int i;
for(i=0;i<10;i++)
    scanf("%c",&x[i]);
```

（2）将一个字符串整体赋给一个字符数组。例如：

```
char a[]={"Program"};
```

也可以去掉花括号写成

```
char a[]="Program";
```

注意，字符串是以空字符'\0'（ASCII 码值为 0）作为结束标志的。因此，这个空字符也放入了字符数组 a 中，即字符数组 a 的元素个数是 8，而不是 7。当然，我们也可按如下方式定义字符数组 a。

```
char a[8]="Program";
```

另一种整体赋值方法如下：

```
char x[10];
scanf("%s",x);
```

即通过 scanf 语句向字符数组中读入一个字符串。

对字符数组的初始化一定要注意以下两点。

（1）若给字符数组赋初值的字符个数大于字符数组的长度，则按语法错误处理。例如：

```
char c[5]="China";
char x[5]={'P','r','o','g','r','a','m'};
```

前者将一个字符串赋给字符数组 c，虽然在计算字符串的长度时，'\0'不计入字符串长度，但'\0'本身却占用 1 个字符位置，因此虽然字符串"China"的长度为 5，但其占用 6 个字符位置，而字符数组 c 却只能放下 5 个字符，故这种初始化方式错误。后者花括号"{ }"中提供的初值个数大于字符数组 x 的长度，因此也是错误的。

（2）若给字符数组赋初值的字符个数小于字符数组的长度，则将这些字符赋给字符数组前面的那些元素，而对于后面未被赋值的元素，则由系统自动为其赋予空字符'\0'。例如：

```
char c[10]="China";
```

字符数组 c 的存储情况如图 4.6 所示。

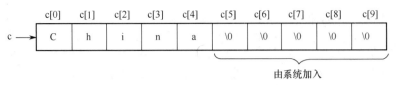

图 4.6　字符数组 c 的存储情况

【例 4.14】下面哪些字符数组的定义是错误的，说明出错的原因。

```
(1) char a[5]={'a','b','c','d','e'};
(2) char b[5]="abcde";
(3) char c[5]="a\0";
(4) char d[5]; d="abc";
```

解：第（1）项定义正确。其定义是逐个为字符数组中的元素赋初值，因此超出数组 a 长度的第 6 个字符'\0'并未赋给数组而被舍弃，但这并不出错（这与给字符数组赋字符串不同）。

第（2）项定义错误。字符串"abcde"加上'\0'字符应占用 6 个字符位置，而字符数组 b 的元素个数为 5（长度为 5），由于在给字符数组赋字符串时不能舍弃任何符号，因此定义错误。

第（3）项定义正确。将字符串"a\0"（包含字符'a'和转义字符'\0'）赋给字符数组 c，然后在其后添加一个字符串结束标志'\0'，因此该定义正确。

第（4）项定义错误。给字符数组赋值，只能在定义时将双引号引起来的字符串赋给字符数组，而不能在定义外再通过赋值语句将字符串赋给字符数组名，因此该定义错误。

【例 4.15】下面是几种将字符序列"ABC"赋给字符数组的方法，请指出它们在存储上的异同。

```
(1) char x[6]={'A','B','C'};
(2) char x[6]= "ABC";
(3) char x[6]; int i;
    for(i=0;i<3;i++)
        scanf("%c",&x[i]);
    输入：ABC↙
(4) char x[6];
    scanf("%s",x);
    输入：ABC↙
(5) char x[6]; x[0]='A'; x[1]='B'; x[2]='C';
```

解：（1）和（2）的存储状态如图 4.7（a）所示，即存储的是字符串"ABC"；（3）和（5）的存储状态如图 4.7（b）所示，未存储字符的那些数组的元素值不确定；（4）和 gets(x)（输入：ABC↙）函数（gets 函数将在后面介绍）的存储状态如图 4.7（c）所示。

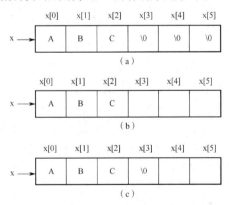

图 4.7　不同输入方式下字符数组 x 的存储状态

4.3.2　字符串

在 C 语言中，字符串常量是用一对双引号"" ""引起来的有效字符序列，并且对字符串的处理只能通过字符数组进行。也就是说，一个字符串可以用一个一维字符数组来存放；若干字符串可以用一个二维字符数组来存放，且每行存放一个字符串。

C 语言规定字符串必须以字符'\0'结束，即当遇到字符'\0'时，表示字符串到此结束，而在它之前出现的字符序列组成一个字符串。注意，'\0'是一个转义字符，其 ASCII 码值为 0，由于它不对应任何显示和操作，因此又称空字符。

系统在每个字符串常量的后面都会自动加上一个表示字符串结束的字符'\0'。因此，当将一个字符串存入一个字符数组中时，这个字符数组的长度不能小于该字符串的实际字符数（长度）加 1。

例如：

```
printf("How are you?\n");
```

该语句的功能是输出一个字符串。那么，系统是如何实现这种输出的呢？实际上，在内存中存放该字符串时，系统会自动在该字符串最后一个字符'\n'的后面加上一个'\0'作为字符串结束的标志，并且在执行 printf 输出语句时，每输出一个字符都需检查该字符是否是'\0'，若是'\0'，则停止输出。

有了字符串结束标志'\0'后，字符数组的长度就无关紧要了，因为在程序中通常靠检测'\0'的位置来判断字符串是否结束，而通过字符数组的长度通常无法判断字符串是否结束（字符串通常放不满字符数组）。

在采用字符串方式后，字符数组的输入和输出就变得更加简单。除前面讲述的利用字符串赋初值外，还可以使用 printf 函数和 scanf 函数一次性输入或输出一个字符数组中的字符串，而不必再通过循环语句逐个字符地输入或输出。

【例 4.16】字符串的输入和输出。

```
#include<stdio.h>
void main()
{
    char st1[10],st2[10];
    printf("Input string:\n");
    scanf("%s %s",st1,st2);
    printf("Output string:\n");
    printf("%s %s\n",st1,st2);
}
```

运行结果：

```
Input string:
China Xi'an↙
Output string:
China Xi'an
```

在 scanf 语句和 printf 语句中采用格式字符"%s"输入或输出字符串时，应注意以下几点。

（1）在输入和输出字符串时都要使用数组名，这与使用 scanf 函数或 printf 函数输入和输出其他单个字符或数值型的值不同（scanf 函数要求的输入项是变量的地址，而 printf 函数要求的输出项是变量）。

（2）在输入两个字符串时，这两个字符串必须使用空格符或回车符隔开（空格符不能作为字符串中的字符）。

（3）在输入字符串时，必须注意字符串的最大长度不得大于或等于字符数组的长度（字符串的最大长度为字符数组的长度减 1）。

此外还要注意的是，并不是每个字符数组保存的字符序列都是一个字符串。例如，下面的程序在输出时就会出错。

```c
include<stdio.h>
void main()
{
    char st1[5];
    st1[0]='C'; st1[1]='h'; st1[2]='i'; st1[3]='n'; st1[4]='a';
    printf("%s",st1);
}
```

由于字符数组 stl 存放的字符序列并不是字符串（在"China"之后并没有存储'\0'字符），因此在采用格式字符"%s"进行输出时，输出"China"后将继续输出内存中存放在"China"之后的其他数据，直至遇到'\0'才结束输出。所以，一定要避免这样的错误出现。

4.3.3 常用字符串处理函数

C 语言提供了丰富的字符串处理函数，这些字符串处理函数可以用于字符串的输入、输出、修改、比较、复制（拷贝）、转换和搜索等。在编写程序时，若使用用于输入、输出的字符串处理函数，则程序应包含"stdio.h"头文件；若使用其他字符串处理函数，则程序还应该包含"string.h"头文件。下面介绍几种常用的字符串处理函数。

1. 字符串输出函数 puts

字符串输出函数 puts 的调用格式为

```c
puts(字符数组名);
```

其功能是对一个保存在字符数组中的以'\0'结束的字符串进行输出显示，在输出时将字符串结束标志'\0'转换成'\n'，因此字符串输出完成后自动换行。

例如：

```c
char s[]="student";
puts(s);
```

输出结果为

```
student
```

因此，语句"puts(s);"相当于执行以下程序段。

```c
i=0;
while(s[i]!='\0')
{
    printf("%c",s[i]);
    i++;
}
printf("\n");
```

即 puts 函数完全可以由 printf 函数取代。若需要按指定格式进行输出，则采用 printf 函数。此外，用 puts 函数输出的字符串中也可以包含转义字符。例如：

```c
char s[]="Computer\nProgram";
puts(s);
```

输出结果为

```
Computer
Program
```

2. 字符串输入函数 gets

字符串输入函数 gets 的调用格式为

```
gets(字符数组名);
```

其功能是由键盘输入一个字符串，直到'\n'为止，并将该字符串存入 gets 函数指定的字符数组中，在存放时系统自动将'\n'转换成'\0'。例如：

```
char c[20];
gets(c);
```

由键盘输入

```
Computer of China✓
```

并将字符串"Computer of China"存入字符数组 c 中（gets 函数允许字符串中含有空格字符）。因此，语句"gets(c);"相当于执行以下程序段（当输入的字符不是"✓"时）。

```
i=0;
scanf("%c",&c[i]);
while(c[i]!='\n')
{
    i++;
    scanf("%c",&c[i]);
}
c[i]='\0';
```

注意，"gets(c);"与"scanf("%s",c);"是有区别的。对于输入的字符串"Computer of China"，scanf 语句只能读入字符串"Computer"，即 scanf 函数以空格符或回车符'\n'作为字符串输入结束标志；而 gets 函数只以回车符'\n'作为字符串输入结束标志。

3. 字符串连接函数 strcat

字符串连接函数 strcat 的调用格式为

```
strcat(字符数组名1,字符数组名2);
```

其功能是将字符数组名 2 中的字符串连接到字符数组名 1 中的字符串后面，形成一个包含这两个字符串的新字符串。连接后的新字符串中的原第一个字符串的后面无'\0'，这个'\0'的位置就是第二个字符串的首字符位置，即第二个字符串中的字符由此位置开始依次向后存放，并且在形成的新字符串后面由系统自动加入一个'\0'。strcat 函数调用后会得到一个函数值，这个函数值就是字符数组名 1 的首地址。

使用 strcat 函数需要注意以下两点。

（1）strcat 函数的第一个参数必须是字符数组名；而第二个参数既可以是字符数组名，也可以是用一对双引号""""引起来的字符串。

（2）由于连接的结果放在字符数组名 1 中，因此字符数组名 1 的长度必须足够长。

【例 4.17】当输入"123✓"时，给出下面程序的输出结果。

```
#include<stdio.h>
#include<string.h>
void main()
{
    char st1[10]="abcde";
```

```
    scanf("%s",st1);
    strcat(st1,"fgh");
    printf("%s\n",st1);
}
```

解：在该程序执行过程中字符数组 st1 的存储变化情况如图 4.8 所示。其中，图 4.8（a）所示为定义字符数组 st1 时其存储情况；图 4.8（b）所示为执行 scanf 语句后字符数组 st1 的存储情况；而图 4.8（c）所示为调用 strcat 函数后字符数组 st1 的存储情况。由图 4.8 可知，最后程序的输出结果是 123fgh。

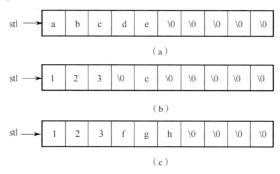

图 4.8　字符数组 st1 的存储变化情况

【例 4.18】用程序实现 strcat 函数的功能。

```
#include<stdio.h>
void main()
{
    char a[40]="I am a teacher!";
    char b[20]="You are a student!";
    int i=0,j=0;
    while(a[i]!='\0')              //找到字符数组 a 中的字符串尾
        i++;
    while(b[j]!='\0')              //实现连接功能
        a[i++]=b[j++];
    a[i]='\0';                     //赋字符串结束标志
    puts(a);                       //输出连接后的字符串
}
```

运行结果：

```
I am a teacher!You are a student!
```

4. 字符串拷贝函数 strcpy

字符串拷贝函数 strcpy 的调用格式为

```
strcpy(字符数组名 1,字符数组名 2);
```

其功能是将字符数组名 2 中的字符串及其后的'\0'一起拷贝到字符数组名 1 中。需要注意的是，第二个参数"字符数组名 2"可以是字符数组名，也可以是用双引号引起来的字符串。此外，字符数组名 1 要能放得下将要拷贝的字符串。

【例 4.19】字符串拷贝函数 strcpy 的应用。

```
#include<stdio.h>
#include<string.h>
void main()
{
```

```
    char s1[20]="Thank you!",s2[]="OK!";
    strcpy(s1,s2);
    puts(s1);
}
```

运行结果：

```
OK!
```

5. 字符串比较函数 strcmp

字符串比较函数 strcmp 的调用格式为

```
strcmp(字符数组名 1,字符数组名 2);
```

其功能是对字符数组名 1 中的字符串 1 和字符数组名 2 中的字符串 2，从左至右逐个对字符的 ASCII 码值进行比较，直到字符不同或遇到'\0'为止。函数 strcmp 的返回值分为 3 种情况：若字符串 1=字符串 2，则返回 0 值；若字符串 1>字符串 2，则返回正值；若字符串 1<字符串 2，则返回负值。

需要注意的是，函数 strcmp 的参数"字符数组名 1"和"字符数组名 2"可以是字符数组名，也可以是用双引号引起来的字符串。

【例 4.20】比较两个字符串的大小。

```
#include<stdio.h>
#include<string.h>
void main()
{
    char s1[]="abc",s2[]="acbe";
    int x;
    x=strcmp(s1,s2);
    if(x==0)
        printf("s1==s2\n");
    else
        if(x>0)
            printf("s1>s2\n");
        else
            printf("s1<s2\n");
}
```

运行结果：

```
s1<s2
```

注意，strcmp 是带返回值的函数，它只能出现在表达式中，而 strcat、strcpy、gets 和 puts 函数是作为语句来使用的。

6. 字符串长度测试函数 strlen

字符串长度测试函数 strlen 的调用格式为

```
strlen(字符数组名);
```

其功能是测出字符串的实际长度（不包含字符串结束标志'\0'），并作为该函数的返回值。注意，strlen 函数的参数"字符数组名"可以是字符数组名，也可以是用双引号引起来的字符串。

【例 4.21】求字符串的长度。

```
#include<stdio.h>
#include<string.h>
void main()
{
```

```
    char s[]="I am a student.";
    int n;
    n=strlen(s);
    printf("The length of the string is:%d\n",n);
}
```

运行结果:

```
The length of the string is:15
```

【例 4.22】用字符数组 a 保存字符串"I am a teacher!"，用字符数组 b 保存字符串"You are a student!"，要求编程实现下述功能。

（1）对数组 a 和数组 b 实现 strcmp 功能。

（2）将数组 b 中的字符串连接到数组 a 中，即实现 strcat 功能。

（3）将连接后的数组 a 拷贝到数组 c 中，即实现 strcpy 功能。

解：编程实现如下。

```
#include<stdio.h>
void main()
{
    char a[40]="I am a teacher!";
    char b[20]="You are a student!";
    char c[40];
    int i=0,j=0,n;
    while(a[i]==b[i])                    //实现 strcmp 功能
    {
        if((a[i]=='\0')||(b[i]=='\0'))
            break;
        i++;
    }
    n=a[i]-b[i];
    if(n==0)
        printf("a=b\n");
    else
        if(n>0)
            printf("a>b\n");
        else
            printf("a<b\n");
    i=0;j=0;
    while(a[i]!='\0')                    //实现 strcat 功能
        i++;
    while(b[j]!='\0')
        a[i++]=b[j++];
    a[i]='\0';
    i=0;
    while(c[i]=a[i++]);                  //实现 strcpy 功能
    printf("Output:\n");
    puts(a);
    puts(b);
    puts(c);
}
```

运行结果:

```
a<b
Output:
```

```
I am a teacher!You are a student!
You are a student!
I am a teacher!You are a student!
```

对上述程序做如下说明。

（1）在实现 strcmp 功能的过程中，while 语句中的表达式"a[i]==b[i]"顺序比较数组 a 和数组 b 中字符串对应的字符，若相等，即满足条件"a[i]==b[i]"，则执行"i++;"后继续判断"a[i]==b[i]"，即比较两个字符串中所对应的下一个字符，直到出现① a[i]不等于 b[i]；② a[i]='\0'、b[i]='\0'或者 a[i]和 b[i]都为'\0'。对于①，若 a[i]-b[i]>0，则数组 a 中的字符串>数组 b 中的字符串；否则结果相反。对于②，若仅 a[i]='\0'，则 a[i]-b[i]<0（因'\0'的值为 0，小于任何其他字符），即数组 a 中的字符串<数组 b 中的字符串；若仅 b[i]='\0'，则结果相反；若 a[i]和 b[i]都为'\0'，则 a[i]-b[i]=0，即两个数组中的字符串一样。

综上所述，判断两个数组中字符串的大小可以在跳出 while 循环后，由 a[i]-b[i]得出。

（2）在实现 strcat 功能的过程中，首先通过执行"while(a[i]!='\0') i++;"语句找到数组 a 中字符串结束标志'\0'的位置，然后通过"while(b[j]!='\0') a[i++]=b[j++];"语句将数组 b 中字符串的字符逐个拷贝到数组 a 中字符串的后面。注意，a[i++]中的下标 i 在开始时指向数组 a 中字符串结束标志'\0'的位置，即由这个位置开始逐个拷贝数组 b 中字符串的字符，而被拷贝的 b[j++]中 j 的初值为 0，即指向数组 b 中字符串的第 1 个字符位置。在拷贝过程中，每拷贝完一个字符，i 值和 j 值就相应增 1（i++和 j++），再继续下一个字符的拷贝，直到 j 指向数组 b 中字符串结束标志'\0'的位置为止，此时就完成了将数组 b 中的字符串全部拷贝到数组 a 中原有字符串之后的工作。

（3）实现 strcpy 功能其实很简单，只需执行"while(c[i]=a[i++]);"这一条语句即可。由于 while 语句的循环体为空，因此拷贝的全部功能由表达式"c[i]=a[i++]"来完成。注意，表达式"c[i]=a[i++]"是一个赋值表达式，它兼具赋值和判断两种功能。而数组 c 和数组 a 中的下标 i 是同一个 i，其初值为 0。因此，"while(c[i]=a[i++]);"的功能如下。

① 先将 a[i]赋给 c[i]。

② 判断此时的 c[i]是否为'\0'（'\0'的值为 0）。

③ 执行 i++，使 i 值增 1。

④ 根据②的判断结果来决定程序的走向，若其不等于'\0'，则执行循环体语句";"，然后转到①；否则结束循环。

开始时先将 a[0]赋给 c[0]并判断此时的 c[0]是否为'\0'，若此时的 c[0]不等于'\0'，则意味着继续执行 while 循环，即先执行"i++"，使 i 值为 1，然后执行循环体语句";"；当 c[0]不等于'\0'时继续循环，即接着执行"c[i]=a[i++]"，先将 a[1]赋给 c[1]，再判断 c[1]是否为'\0'，直到某个时刻 a[i]的值为'\0'为止，并将这个 a[i]的值赋给 c[i]，这时对 c[i]进行判断，因其值为'\0'而结束循环。此外，表达式 c[i++]=a[i]和表达式 c[i]=a[i++]的作用完全一样，因此表达式 c[i]=a[i++]也可以写成 c[i++]=a[i]。

习题 4

1．下面叙述中错误的是_____。

A．对于 double 类型的数组，不可以直接用数组名对数组进行整体输入或输出

B．数组名代表的是数组所占存储区的首地址，其值不可改变

C．在程序执行过程中，当数组元素的下标超出所定义的下标范围时，系统将给出"下标越界"的出错信息

D．可以通过赋初值的方式确定数组元素的个数

2．以下能正确定义一维数组的是_____。

A．int a[5]={0,1,2,3,4,5};　　　　　　　　B．char a[]={0,1,2,3,4,5};

C．char a={'A','B','C'};　　　　　　　　　　D．int a[5]="0123";

3．已知定义语句"char a[]="xyz",b[]={'x','y','z'};"，下面叙述中正确的是_____。

A．数组 a 和数组 b 的长度相同　　　　　　B．数组 a 的长度小于数组 b 的长度

C．数组 a 的长度大于数组 b 的长度　　　　D．A、B、C 选项都不正确

4．若已知定义语句"int m[]={5,4,3,2,1},i=4;"，则下面对 m 数组元素引用错误的是_____。

A．m[--i]　　　　　　B．m[2*2]　　　　　　C．m[m[0]]　　　　　　D．m[m[i]]

5．下面二维数组定义正确的是_____。

A．int a[][3];　　　　　　　　　　　　　　B．int a[][3]={2*3};

C．int a[][3]={};　　　　　　　　　　　　D．int a[2][3]={{1},{2},{3,4}};

6．下面二维数组定义错误的是_____。

A．int x[][3]={{0},{1},{1,2,3}};

B．int x[4][3]={{1,2,3},{1,2,3},{1,2,3},{1,2,3}};

C．int x[4][]={{1,2,3},{1,2,3},{1,2,3},{1,2,3}};

D．int x[][3]={1,2,3,4};

7．若已知定义语句"int a[][3]={{0},{1},{2}};"，则数组元素 a[1][2]的值是_____。

A．0　　　　　　　　B．1　　　　　　　　C．2　　　　　　　　D．不确定

8．已知定义语句"int a[3][6];"，按在内存中的存放顺序，a 数组的第 10 个元素是_____。

A．a[0][4]　　　　　　B．a[1][3]　　　　　　C．a[0][3]　　　　　　D．a[1][4]

9．若已知定义语句"int b;char c[10];"，则下面正确的输入语句是_____。

A．scanf("%d%s",&b,&c);　　　　　　　　B．scanf("%d%s",&b,c);

C．scanf("%d%s",b,c);　　　　　　　　　　D．scanf("%d%s",b,&c);

10．已知以下程序

```
#include<stdio.h>
void main()
{
    char s[]="abcde";
    s+=2;
    printf("%d\n",s[0]);
}
```

运行后的结果是_____。

A．输出字符'a'的 ASCII 码　　　　　　　　B．输出字符'c'的 ASCII 码

C．输出字符'c'　　　　　　　　　　　　　D．程序出错

11．有以下程序

```
#include<stdio.h>
#include<string.h>
void main()
{
```

```
    char p[]={'a','b','c'},q[10]={'a','b','c'};
    printf("%d,%d\n",strlen(p),strlen(q));
}
```

下面叙述中正确的是_____。

　　A．在给数组 p 和数组 q 赋初值时，系统会自动添加字符串结束标志'\0'，故输出长度都为 3

　　B．由于数组 p 中没有字符串结束标志'\0'，因此长度不为 3，但数组 q 中的字符串长度为 3

　　C．由于数组 q 中没有字符串结束标志'\0'，因此长度不为 3，但数组 p 中的字符串长度为 3

　　D．由于数组 p 和数组 q 中都没有字符串结束标志'\0'，因此长度都不为 3

　　12．已知定义语句"char s[10];"，若要给数组 s 输入 5 个字符，则下面不能正确执行的语句是_____。

　　A．gets(&s[0]);　　　　　　　　　　　　B．scanf("%s",s+1);

　　C．gets(s);　　　　　　　　　　　　　　D．scanf("%s",s[1]);

　　13．若已知定义语句"char s[10]="1234567\0\0";"，则 strlen(s)的值是_____。

A．7　　　　　　　　B．8　　　　　　　　C．9　　　　　　　　D．10

　　14．阅读程序，给出程序的运行结果。

```
#include<stdio.h>
void main()
{
    int i,j,t,a[5]={1,2,3,4,5};
    i=0; j=4;
    while(i<j)
    {
        t=a[i];a[i]=a[j];a[j]=t;
        i++;
        j--;
    }
    for(i=0;i<5;i++)
        printf("%d,",a[i]);
    printf("\n");
}
```

　　15．阅读程序，给出程序的运行结果。

```
#include<stdio.h>
void main()
{
    int i,a[12]={1,2,3,4,5,6,7,8,9,10};
    i=9;
    while(i>2)
    {
        a[i+1]=a[i];
        i--;
    }
    for(i=0;i<5;i++)
        printf("%d",a[i]);
    printf("\n");
}
```

　　16．阅读程序，给出程序的运行结果。

```
#include<stdio.h>
```

```
void main()
{
    int i,j,t,a[10]={1,2,3,4,5,6,7,8,9,10};
    for(i=0;i<9;i+=2)
        for(j=i+2;j<10;j+=2)
            if(a[i]<a[j])
            {   t=a[i];a[i]=a[j];a[j]=t;  }
    for(i=0;i<10;i++)
        printf("%3d",a[i]);
    printf("\n");
}
```

17. 下面程序由键盘输入数据到数组中，统计其中正数的个数，并计算它们的和。请填空。

```
#include<stdio.h>
void main()
{
    int i,a[20],sum,count;
    sum=count=0;
    for(i=0;i<20;i++)
        scanf("%d",   (1)   );
    for(i=0;i<20;i++)
    {
        if(a[i]>0)
        {
            count++;
            sum+=   (2)   ;
        }
    }
    printf("sum=%d,count=%d\n",sum,count);
}
```

18. 阅读程序，给出程序的运行结果。

```
#include<stdio.h>
void main()
{
    int i,j,k=0,a[3][3]={1,2,3,4,5,6};
    for(i=0;i<3;i++)
        for(j=i;j<3;j++)
            k+=a[i][j];
    printf("%d\n",k);
}
```

19. 阅读程序，给出程序的运行结果。

```
#include<stdio.h>
void main()
{
    int a[4][4]={{1,2,3,4},{5,6,7,8},{11,12,13,14},{15,16,17,18}};
    int i=0,j=0,s=0;
    while(i++<4)
    {
        if(i==2||i==4)
            continue;
        j=0;
```

```
        do
        {
            s+=a[i][j];
            j++;
        }while(j<4);
    }
    printf("%d\n",s);
}
```

20．阅读程序，给出程序的运行结果。

```
#include<stdio.h>
void main()
{
    int a[4][4]={{1,4,3,2},{8,6,5,7},{3,7,2,5},{4,8,6,1}},i,j,k,t;
    for(i=0;i<4;i++)
        for(j=0;j<3;j++)
            for(k=j+1;k<4;k++)
                if(a[j][i]>a[k][i])
                {t=a[j][i];a[j][i]=a[k][i];a[k][i]=t;}    //按列排序
    for(i=0;i<4;i++)
        printf("%d,",a[i][i]);
    printf("\n");
}
```

21．已知以下程序

```
#include<stdio.h>
void main()
{
    int a[4][4]={{1,2,3,4},{5,6,7,8},{9,10,11,12},{13,14,15,16}},i,j;
    for(i=0;i<4;i++)
    {
        for(j=1;j<=i;j++)
            printf("%4c",' ');
        for(j=_____;j<4;j++)
            printf("%4d",a[i][j]);
        printf("\n");
    }
}
```

若按下面格式输出数组的右上三角：

```
1   2   3   4
    6   7   8
       11  12
           16
```

则在程序中的下画线处应填入_____。

    A．i-1   B．I   C．i+1   D．4-i

22．下面的程序按以下指定的数据给数组 x 的下三角置数，并按给出的输出控制语句输出。请填空。

```
4
3   7
2   6   9
1   5   8  10
```

```
#include<stdio.h>
void main()
{
    int x[4][4],n=0,i,j;
    for(j=0;j<4;j++)
       for(i=3;i>=j;   (1)   )
       {
           n++;
           x[i][j]=   (2)   ;
       }
    for(i=0;i<4;i++)
    {
       for(j=0;j<=i;j++)
           printf("%3d",x[i][j]);
       printf("\n");
    }
}
```

23. 阅读程序，给出程序的运行结果。

```
#include<stdio.h>
#include<string.h>
void main()
{
   int i;
   char s[]="abcdefg";
   for(i=3;i<strlen(s)-1;i++)
       s[i]=s[i+2];
   puts(s);
}
```

24. 已知以下程序

```
#include<stdio.h>
#include<string.h>
void main()
{
   int i,j;
   char t[10],p[5][10]={"abc","aabdfg","abbd","dcdbe","cd"};
   for(i=0;i<4;i++)
       for(j=i+1;j<5;j++)
           if(strcmp(p[i],p[j])>0)
           {
               strcpy(t,p[i]);
               strcpy(p[i],p[j]);
               strcpy(p[j],t);
           }
   printf("%d\n",strlen(p[0]));
}
```

程序运行后的输出结果是_____。

A．2　　　　　　　　B．4　　　　　　　　C．6　　　　　　　　D．3

25．编写程序，在一个存放了升序数据的整型数组中插入若干整数，要求该数组中的数据仍保持升序排列。

26．编写程序，将两个存放升序数据的整型数组仍按升序顺序合并且存放到一个新整型数组中，要求存放必须一次到位，不得在新数组中重新排列。

27．编写程序，将任意一个十进制数转换成二进制数，将每位二进制数顺序存放到数组中并输出。

28．已知循环数列循环放置了 20 个数，如图 4.9 所示，编写程序求相邻 4 个数之和的最大值和最小值。

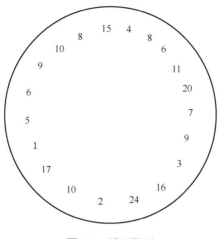

图 4.9　循环数列

29．编写程序，实现输入一个 5×5 的矩阵，将主对角线以外的上三角的每个元素的值加 1，下三角的每个元素的值减 1。

30．编写程序，用二维数组或一维数组实现下面图形的输出。

```
1 1 1 1 1 1 1
1 9 9 9 9 9 1
1 9 5 5 5 9 1
1 9 5 6 5 9 1
1 9 5 5 5 9 1
1 9 9 9 9 9 1
1 1 1 1 1 1 1
```

31．数组元素的排序。输入 n 个整数，然后将它们由小到大进行排序并输出排序后的结果。

32．用程序实现两个字符串 s1 和 s2 的比较，若 s1>s2，则输出一个正数；若 s1=s2，则输出 0；若 s1<s2，则输出一个负数。要求程序中不使用 strcmp 函数，两个字符串用 gets 函数输入。输出的正数或负数的绝对值是相比较的两个字符串中相应字符的 ASCII 码的差值。

第 5 章

函数

5.1 函数的概念及分类

5.1.1 函数的概念

对于一些规模较大且又比较复杂的问题，解决的方法往往是把它们分解成若干比较简单的问题或基本的问题进行求解。这在程序设计中表现为将一个大程序分解为若干相对独立且较为简单的子程序，大程序通过调用这些子程序来完成预定的任务。子程序的引入不仅可以较容易地解决一些复杂问题，更重要的是使程序有了一个层次分明的结构。另外，程序中反复出现的相同程序段也可以采用子程序的形式使其独立出来，以供程序随时调用。子程序结构不仅增强了程序的可读性，而且使一个复杂程序的编写、调试、维护和扩充变得更加方便和容易。

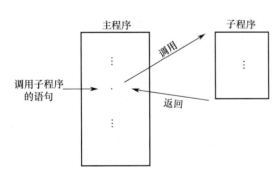

图 5.1　主程序与子程序之间的调用关系

主程序与子程序之间的调用关系如图 5.1 所示。当主程序顺序执行到调用子程序的语句时，就转去执行子程序；当子程序执行结束时，再返回到主程序中调用子程序语句的下一条语句，然后继续向下执行。

在 C 语言中，子程序的作用是由函数来完成的。一个 C 语言程序可由一个主函数（main 函数）和若干其他函数构成。主函数 main 可以调用其他函数，其他函数之间也可以相互调用，同一个函数可以被一个或多个函数调用任意多次。C 语言程序的执行总是从主函数 main 开始，其间可以调用其他函数，但最终还会回到主函数 main 并在其中结束整个程序的运行。

5.1.2 函数的分类

从函数定义的角度看，函数可分为库函数和用户自定义函数两种。

1．库函数

库函数由 C 语言系统直接提供且不必在程序中做类型说明，只需在程序开始处包含该函数原型的头文件即可在程序中直接调用。前面各章例题中反复用到的 printf、scanf、getchar、putchar、gets、puts 和 strcat 等函数均属于此类函数。例如，若要使用数学函数，则需要用"#include<math.h>"将数学头文件包含到程序中；若要使用字符串处理函数，则需要用"#include<string.h>"将字符串处理头文件包含到程序中。

注意，在 C 语言程序中调用库函数时需要分如下两步实现。

第一步：在程序开始处使用 include 命令指出关于库函数的相关定义和说明。而 include 命令必须以"#"开头，系统提供的头文件以".h"作为文件后缀，文件名用一对尖括号"<>"括起来或一对双引号""""引起来。由于以#include 开头的命令行不是 C 语言语句，因此该命令行末尾不加分号";"。

第二步：在程序中需要调用这个库函数的地方调用此库函数，其形式为

```
库函数名(参数表)
```

常见的库函数有以下几种。

（1）输入/输出函数（头文件为 stdio.h）：用于完成输入/输出功能。

（2）字符串处理函数（头文件为 string.h）：用于字符串操作和处理。

（3）数学函数（头文件为 math.h）：用于数学函数计算。

（4）内存管理函数（头文件为 stdlib.h）：用于内存管理。

（5）日期和时间函数（头文件为 time.h）：用于日期和时间的转换操作。

（6）接口函数（头文件为 dos.h）：用于与 DOS、BIOS 和硬件的接口。

常用的 C 语言库函数及其调用方式参见附录 B。

2．用户自定义函数

用户自定义函数是指用户按需要自行定义和编写的函数。虽然 C 语言的标准函数库为用户提供了丰富的函数，但远远不能满足用户实际编程的需要。因此，大量的函数还需要用户自行定义。如何定义一个函数及如何正确调用一个函数是本章讨论的重点。

5.2 函数的定义、调用、声明及函数执行的分析方法

5.2.1 函数的定义

在 C 语言中，所有自定义的函数都必须遵循"先定义后使用"的原则，并且所有的函数（包括主函数 main）定义都是相互平行和独立的，不允许出现嵌套定义。

函数定义的形式为

```
类型标识符 函数名(形式参数表)
{
    函数体
}
```

第一行称为函数首部，其中"类型标识符"定义了函数返回值的类型，"函数名"给出了自定义函数的名字，"形式参数表"给出了调用该函数时所需要的参数个数及参数的类型。需

要注意的是，函数名为有效的标识符，不能与其他变量名、数组名相同。此外，若所定义的函数不需要参数，则形式参数表可以省略，但圆括号"( )"不能省略。

用花括号"{ }"括起来的部分称为函数体，它包括函数的说明部分和执行部分。其中，说明部分对函数内部使用的变量进行定义，即在此定义的变量仅在该函数内部有效；执行部分是函数的主体，它具体描述该函数所实现的功能。

根据实现功能和调用方式的不同，C 语言的函数又分为无返回值函数和有返回值函数两种类型。

1. 无返回值函数

无返回值函数的典型标志是函数返回值的类型为 void，这种函数只完成某种指定的操作，并且调用该函数是通过一个函数调用语句实现的。例如：

```c
#include<stdio.h>
void f(int x)                        //自定义函数 f
{
    printf("%d\n",x);
}
void main()
{
    int a=5;
    f(a);
}
```

在此，自定义函数 f 只完成将主函数 main 传递过来的 a 值（已保存在形参 x 中）进行输出这一项操作，而主函数 main 调用函数 f 是通过一个函数调用语句"f(a);"来实现的。

2. 有返回值函数

有返回值函数的典型标志是函数返回值的类型为 int、char、float 和指针类型（见第 6 章）等，这种函数实现的操作是要获得一个计算的结果值，而这个结果值最终必须通过 return 语句返回给该函数的调用者（调用函数），并且这个返回值的类型是由该函数首部的类型标识符指定的。这种有返回值的函数调用可以出现在表达式中，即可以出现在赋值符号"="的右边或 printf 输出语句中。例如：

```c
#include<stdio.h>
int f(int x)                         //自定义函数 f
{
    return (x*x);
}
void main()
{
    int a=5;
    printf("%d\n",f(a));
}
```

在此，自定义函数 f 将主函数 main 传递过来的 a 值（已保存在形参 x 中）进行平方计算后再通过 return 语句返回给调用者 main 函数。而在主函数 main 中，对函数 f 的调用是以表达式的形式出现在 printf 语句中的。需要注意的是，这类函数在定义时通常要有将函数计算结果带回给调用者的 return 语句，并且通常在表达式中调用这类函数。

在 Pascal 等高级语言中，类似 C 语言中这种只完成既定操作而无返回值的函数称为过程，而将计算结果以值的方式返回给调用者的这种有返回值的函数才称为函数。

5.2.2　函数的调用和返回值

1．函数的调用

在 C 语言中，函数虽然不可以嵌套定义，但是可以嵌套调用，并且允许函数之间相互调用。通常我们把调用者称为主调函数，而把被调用者称为被调函数。函数还可以自己调用自己，被称为递归调用。

在大多数情况下，函数调用时主调函数与被调函数之间存在着数据传递（也称参数传递）。需要说明的是，在定义函数时函数名后面圆括号"()"中的变量为形式参数，简称形参，它将接收主调函数传给它的实际数据；在主调函数的函数体中调用某个被调函数时，被调函数名后面圆括号"()"中的参数是主调函数传给形参的实际数据，被称为实际参数，简称实参。形参本身只具有形式上的意义，仅当给形参赋予调用的实参后才有确切的内容。形参与程序中的变量定义类似，也有值的类型，因此在函数定义时必须指定每个形参的类型。

在函数调用时，参数传递的方式是将主调函数中的实参（可以是常量、变量或表达式）传递给被调函数中的形参，这是一种值的传递。参数传递的原则是形参与实参的排列顺序必须一致，并且类型必须相同或赋值相容，参数的个数也必须相同。

需要注意的是，在定义函数时所指定的形参在未发生函数调用时并不占用内存的存储单元，只有在发生函数调用时，这些形参才被分配内存单元并接收对应实参的值。当函数调用结束时，形参占用的内存单元被系统回收而不再存在。函数内的定义变量（称为局部变量）也是如此。若再次发生函数调用，则重复上述分配和回收过程。

函数调用的过程是当主调函数调用被调函数时，先为被调函数的形参开辟对应的内存单元，然后计算出实参表达式的值并送入对应的形参内存单元中。至此参数传递完成，接下来执行被调函数。在执行被调函数期间，形参与实参之间不再发生联系，形参的任何变化也不影响实参。这种参数传递如同接力比赛中交接接力棒一样，当交接完接力棒后，交棒者和接棒者就再无关联了。当被调函数执行结束时，形参因其内存单元被系统收回而不复存在，故形参仅在函数中有意义。因此，可以把形参看作函数中的局部变量，而将实参传递给形参就相当于给形参赋初值。例如：

```
#include<stdio.h>
int sum(int x,int y)
{
    int z;
    z=x+y;
    return z;
}
void main()
{
    int a=1,b=2,c;
    c=sum(a,b);
    printf("c=%d\n",c);
}
```

在此，主调函数 main 将读入的两个整数 a 和 b 的值分别传递给被调函数 sum 的形参 x 和 y。而 sum 函数实现对 x 和 y 两个数求和的功能，并通过变量 z 将计算结果返回给主调函数

main 中的变量 c。最终通过 printf 函数输出这个 c 值。

2．函数的返回值

函数被调用后，执行函数体中的语句得到所需的计算结果，并将这个结果值通过 return 语句返回给主调函数，这个结果值就是函数的返回值。在定义具有返回值的函数时，必须先定义函数的类型。函数的类型决定了函数返回值的类型，这里需要注意以下两点。

（1）函数返回值的类型和函数的类型应保持一致。若两者不一致，则以函数定义时的函数类型为准，将函数返回值的类型自动转换为函数定义时给定的类型。

（2）函数返回值通常由 return 语句返回给主调函数。return 语句的功能是计算表达式的值并返回给主调函数。若执行 return 语句，则结束被调函数的执行并将返回值（如果有）返回给主调函数。在一个函数中可以有多个 return 语句，但每次函数调用只能有一个 return 语句被执行（执行该 return 语句后立即返回到主调函数中，故其余 return 语句并未执行），所以一个函数只能返回一个函数值。

return 语句的格式有以下 3 种。

```
（1）return 表达式;
（2）return(表达式);
（3）return;
```

其中，（1）和（2）两种格式的功能是一样的，它们都能实现以下 3 种功能。

① 将返回值返回给主调函数。

② 终止被调函数的执行。

③ 返回到主调函数中。

格式（3）与格式（1）和（2）的差别在于其无返回值返回给主调函数。注意，在 VC++ 6.0 中，若有返回值函数，则使用格式（1）和（2），而无返回值（以 void 开头）函数通常不使用 return 语句，若使用，则也只能使用格式（3）。例如：

```c
#include<stdio.h>
int max(int x,int y)
{
    if(x>y)
        return x;
    else
        return y;
}
void main()
{
    int a=5,b=6,c;
    c=max(a,b);
    printf("%d\n",c);
}
```

因此，定义为 void 类型的函数最好不使用 return 语句，这是因为这类函数只完成指定的操作而无返回值。

5.2.3 函数执行的分析方法

为了能够形式化地描述函数调用执行的全部过程，我们采用动态图的方法来对程序的执行进行描述，即记录主调函数和被调函数的调用、运行、撤销各个阶段的状态，以及程序运行期间所有变量和函数形参的变化过程。动态图规则如下。

（1）动态图纵向描述主函数和其他函数各层之间的调用关系，横向由左至右按执行的时间顺序记录主函数和其他函数中各变量及形参值的变化情况。

（2）将函数的形参均看成带初值的局部变量。其后，形参就作为局部变量参与函数中的操作。

（3）主函数和其他函数按运行中的调用关系自上而下分层，各层说明的变量（包括形参）都依次列于该层第一列，各变量值的变化情况按时间顺序记录在与该变量对应的同一行上。

【例5.1】用动态图分析下面程序的执行过程。

```c
#include<stdio.h>
int max(int x,int y)
{
    int z;
    z=x>y?x:y;
    return (z);
}
void main()
{
    int a=5,b=6,c;
    c=max(a,b);
    printf("%d\n",c);
}
```

运行结果：

```
6
```

解：max函数的形参为x和y，在函数调用时，y和x分别接收了实参b和实参a的值6和5。注意，在VC++ 6.0中，参数传递是由右向左进行的。此外，max函数还定义了一个局部变量z来保存x和y值中较大的那个值，最终将这个z值返回给主调函数main。图5.2所示为整个程序执行的动态图，其中包括max函数因调用而创建、运行及运行结束后撤销的全过程。由动态图可知，该程序的输出结果为6。

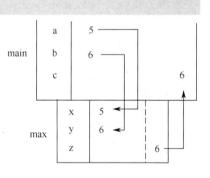

图5.2 整个程序执行的动态图

【例5.2】用动态图分析下面程序的执行过程。

```c
#include<stdio.h>
int add(int x,int y)
{
    int z;
    z=x+y;
    return (z);
}
void main()
{
    int i=1,sum;
    sum=add(i,++i);
    printf("%d\n",sum);
}
```

运行结果：

4

解：主调函数 main 调用被调函数 add 的实参依次为 i 和++i，根据参数传递由右向左的原则，先执行++i，即 i 值变为 2 后传递给形参 y，再将 i 值（已为 2）传给 x。图 5.3（a）所示的动态图描述了整个程序的执行情况，因此最终的输出结果是 4，而不是 3，程序上机运行的结果也验证了这个结果。

若调用函数的语句改为"sum=add(++i,i);"，则最终输出结果是 3，而不是 4，这也证实了参数传递是由右向左进行的。程序执行的动态图如图 5.3（b）所示。

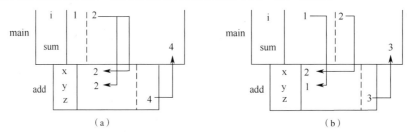

图 5.3 程序执行和函数调用的动态图

5.2.4 函数的声明

若被调函数定义在主调函数之前，则满足"先定义后使用"的原则，主调函数可在函数体内直接调用被调函数；若被调函数定义在主调函数之后，则主调函数在函数体内直接调用被调函数，就成了"先使用后定义"，即违背了"先定义后使用"的原则。在有些情况下，如当两个函数相互调用时，必然有一个函数调用会出现"先使用后定义"的情况。为了解决这种矛盾，即当被调函数定义在主调函数之后时，必须在程序中对该被调函数予以声明。声明的方法是将后定义的被调函数的函数首部（该函数定义的第一行）加上一个分号";"，并且将其放在主调函数之前或主调函数中的说明部分。这样，当在主调函数中使用被调函数时，由于其前面已经有了该函数的声明，因此认为已经定义了被调函数，即满足了"先定义后使用"的原则。

【例 5.3】分析下面程序中两个数交换的执行过程。

```c
#include<stdio.h>
void swap(int a,int b);              //自定义函数 swap 的声明语句
void main()
{
    int x=8,y=10;
    printf("x=%d\ty=%d\n",x,y);
    swap(x,y);
    printf("Swapped:\n");
    printf("x=%d\ty=%d\n",x,y);
}
void swap(int a,int b)
{
    int temp;
    temp=a;
    a=b;
    b=temp;
}
```

运行结果：

```
x=8      y=10
Swapped:
x=8      y=10
```

解：在本例中，由于被调函数 swap 定义在主调函数之后，因此在主调函数 main 调用被调函数 swap 的调用语句"swap(x,y);"之前必须对函数 swap 进行声明。在程序中，这个声明语句位于主调函数 main 之前（也可放在主调函数 main 中的"swap(x,y);"语句之前的任意位置）。此外，由图 5.4 可以看出，参数传递是一种单向传递，即由实参传给形参。而执行被调函数所引起形参值的任何变化都不会影响实参，故当执行完函数 swap 后返回到主函数 main 中时，其 x 值和 y 值均没有发生改变。

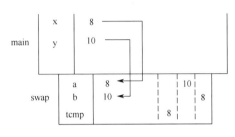

图 5.4　例 5.3 的程序执行动态图

由例 5.3 可以看出，函数的声明与函数定义中的函数首部只差一个分号";"，因此简单地照抄已定义的函数首部，再加上一个分号";"就形成了该函数的声明语句。此外，也可以省略函数首部中的形参名，仅保留形参的类型，如例 5.3 中函数 swap 的声明可写为

```
void swap(int,int);
```

5.3　变量的作用域

当程序中存在两个以上的函数时，就会出现变量的作用域问题。变量的作用域是指变量在程序中可以被使用的范围。在 C 语言中，根据变量的作用域不同可以将变量分为局部变量与全局变量。变量说明的位置不同，其作用域也不同。

5.3.1　局部变量与全局变量

在函数内部定义的变量或者在复合语句内部定义的变量，称为局部变量。它只在该函数范围内或该复合语句内有效，离开这个范围变量就无效了。

由于函数中的形参只在该函数内有效，离开该函数就没有意义了，因此也可以将形参看成接收了实参初值的局部变量（局限于该函数内）。

全局变量是指在程序中任何函数之外定义的变量，这种变量的使用不局限于某一个函数内，而是从定义处开始位于其后的函数都可使用，即由定义处开始至程序结束都有效（满足"先定义后使用"的原则）。若在函数内有与全局变量同名的局部变量存在，那么究竟哪个变量起作用呢？我们将全局变量和局部变量的适用范围归纳如下。

（1）若全局变量与局部变量不同名，则全局变量适用于由定义处开始至程序结束这段程序范围，而函数说明的变量及形参仅局限于在该函数内使用。

（2）若全局变量与局部变量同名，则在说明该局部变量的函数之外，同名的全局变量起作用（当然应属于从全局变量定义处开始至程序结束这个范围），而同名的局部变量不存在；在函数内，同名的局部变量起作用，而同名的全局变量暂时不起作用。

注意，C 语言中规定主函数 main 与其他函数的地位是相同的，它们是相互平行的。在主函数中定义的变量只能在主函数中使用，而不能在其他函数中使用。同样，主函数也不能使用在其他函数中定义的变量。

在程序中定义全局变量的目的是增加函数间数据传递的通道及实现数据共享。

（1）若在程序的开始处定义了全局变量，则这个程序中的所有函数都能引用全局变量的值，即若在一个函数中改变了全局变量的值，则其他函数就可以访问这个改变了值的全局变量，这样相当于多了一个数据传递的通道。

（2）由于函数的调用只能有一个返回值，因此在需要两个以上的返回值时就可以使用全局变量。

【例 5.4】通过函数实现求两个数中的最大值。

```c
#include<stdio.h>
int a=5,b=8;
int max(int a,int b)
{
    .
    if(a>b)
        return a;
    else
        return b;
}
void main()
{
    int a=12;
    printf("max=%d\n",max(a,b));
}
```

运行结果：

```
max=12
```

解：在本例中定义了两个全局变量 a 和 b，其作用范围为整个程序。而 max 函数定义了两个形参变量 a 和 b，其作用范围为 max 函数内。可以看到，在 max 函数和 main 函数中分别定义了一个局部变量 a，而这两个局部变量 a 处于不同的函数内，相互之间没有影响。但全局变量 a 在 max 函数和 main 函数中被其各自定义的同名局部变量 a 屏蔽了。此外，由于在 max 函数中定义了局部变量 b，而在 main 函数中除局部变量 a 外，没有再定义其他任何局部变量，因此全局变量 b 在 main 函数中有效，而在 max 函数中无效。

5.3.2 函数的副作用

全局变量在程序的整个执行过程中都占用内存单元，造成了内存资源的浪费。此外，全局变量还降低了函数的通用性和可靠性，容易产生错误。因此，应尽量避免使用全局变量。下面我们通过一个例子来理解在函数中使用全局变量时所产生的函数副作用。

【例 5.5】全局变量对函数的影响。

```c
(1) #include<stdio.h>          (2) #include<stdio.h>
    int p;                         int p;
    int f()                       int f()
    {                             {
        p=0;                          p=0;
        return(0);                    return(0);
```

```
}void main()                              }void main()
{                                         {
    p=1;                                     p=1;
    if(p||f())                               if(f()||p)
        printf("True!\n");                       printf("True!\n");
    else                                     else
        printf("False!\n");                      printf("False!\n");
}                                         }
```

解：在本例中，程序（1）和程序（2）除 if 语句中的逻辑表达式"p||f()"与"f()||p"的书写顺序不同外，其余均相同。而从数学上讲，这两种书写顺序是完全等价的。但是，由于全局变量 p 的作用，执行程序（1）时输出"True!"，而执行程序（2）时输出"False!"，造成了概念上的混乱，这就是使用全局变量不慎带来的函数副作用。

5.4 函数的嵌套调用与递归调用

5.4.1 函数的嵌套调用

在 C 语言中，函数的定义不允许嵌套。也就是说，在定义函数时，一个函数定义内（函数体内）不能再出现另一个函数的定义，即不能形成函数的嵌套定义。但是，函数的调用可以嵌套，即在主调函数调用被调函数的过程中，这个被调函数又可以去调用其他函数，进而形成函数的嵌套调用。

【例 5.6】验证哥德巴赫猜想：一个大于或等于 6 的偶数可以表示为两个素数之和。例如：
6=3+3，8=3+5，10=3+7 …

解：题目要求将一个大于或等于 6 的偶数 n 分解为 n1 和 n2 两个素数，使得 n=n1+n2。这里采用穷举法来考虑 n1 和 n2 的所有组合情况，若发现 n1 和 n2 均为素数，则验证成功。我们用函数 prime 来判断一个数（保存在形参中）是否为素数，若其为素数，则返回 1，否则返回 0；而用函数 div 将给定的偶数（保存在形参中）分解为两个素数。设计的程序如下。

```
#include<stdio.h>
int prime(int n)
{
    int i,flag=1;
    for(i=2;i<n/2;i++)
        if(n%i==0)
        {
            flag=0;
            break;
        }
    return (flag);
}
void div(int n)
{
    int n1,n2;
    for(n1=3;n1<n/2;n1++)
    {
        n2=n-n1;
        if(prime(n1)&&prime(n2))
```

```
        printf("%d=%d+%d\n",n,n1,n2);
    }
}
void main()
{
    int n;
    do
    {
        printf("input n(>=6):");
        scanf("%d",&n);
    }while(!(n>=6&&n%2==0));
    div(n);
}
```

运行结果:

```
input n(>=6):10↙
10=3+7
```

程序的执行过程及函数的嵌套调用如图 5.5 所示。

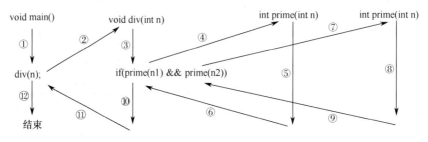

图 5.5　程序的执行过程及函数的嵌套调用

5.4.2　函数的递归调用

　　函数在其函数体内直接或间接地调用其自身,称为函数的递归调用,这种函数称为递归函数。在递归调用中,主调函数和被调函数是同一个函数。下面通过一个例子来说明函数递归调用的特点。

　　【例 5.7】用动态图分析递归函数的执行过程。

```
#include<stdio.h>
void out1()
{
    char ch;
    scanf("%c",&ch);
    if(ch!='\n')
    {
        out1();
        printf("%c",ch);
    }
}
void main()
{
    out1();
    printf("\n");
}
```

输入：	abc✓
输出：	cba✓

解：程序的执行过程及函数的递归调用如图 5.6 所示。由图 5.6 可以看出，（1）、（2）、（3）、（4）为程序中 outl 函数的 4 次递归调用。

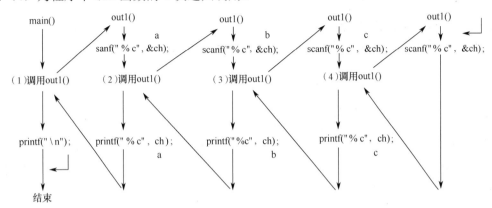

图 5.6　程序的执行过程及函数的递归调用

同样，我们也可以用动态图来描述程序的执行过程及函数的递归调用（见图 5.7）。

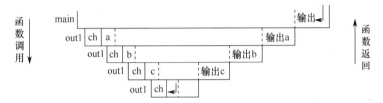

图 5.7　用动态图描述程序的执行过程及函数的递归调用

由图 5.6 可以看出，outl 函数的执行代码只有一组，outl 函数的递归过程就是多次调用这组代码。由于第（4）次调用 outl 函数时输入的字符是回车符"✓"，它使 outl 函数体中 if 语句的条件"ch!='\n'"为假，因此第（4）次调用 outl 函数不执行任何操作而结束并返回到主调函数（上一层调用它的 outl 函数）中。

由图 5.7 所示的动态图可知，每次调用 outl 函数就进入新一层的 outl 函数，并且每层 outl 函数都重新定义了局部变量 ch，且上一层的 ch 和下一层的 ch 不是同一个变量。在哪一层执行，则哪一层的变量 ch 起作用。当返回到上一层时，下一层的变量 ch 就不再存在（该层存储空间被系统收回）。

递归函数的调用可以引起自身的进一步调用。在产生进一步调用时，主调函数并不释放自己的工作空间（该函数定义的变量仍然存在），而是为进一步需要调用的函数（可以是主调函数自身）开辟新的工作空间，这在动态图上表现为又产生了一个新的函数层并在其上建立新的变量（如 ch 等）。只有当最后一次调用的函数运行结束时，才撤销最后一次函数调用时所建立的工作空间，然后返回到它的调用者——上一层函数的工作环境中继续执行。这样，每当一次函数调用结束时，就回收其对应的工作空间，然后返回到它的主调函数（上一层函数）处继续执行。这种建立与撤销的关系就如同先进后出的栈一样。反映到本题中的程序中，就是 outl 函数第（4）次调用最先结束，而第（1）次调用最后结束（见图 5.6）。因此，程序的输出结果正好与读入的字符顺序 abc 相反，即 cba。

注意，若将 outl 函数中的调用语句"outl();"与输出语句"printf("%c",ch);"对调位置，则程序的输出结果正好与读入的字符顺序相同，读者可用动态图方法自行分析。

【例 5.8】用递归方法计算 n!。

解：递归类似于递推，在遇到终止条件之前重复执行对对象的操作。但递归与递推不同的是，递归通过操作对象自身来最终形成终止条件。

用递推法求解 n 的阶乘基于如下公式：

$$n!=1\times2\times3\times\cdots\times n$$

实现的程序如下。

```
#include<stdio.h>
void main()
{
    int i,n,s=1;
    scanf("%d",&n);
    if(n>0)
    {
        for(i=1;i<=n;i++)
            s=s*i;
        printf("n!=%d\n",s);
    }
    else
        printf("Error!\n");
}
```

运行结果：

```
5√
n!=120
```

其中，递推操作是通过 for 语句的循环实现的。

用递归法求解 n 的阶乘基于如下公式：

$$n!=\begin{cases}1, & n=0\\ n\times(n-1)!, & n>0\end{cases}$$

实现的程序如下。

```
#include<stdio.h>
int fac(int n)
{
    int f;
    if(n==0)
        f=1;
    else
        f=n*fac(n-1);
    return f;
}
void main()
{
    int n;
    scanf("%d",&n);
    if(n<0)
        printf("Error!\n");
    else
        printf("%d!=%d\n",n,fac(n));
}
```

递归函数 fac 使用了一个局部变量 f，并通过该局部变量暂存并返回函数的计算结果。我们也可以去掉局部变量 f 而直接使用 return 语句返回函数的计算结果，此时递归函数 fac 的设计如下。

```c
int fac(int n)
{
    if(n==0)
        return 1;
    else
        return n*fac(n-1);
}
```

虽然采用递归方法得到的程序结构简单，但执行递归函数的效率较低且需要更多的存储空间。通常在一个问题蕴含着递归关系且非递归解法又比较复杂的情况下，才会采用递归方法，这样可以使程序简捷、精炼，增加可读性。

分析上面的递归程序及后面将要介绍的数字金字塔图形、汉诺塔问题等递归程序可以发现，递归函数的函数体部分通常仅由一条 if 语句组成。递归函数正是通过 if 语句来判断是否继续进行递归的，若没有 if 语句，则递归执行的过程将永远无法终止。若把上面的递归函数定义改为

```c
int fac(int n)
{
    int f;
    f=n*fac(n-1);
    return f;
}
```

则此函数虽然仍是一个递归函数，但因为没有终止条件而将无限递归下去。

构造递归函数除要使用 if 语句外，还需考虑在该 if 语句中最终能结束递归的方法。方法一是在递归调用的过程中，逐渐向形成结束递归的条件发展，最终结束递归。例如，例 5.8 中的递归函数 fac 中的 "f=n*fac(n-1);" 语句，就是使 n 值不断递减，最终当 n 值为 0 时终止递归。方法二是通过一个特殊的判断条件来终止递归，如例 5.7 中对字符型变量 ch 的判断 "ch!='\n'"，即当输入的字符为回车符 "↙" 时，终止递归。

最后介绍一下间接递归。在 C 语言中，后定义的函数可在其函数体内调用在它前面定义的函数，这就是"先定义后使用"原则。但是若有两个函数为了完成各自的操作需要相互调用对方又该怎么办呢？此时无论把哪一个函数放在前面定义都无法做到先定义后使用，这种相互调用的情况称为间接递归。为了实现间接递归，后定义的函数必须在先定义的函数前进行声明。这样，先定义的函数在调用后定义的函数时，由于后定义的函数已在先定义的函数前进行了声明，就如同在先定义的函数之前已经进行了定义一样，因此这种调用仍然满足"先定义后使用"的原则。

【例 5.9】计算 $n!$ 的函数定义如下，请指出该函数定义中的错误。

```c
int fac(int n)
{
    if(n>0)
        fac=fac(n-1)*n;
    return fac;
}
```

解：该函数定义出错的情况如下。

（1）不带参数的函数名（如 fac）仅是一个名字，本身并不是变量，因此不能当作变量来

使用，即它不能独立地出现在函数体中的任何地方。因此，fac 出现在赋值符号"="左边及作为 return 语句的返回值都是错误的。

（2）我们知道，在数学中计算阶乘，当 n 等于 0 时，$n!$ 等于 1，即相当于要求函数 fac(0) 等于 1。但是，条件语句 if 只考虑了 $n>0$ 的情况，若 n 等于 0，则 if 语句相当于一个空语句，那么当递归调用到 fac(0) 时，其值是什么我们将无从得知。

此外还要注意的是，在函数体内，函数名带参数（如 fac(n−1)）出现在表达式中意味着一次函数调用，它会返回一个结果值。但是它不允许出现在赋值符号"="的左边，因为赋值符号"="的左边只能是变量，而不能是值。正确的函数 fac 定义见例 5.8。

【例 5.10】分析下面程序的输出结果。

```c
#include<stdio.h>
int abc(int u,int v)
{
    int w;
    while(v)
    {
        w=u%v;
        u=v;
        v=w;
    }
    return u;
}
void main()
{
    int a=24,b=16,c;
    c=abc(a,b);
    printf("%d\n",c);
}
```

解：程序执行的动态图如图 5.8 所示。

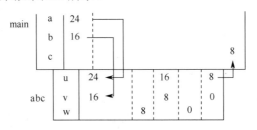

图 5.8　程序执行的动态图

由动态图可以看出，该程序的输出结果为 8。

【例 5.11】用递归函数求 Fibonacci 数列。

解：Fibonacci 数列的递归公式如下。

$$\begin{cases} F_1 = 1, & n = 1 \\ F_2 = 1, & n = 2 \\ F_n = F_{n-1} + F_{n-2}, & n \geqslant 3 \end{cases}$$

因此，Fibonacci 数列适合用递归函数求解。我们用函数 fib 求 F_i 的值，用主函数实现调用函数 fib 求出每个 F_i（$i=1, 2, \cdots, n$）的值，并且一边计算一边输出。编写的程序如下。

```c
#include<stdio.h>
```

```
int fib(int n)
{
    if(n==1||n==2)
        return 1;
    else
        return fib(n-1)+fib(n-2);
}
void main()
{
    int i,n;
    printf("Input Fibonacci's number:");
    scanf("%d",&n);
    for(i=1;i<=n;i++)
    {
        printf("%6d", fib(i));
        if(i%5==0)
            printf("\n");
    }
    printf("\n");
}
```

运行结果：

```
Input Fibonacci's number:20↙
    1    1    2    3    5
    8   13   21   34   55
   89  144  233  377  610
  987 1597 2584 4181 6765
```

由函数 fib 的定义可以看出，函数体完全是递归公式的 C 语言描述。因此，如果知道了递归公式，那么再设计递归函数会容易得多。

【例 5.12】利用递归函数输出如下所示的数字金字塔图形。

```
            1
           1 2 1
          1 2 3 2 1
         1 2 3 4 3 2 1
        1 2 3 4 5 4 3 2 1
       1 2 3 4 5 6 5 4 3 2 1
      1 2 3 4 5 6 7 6 5 4 3 2 1
     1 2 3 4 5 6 7 8 7 6 5 4 3 2 1
    1 2 3 4 5 6 7 8 9 8 7 6 5 4 3 2 1
```

解：在第 3 章中我们采用了两层循环来实现数字金字塔图形的输出。这里我们通过递归函数来完成数字金字塔图形的输出。

（1）由于数字金字塔图形左右对称，因此每行上的数字输出由递归函数完成。

（2）每行第 1 个数字的输出位置应顺序前移（左移）1 个字符位置，故设 i 为循环控制变量来控制输出数字的个数。此外，每行数字输出的起始位置由 10–i 来确定。

程序设计如下。

```
#include<stdio.h>
void generate(int m,int n)
{
```

```
    if(m==n)
        printf("%2d",m);
    else
    {
        printf("%2d",m);
        generate(m+1,n);
        printf("%2d",m);
    }
}
void main()
{
    int i,j;
    for(i=1;i<=9;i++)
    {
        for(j=1;j<=10-i;j++)
            printf("  ");                    //输出 2 个空格
        generate(1,i);
        printf("\n");
    }
}
```

函数 generate 的函数体中存在这样的语句：

```
printf("%2d",m);
generate(m+1,n);
printf("%2d",m);
```

因为这些语句是对称的，所以输出是对称的。主函数 main 每执行一次"generate(1,i);"
语句，就输出一行左右对称的数字序列，其后又执行"printf("\n");"语句，即换一行，这两个
语句合起来就输出一行左右对称的数字序列，然后按回车键并换到下一行。由 for 语句中循环
控制变量 i 的变化范围可知，一共要输出 9 行数字序列；而内层 for 循环由 j 来控制每行在输
出第 1 个数字之前应输出多少个空格，进而使输出的整个数字图形为三角形。

【例 5.13】输入年、月、日，求这一天是该年的第几天。要求用一个自定义函数完成对闰
年的判断，用另一个自定义函数求指定月份的天数，而用主函数完成这一天是该年第几天的
计算。

解：在例 4.12 中，我们用数组求某年某月某日是该年的第几天。这里我们只用变量实现，
并且用自定义函数 leapyear 和 month_days 分别实现对闰年的判断和求指定月份的天数，用
main 函数调用 month_days 函数求出指定月份 month 之前的每个月的天数并进行累加，而
month 这个月的天数 day 在累加之前就赋给 days 了。程序设计如下。

```
#include<stdio.h>
int leapyear(int year)
{
    if((year%4==0&&year%100!=0)||year%400==0)
        return 1;
    else
        return 0;
}
int month_days(int year,int month)
{
    if(month==4||month==6||month==9||month==11)
        return 30;
    else
```

```
            if(month==2)
                if(leapyear(year))
                    return 29;
                else
                    return 28;
            else
                return 31;
}
void main()
{
    int i,days,year,month,day;
    printf("Input year,month,day:\n");
    scanf("%d,%d,%d",&year,&month,&day);
    days=day;
    for(i=1;i<month;i++)
        days=days+month_days(year,i);
    printf("Days of %d-%d-%d is: %d\n",year,month,day,days);
}
```

*5.5 递归转化为非递归研究

5.5.1 汉诺塔问题递归解法

汉诺塔（Tower of Hanoi）问题的描述：有 A、B、C 3 根柱子和 n 个大小都不一样且能套进柱子的圆盘（编号由小到大依次为 $1,2,\cdots,n$），这 n 个圆盘已按由大到小的顺序套在 A 柱上（见图 5.9）。要求将这些圆盘按如下规则从 A 柱移到 C 柱上。

（1）每次只允许移动柱子最上面的一个圆盘。

（2）任何圆盘都不得放在比它小的圆盘上。

（3）圆盘只能在 A、B、C 3 根柱子上放置。

若只有 2 个圆盘，则移动就非常简单；若有 3 个圆盘，则可采用移动 2 个圆盘的方法，即先将上面的 2 个圆盘移到 B 柱上，然后把 A 柱上剩下的最大的圆盘移到 C 柱上，此后可采用移动 2 个圆盘的方法将已经放置在 B 柱上的 2 个较小的圆盘移到 C 柱上。由此我们得到这样一个思

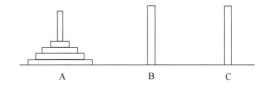

图 5.9 汉诺塔问题示意图

路：对 3 个圆盘的移动可以先将上面的 2 个圆盘看成一个整体，它与下面的最大的圆盘构成了 2 个圆盘的移动，这 2 个圆盘的移动次序很容易确定；然后我们考虑如何移动作为一个整体的上面的 2 个圆盘，这又是非常简单的移动；最后将分解的这两部分移动步骤合并起来，就完成了 3 个圆盘的移动。

当有 n 个圆盘时，按照上面的思路，可将下面最大的圆盘与上面的 $n-1$ 个圆盘当成 2 个圆盘的移动来处理，然后将上面的 $n-1$ 个圆盘继续分解为第 $n-1$ 个圆盘与其上面的 $n-2$ 个圆盘的移动，以此类推，直至最上面 2 个圆盘的移动（可以看出具有明显的递归特点）。待这些移动步骤确定之后，就可由最上面的圆盘开始进行移动，直至最下面的第 n 个圆盘，即由分

解从圆盘 n 到圆盘 1 的移动过程倒推出从圆盘 1 到圆盘 n 的移动，这种移动方法具有栈（先进后出）的特点，这样递归实现就特别方便。圆盘的移动可归纳为以下 3 个步骤。

（1）从 A 柱上将上面的 $1 \sim n-1$ 号圆盘移到 B 柱上，C 柱作为辅助柱协同移动。

（2）将 A 柱上剩余的第 n 号圆盘移到 C 柱上。

（3）将 B 柱上的 $1 \sim n-1$ 号圆盘移到 C 柱上，A 柱作为辅助柱协同移动。

对 $n-1 \sim 1$ 号圆盘的处理方法同上，因此可以递归实现。从上述 3 个步骤可以看出，（2）只需一步即可完成；而（1）和（3）处理类似，仅仅是移动的柱子不同。因此，实现移动的递归函数 move 应包含以下 3 步。

（1）执行 move(n-1, A, C, B)。

（2）移动 A 柱上的第 n 号圆盘至 C 柱上。

（3）执行 move(n-1, B, A, C)。

3 个圆盘的移动过程如图 5.10 所示。

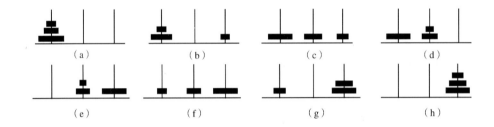

图 5.10　3 个圆盘的移动过程

汉诺塔问题递归程序如下。

```c
#include<stdio.h>
void move(int n,char a,char b,char c)
{
    if(n>0)
    {
        move(n-1,a,c,b);
        printf("%c(%d)->%c\n",a,n,c);
        move(n-1,b,a,c);
    }
}
void main()
{
    int n;
    char a='A',b='B',c='C';
    printf("Input a number of disk:");
    scanf("%d",&n);
    move(n,a,b,c);
}
```

运行结果：

```
Input a number of disk:3√
A(1)->C
A(2)->B
C(1)->B
A(3)->C
```

```
B(1)->A
B(2)->C
A(1)->C
```

3 个圆盘移动过程的动态图如图 5.11 所示。为了简单起见，仅在动态图左边列出各层调用的变量名，右边各层调用的变量名顺序与左边所列变量相同，因而不再标出，各层调用 move 函数的移动输出情况（如果有）也省略圆盘号后写在了动态图上。

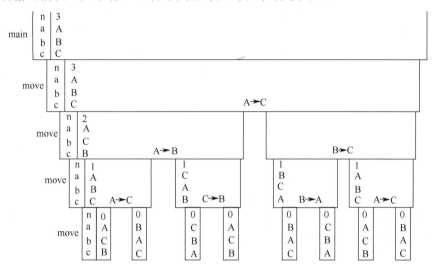

图 5.11　3 个圆盘移动过程的动态图

通过动态图可以看出，当需要将最大的 3 号圆盘（n=3）由 A 柱上移到 C 柱上（A→C）时，必须先使 2 号圆盘（n=2）由 A 柱移到 B 柱上（A→B），这时又要求先将最小的 1 号圆盘（n=1）由 A 柱移到 C 柱上（A→C），才可以进行上面两个步骤，待 2 号圆盘移到 B 柱上后才能把最大的 3 号圆盘移到 C 柱上。图 5.11 自上而下地描述了这种移动过程，移动的顺序由左至右以输出形式（略去盘号）标识在动态图上。将动态图与程序运行的结果对照，两者完全相同。

由动态图我们还可看出，当函数 move 递归调用 n 等于 1 时，执行函数 move 中的第 1 个函数调用语句"move(n−1,a,c,b);"将使 n−1 等于 0。这样，当再次调用"move(0,a,b,c);"时不执行任何操作就结束。接下来在 n 等于 1 的情况下，执行调用语句"move(n−1,a,c,b);"之后的 printf 语句来输出圆盘的移动情况。从动态图上可以看出，每当函数 move 调用出现 n 等于 0 的情况时，就返回到上一层（n 等于 1 这一层）并输出此时 a 值到 c 值的指向（最后一次 n 等于 0 的情况是返回到主函数 main 中，故不再输出），然后接着执行位于 printf 语句之后的第 2 个"move(n−1,a,c,b);"语句。

由动态图我们可归纳出，第 i 层输出前的下一层属于第 1 个 move 语句的调用，其特点是上、下层的 b 和 c 交换参数而 a 保持不变；第 i 层输出后的下一层属于第 2 个 move 语句的调用，其特点是上、下层的 a 和 b 交换参数而 c 保持不变。这些特点在构造汉诺塔非递归程序时作用很大。

通过汉诺塔递归程序的分析可以得出构造递归函数的一般方法：若圆盘数量小于 n−1 能够实现，则在此基础上再考虑数量为 n 时的算法。例如，汉诺塔递归程序就是先将 n−1 个圆盘看成一个整体（假定可解），然后在此基础上考虑第 n 个圆盘的移动。这种构造方法与数学中的归纳法相似：在用数学归纳法证明性质 p_n 对于一般的 n≥1 都成立时，首先证明当 n=1

时 p_1 成立，然后证明当 $n>1$ 时，若 p_{n-1} 成立，则 p_n 成立。

5.5.2 汉诺塔问题非递归解法

分析图 5.11 的动态图可知，圆盘的移动输出是在两种情况下进行的，其一是当递归到 n 等于 1 时进行输出；其二是返回到上一层函数调用（返回到 main 函数中除外）且当 n≥1 时进行输出。因此，我们可以使用一个 stack 数组来实现汉诺塔问题的非递归解法，具体步骤如下。

（1）将初值 n、'A'、'B'、'C'分别赋给 stack[1]中的成员 stack[1].id、stack[1].x、stack[1].y、stack[1].z（含义与递归解法中的参数 n、a、b、c 相同）。

（2）使 n 减 1（n 值保存在 id 中）并在交换 y 和 z 的值后将 n、x、y、z 的值赋给 stack 数组元素对应的成员，这个过程持续到 n 等于 1 时结束（它相当于递归解法中 move 函数中的第 1 个 move 调用语句内的参数交换）。

（3）当 n 等于 1 时，输出 x 值指向 z 值（相当于执行递归函数 move 中的 printf 语句）。

（4）回退到 stack 的前一个数组元素处，若此时这个数组元素的下标值 i≥1，则输出 x 值指向 z 值（相当于图 5.11 的动态图返回到上一层时的输出）；若 i≤0，则程序结束。

（5）使 n 减 1，若 n≥1，则交换 x 和 y 的值（它相当于递归解法中 move 函数中的第 2 个 move 调用语句内的参数交换）。并且：

① 若此时 n 等于 1，则输出 x 值指向 z 值并继续回退到 stack 的前一个数组元素处；若 i≥1，则输出 x 值指向 z 值[与（4）的操作相同]。

② 若此时 n>1，则转（2）处继续执行（相当于递归解法中 move 函数中的第 2 个 move 调用语句继续调用的情况）。

由图 5.11 还可以看出 n 等于 0 时的操作是多余的，因此在非递归程序中省略了 n 等于 0 时的操作，即只执行到 n 等于 1。汉诺塔问题非递归程序如下。

```
#include<stdio.h>
struct hanoi
{
    int id;
    char x,y,z;
}stack[30];
void main()
{
    int i=1,n;
    char ch;
    printf("Input number of diskes:\n");
    scanf("%d",&n);
    if(n==1)                              //当只有 1 个圆盘时
        printf("A(1)->C\n");
    else
    {
        stack[1].id=n;                    //第（1）步
        stack[1].x='A';
        stack[1].y='B';
        stack[1].z='C';
        do
```

```
{
    while(n>1)                                  //第（2）步
    {
        n--;
        i++;
        stack[i].id=n;
        stack[i].x=stack[i-1].x;
        stack[i].y=stack[i-1].z;
        stack[i].z=stack[i-1].y;
    }
    printf("%c(%d)->%c\n",stack[i].x,stack[i].id,stack[i].z);        //第（3）步
    i--;                                        //第（4）步
    do
    {
        if(i>=1)
            printf("%c(%d)->%c\n",stack[i].x,stack[i].id,stack[i].z);
        stack[i].id--;
        n=stack[i].id;                          //第（5）步
        if(n>=1)
        {
            ch=stack[i].x;
            stack[i].x=stack[i].y;
            stack[i].y=ch;
        }
        if(n==1)                                //第（5）步的①
        {
            printf("%c(%d)->%c\n",stack[i].x,stack[i].id,stack[i].z);
            i--;
        }
    }while(n<=1&&i>0);
}while(i>0);
}
```

最后，我们将圆盘数量为 3（n=3）时的数组 stack 随程序执行发生变化的情况描述成动态图，如图5.12所示。

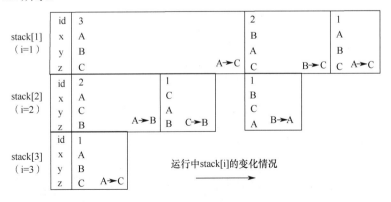

图5.12　3个圆盘移动过程中 stack 数组的变化情况

对比图5.11和图5.12，我们可以看出这两种解法在功能上是完全等效的。此外，若对每次移动时的输出都进行统计，则会发现 n 个圆盘的移动次数是 2^n-1。此外，在程序中使用了

结构体数组 stack，请读者参阅第 7 章结构体的相关内容。

5.5.3　八皇后问题递归解法

八皇后问题描述：在 8×8 格的国际象棋盘上放置 8 个皇后，要求没有一个皇后能够"吃掉"其他任何一个皇后，即任意两个皇后都不处于棋盘的同一行、同一列或同一对角线上。

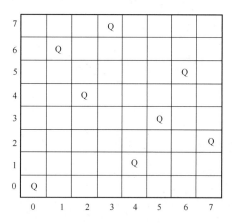

图 5.13　满足要求的一种八皇后问题布局

八皇后问题是高斯（Gauss）于 1850 年首先提出来的，高斯本人当时并未完全解决这个问题。图 5.13 所示为满足要求的一种八皇后问题布局。

在用递归解法求解八皇后问题之前，我们先做如下规定。

（1）棋盘中行的编号由下向上为 0～7，列的编号由左向右为 0～7，位于第 i 行第 j 列的方格记为[i][j]。

（2）整型数组 x 表示皇后占据的方格位置，即 x[i]的值表示第 i 行中皇后占据方格位置的列编号，如 x[2]的值为 6，则表示第 2 行中皇后位于第 6 列。

（3）为判断方格[i][j]是否安全，需要对上对角线"/"和下对角线"\"分别进行编号。由于沿上对角线的每个方格的行编号与列编号之差 i−j 均为一个常量，并且沿下对角线的每个方格的行编号与列编号之和 i+j 也均为一个常量，如图 5.14（a）所示，因此可以用这个差数常量与这个和数常量分别作为上对角线和下对角线的编号，即上对角线的编号为−7～7，如图 5.14（b）所示，下对角线的编号为 0～14，如图 5.14（c）所示。

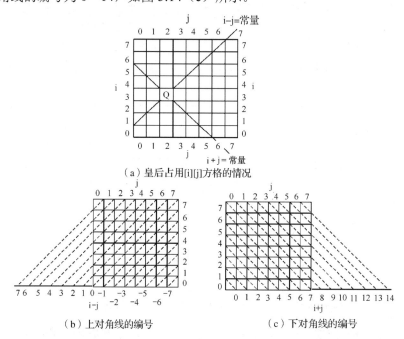

（a）皇后占用[i][j]方格的情况

（b）上对角线的编号　　　　　　（c）下对角线的编号

图 5.14　皇后占用[i][j]方格的情况及上、下对角线的编号

由此，引入以下 3 个数组。

（1）列数组 a。其中，当 a[k]为"1"时，表示第 k 列无皇后。

（2）上对角线数组 b。其中，当 b[k]为"1"时，表示编号为 k–7 的上对角线上无皇后（因为数组 b 的下标只能从 0 开始）。

（3）下对角线数组 c。其中，当 c[k]为"1"时，表示编号为 k 的下对角线上无皇后。

这样，方格[i][j]是安全的，也就意味着布尔表达式 a[j]&&b[7+(i–j)]&&c[i+j]为真（"1"）；而若将皇后放在方格[i][j]内或从方格[i][j]内移走皇后，则应该使 a[j]、b[7+(i–j)]和 c[i+j]这 3 个数组元素同时为"0"或同时为"1"。

八皇后问题递归程序如下。

```c
#include<stdio.h>
int a[8],b[15],c[15],x[8];
void print()
{
    int i;
    for(i=0;i<=7;i++)
        printf("(%d,%d),",i,x[i]);
    printf("\n");
}
void try1(int i)
{
    int j;
    for(j=0;j<=7;j++)
        if(a[j]&&b[7+(i-j)]&&c[i+j])
        {
            x[i]=j;
            a[j]=0;
            b[7+(i-j)]=0;
            c[i+j]=0;
            if(i<7)
                try1(i+1);
            else
                print();
            a[j]=1;
            b[7+(i-j)]=1;
            c[i+j]=1;
        }
}
void main()
{
    int i;
    for(i=0;i<=7;i++)
        a[i]=1;
    for(i=0;i<=14;i++)
        b[i]=c[i]=1;
    try1(0);
}
```

运行结果：

```
(0,0),(1,4),(2,7),(3,5),(4,2),(5,6),(6,1),(7,3),
(0,0),(1,5),(2,7),(3,2),(4,6),(5,3),(6,1),(7,4),
```

```
(0,0),(1,6),(2,3),(3,5),(4,7),(5,1),(6,4),(7,2),
(0,0),(1,6),(2,4),(3,7),(4,1),(5,3),(6,5),(7,2),
    …
```

函数 try1 为第 i 个皇后寻找一个合适的放置位置。若方格 [i][j] 是安全的（a[j]&&b[7+(i-j)]&&c[i+j]为真），则将第 i 个皇后放在方格[i][j]（语句 "x[i]=j;"）中，然后查看棋盘上是否已经放置了 8 个皇后。由于放置皇后的计数是通过行编号 i 来完成的（i 取 0~7），因此应做 i<7 的判断，即当 i<7 时必然还有未放入棋盘的皇后，此时应递归调用 try1 函数，为下面第 i+1 个皇后再选择一个合适的放置位置。这样，当找出一组 8 个皇后的放法时，就调用输出函数 print 来输出这组解。对于无法安全放下 8 个皇后的情况，以及可以安全放下 8 个皇后且已输出 8 个皇后的放法的情况，都应使棋盘恢复到最初的安全状态，以便再从下一个位置开始继续寻找新的一组八皇后放法，这时应将 a、b、c 3 个数组中所有置 "0" 值的数组元素都重新赋 "1" 值。

5.5.4 八皇后问题非递归解法

在八皇后问题的非递归解法中，皇后总是从第 0 行开始顺序放置的，直到第 7 行。若要将皇后放置到第 i 行，则前 i-1 行必然都已放置了皇后，而大于第 i 行的所有行均没有放置过皇后，故只需检查第 i 行将要放置皇后的位置与前 i-1 行上的每个皇后位置是否发生冲突。这种检查由变量 k 完成，即 k 从第 0 行开始顺序扫描已放置皇后的前 i-1 行。这里，每行皇后放置的位置仍由 x[k] 表示（x[k] 的值表示第 k 行中皇后放置位置的列编号）。如果此时皇后放置到方格[i][j]（第 i 行第 j 列）中，则方格[i][j]安全的条件是(k<i)&&(j!=x[k])&&(i+j!=k+x[k])&&(i-j!=k-x[k])。

（1）j!=x[k]表示待放方格[i][j]内皇后的当前列编号 j 不与第 k 行皇后发生列的冲突。

（2）i+j!=k+x[k]表示待放方格[i][j]内的皇后不与第 k 行的皇后发生下对角线的冲突（待放皇后的方格[i][j]的行编号与列编号之和 i+j 这个常量值不与第 k 行皇后的行编号 k 与列编号 x[k]之和 k+x[k]这个常量值发生冲突）。

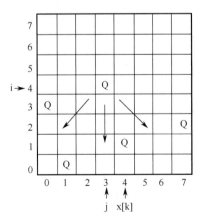

（3）i-j!=k-x[k]表示待放方格[i][j]内的皇后不与第 k 行的皇后发生上对角线的冲突（见图 5.15）。

（4）k<i 表示对已经放置在 0~i-1 行上的皇后进行（1）～（3）不冲突条件的检查。若发生冲突，则循环测试安全条件的 while 语句退出时 k 值必然小于 i。若 0~i-1 行上的所有皇后均满足不冲突条件，则 while 循环结束时 k 值为 i，即在方格[i][j]内放置第 i 个皇后是安全的，此时置 safe 为 "1"。只有在 safe 为 "1" 的条件下才将皇后放置在方格[i][j]（语句 "x[j]=j;"）中。若此时正好放置了 8 个皇后（i 等于 7），则输出这一组八皇后放法，然后将行编号回退一格（语句 "i--;"），再重新选择新的列编号（第二层 while 循环中的 "j++;" 语句）来寻找满足不冲突条件的下一组八皇后放法。若此时放置的皇后没有达到 8 个，则行编号增 1（语句 "i++;"），并且再重新在列编号 0~7 中寻找一个能够安全放置第 i+1 个皇后的位置。

图 5.15 方格[i][j]安全示意

若 safe 值为 0，则意味着第 i 行中 0～7 这 8 个列编号已经没有一个是安全位置了，因此无法放置第 i 个皇后。这说明在前面 i-1 个皇后的放法中存在错误，故需试探着先回溯到前一个行编号（语句"i--;"），重新调整第 i-1 个皇后放置位置的列编号（仍需保证安全性）；然后检查此时第 i 个皇后能否找到一个安全的放置位置。若存在这样的安全位置，则将第 i 个皇后放置于此并继续进行后续皇后（第 i+1 个皇后）的放置；否则继续调整第 i-1 个皇后的位置（必须是安全的）。若第 i-1 行中所有的安全位置都调整过但还是无法放置第 i 个皇后，则需要回溯到第 i-2 行甚至是第 i-3 行继续进行位置调整，直至找到一组新的八皇后放置位置。

八皇后问题非递归程序如下。

```c
#include<stdio.h>
void main()
{
    int i,j,k,safe,x[8];
    i=0;
    j=-1;
    while(i>=0)
    {
        safe=0;
        while((j<7)&&(!safe))
        {
            j++;
            k=0;
            while((k<i)&&(j!=x[k])&&(i+j!=k+x[k])&&(i-j!=k-x[k]))
                k++;
            if(i==k)
                safe=1;
        }
        if(safe)
        {
            x[i]=j;
            if(i==7)
            {
                for(i=0;i<=7;i++)
                    printf("(%d,%d),",i,x[i]);
                printf("\n");
            }
            else
            {
                i++;
                j=-1;
            }
        }
        else
        {
            i--;
            if(i>=0)
                j=x[i];
        }
    }
}
```

若设置一个全局变量（递归解法和非递归解法均可）来对每组八皇后放法进行计数，那么在主函数 main 结束之前输出该变量的计数值时就会发现，八皇后问题的安全放置方法共有 92 种。

习题 5

1. 以下叙述中正确的是_____。

A．每个函数都可以被其他函数调用，包括 main 函数

B．每个函数都可以单独执行

C．程序的执行总是从 main 函数开始，并在 main 函数中结束

D．在一个函数内部可以定义另一个函数

2. 以下叙述中错误的是_____。

A．C 程序必须由一个或一个以上的函数组成

B．函数调用可以作为一个独立的语句存在

C．若函数有返回值，则必须通过 return 语句返回

D．函数形参的值也可以传回给对应的实参

3. 若函数调用时的实参为变量，则以下叙述中正确的是_____。

A．函数的实参和其对应的形参共同占用一个内存单元

B．由于形参只在形式上存在，因此不占用具体的内存单元

C．同名的实参和形参占用同一个内存单元

D．函数的形参和实参分别占用不同的内存单元

4. 若函数调用时的实参为变量，则它和与它对应的形参进行数据传递的方式是_____。

A．地址传递

B．单向值传递

C．由实参传给形参，再由形参将结果传回给实参

D．由用户指定传递方式

5. 在 C 语言中，函数返回值的类型最终取决于_____。

A．函数定义时在函数首部所说明的函数类型

B．return 语句中表达式值的类型

C．调用函数时主调函数所传递的实参类型

D．函数定义时形参的类型

6. 以下叙述中错误的是_____。

A．用户定义的函数中可以没有 return 语句

B．用户定义的函数中可以有多个 return 语句，以便在调用中返回多个函数值

C．用户定义的函数中若没有 return 语句，则应当定义函数为 void 类型

D．函数的 return 语句中可以没有表达式

7. 在函数调用中，若函数 A 调用了函数 B，函数 B 又调用了函数 A，则_____。

A．称为函数的直接递归调用　　　　　B．称为函数的间接递归调用

C．称为函数的循环调用　　　　　　　D．C 语言不允许这样的递归调用

8. 以下程序执行的结果是_____。

```
#include<stdio.h>
```

```
int F(int x)
{
    return (3*x*x);
}
void main()
{
    printf("%d\n",F(3+5));
}
```

  A. 192   B. 29   C. 25   D. 编译出错

  9. 若在程序中定义了以下函数，则正确的函数声明是_____。

```
double myadd(double a,double b)
{ return a+b; }
```

  A. double myadd(double a,b);   B. double myadd(double a,double b)

  C. double myadd(double a);   D. double myadd(double x, double y);

  10. 以下程序执行的结果是_____。

```
#include<stdio.h>
int x=2;
int f(int a)
{
    x=a+1;
    return a*a;
}
void main()
{
    printf("%d,%d\n",x,f(x));
}
```

  A. 2,4   B. 2,2   C. 3,4   D. 3,2

  11. 阅读程序，给出程序的运行结果。

```
#include<stdio.h>
void swap(int x,int y)
{
    int t;
    t=x;x=y;y=t;
    printf("%4d%4d\n",x,y);
}
void main()
{
    int a=3,b=4;
    swap(a,b);
    printf("%4d%4d\n",a,b);
}
```

  12. 以下函数 sum 的功能是计算下列级数之和。

$$s = 1 + x + \frac{x^2}{2!} + \frac{x^3}{3!} + \cdots + \frac{x^n}{n!}$$

请给函数 sum 中的各变量赋正确的初值。

```
#include<stdio.h>
double sum(double x,int n)
{
    int i;
```

```
    double a,b,s;
    _____;
    for(i=1;i<=n;i++)
    {  a=a*x;b=b*i;s=s+a/b;  }
    return s;
}
void main()
{
    int m;double x;
    scanf("%d%lf",&m,&x);
    printf("sum=%f\n",sum(x,m));
}
```

13. 以下函数 prime 的功能是判断形参 a 是否为素数，若其为素数，则返回 "1" 值；否则返回 "0" 值。请填空。

```
#include<stdio.h>
int prime(int a)
{
    int i;
    for(i=2;i<=a/2;i++)
        if(a%i==0)    (1)  ;
    (2)  ;
}
void main()
{
    int n;
    scanf("%d",&n);
    if(prime(n))
        printf("%d is prime!\n",n);
    else
        printf("%d is not prime!\n",n);
}
```

14. 下面程序通过函数 SumF 求 $\sum_{x=0}^{10} f(x)$，这里 $f(x)=x^2+1$，由函数 F 实现。请填空。

```
#include<stdio.h>
int F(int x)
{
    return(   (1)   );
}
int SumF(int n)
{
    int x,s=0;
    for(x=0;x<=n;x++)
        s+=F(   (2)   );
    return s;
}
void main()
{
    printf("Sum=%d\n",SumF(10));
}
```

15. 阅读程序，给出程序的运行结果。

```
#include<stdio.h>
```

```
void fun2(char a,char b)
{
    printf("%c%c",a,b);
}
char a='A',b='B';
void fun1()
{
    a='C'; b='D';
}
void main()
{
    fun1();
    printf("%c%c",a,b);
    fun2('E','F');
}
```

16. 阅读程序，给出程序的运行结果。

```
#include<stdio.h>
int f1(int x,int y)
{
    return x>y?x:y;
}
int f2(int x,int y)
{
    return x>y?y:x;
}
void main()
{
    int a=4,b=3,c=5,d=2,e,f,g;
    e=f2(f1(a,b),f1(c,d));
    f=f1(f2(a,b),f2(c,d));
    g=a+b+c+d-e-f;
    printf("%d,%d,%d\n",e,f,g);
}
```

17. 阅读程序，给出程序的运行结果。

```
#include<stdio.h>
char fun(char x,char y)
{
    if(x>y)  return x;
    return y;
}
void main()
{
    int a='9',b='8',c='7';
    printf("%c\n",fun(fun(a,b),fun(b,c)));
}
```

18. 阅读程序，给出程序的运行结果。

```
#include<stdio.h>
void fun(int x)
{
    if(x/2>0)
        fun(x/2);
    printf("%d",x);
```

```
    }
void main()
{
    fun(3);
    printf("\n");
}
```

19. 阅读程序，给出程序的运行结果。

```
#include<stdio.h>
int fun(int a,int b)
{
    if(b==0)
        return a;
    else
        return(fun(--a,--b));
}
void main()
{
    printf("%d\n",fun(4,2));
}
```

20. 阅读程序，当给变量 x 输入 10 后，给出程序的运行结果。

```
#include<stdio.h>
int fun(int n)
{
    if(n==1)
        return 1;
    else
        return(n+fun(n-1));
}
void main()
{
    int x;
    scanf("%d",&x);
    x=fun(x);
    printf("%d\n",x);
}
```

21. 阅读程序，给出程序的运行结果。

```
#include<stdio.h>
int f(int a)
{
    return a%2;
}
void main()
{
    int s[8]={1,3,5,2,4,6},i,d=0;
    for(i=0;f(s[i]);i++)
        d=d+s[i];
    printf("%d\n",d);
}
```

说明：在 for 循环中，当判断循环终止的表达式 f(s[i])值为 0 时结束循环。

22. 阅读程序，给出程序的运行结果。

```
#include<stdio.h>
```

```
void fun(int k)
{
    if(k>0)
        fun(k-1);
    printf("%d",k);
}
void main()
{
    int w=5;
    fun(w);
    printf("\n");
}
```

23．自定义一个函数，实现重复输出给定的字符 n 次。

24．用函数求 3 个数中的最大值。

25．自定义一个函数，用于判断一个数是否为"水仙花数"。所谓"水仙花数"，是指一个三位数的各位数字的立方和等于该数本身。

26．自定义两个函数，分别求两个整数的最大公约数和最小公倍数。用主函数调用这两个函数，并输出结果。

27．用递归函数实现对 x^n 的求解（n 为大于或等于 0 的正整数）。

28．用函数实现下面字母金字塔图形的输出。

29．根据以下级数展开式求 π 值，计算直到某一项的值小于 1e-7 为止。要求用函数实现。

$$\frac{\pi}{2}=1+\frac{1}{3}+\frac{1}{3}\times\frac{2}{5}+\frac{1}{3}\times\frac{2}{5}\times\frac{3}{7}+\frac{1}{3}\times\frac{2}{5}\times\frac{3}{7}\times\frac{4}{9}+\cdots$$

30．用递归函数实现返回与所输入十进制整数相反顺序的整数，如输入 1234，则函数返回值为 4321。

31．用递归函数求两个正整数 m 和 n 的最大公约数，并计算当 m 和 n 分别为 25 和 125 时程序的运行结果。

32．实现用递归函数输出回文字符串，如输入 abc↙，则输出 abccba。

33．用函数实现下面图形的输出。

```
  ＊＊＊
 ＊＊＊
＊＊＊
 ＊＊＊
  ＊＊＊
```

34．楼梯有 n 阶台阶，上楼时可以一步上 1 阶台阶，也可以一步上 2 阶台阶。用递归函数计算共有多少种不同的走法。

35．有 A、B、C 3 根柱子和 $2n$ 个（同样大小的圆盘都有 2 个）大小差别为 n 且能套进柱子的圆盘（编号由小到大依次为 1、2、…、2n-1、2n），这 2n 个圆盘已按由大到小的顺序依次套在 A 柱上。要求将这些圆盘按如下规则由 A 柱移到 C 柱上。

（1）每次只允许移动柱子最上面的一个圆盘。

（2）任何圆盘都不得放在比它小的圆盘之上。

（3）圆盘只能在 A、B、C 3 根柱子中的一根柱子上放置。

36．猴子吃桃问题：猴子第一天摘下若干桃子，当时吃了一半，还不过瘾，又多吃了一个；第二天又将剩下的桃子吃掉一半，又多吃了一个；以此类推，以后猴子每天都吃前一天剩下的桃子的一半多一个，则第 10 天只剩下一个桃子。试用函数求第一天猴子一共摘了多少个桃子。

第 6 章

指针

指针是 C 语言中非常重要并广泛使用的一种数据类型，它极大地丰富了 C 语言的功能，运用指针编程是 C 语言的主要风格之一。使用指针可以有效地表示各种复杂的数据结构，能够非常方便地使用数组和字符串，并且能像汇编语言那样处理内存地址，进而编写出精炼且高效的程序。

6.1 指针和指针变量

6.1.1 地址和指针的概念

在计算机中，内存是一个连续的存储空间，在这个空间中每个内存单元都对应一个唯一的内存地址，并且内存的编址由小到大是连续的，它的基本单位是字节。对于程序中定义的变量，在编译过程中系统会根据该变量定义时获得的类型信息，为其分配相应长度的连续内存单元，以存放它的值。例如，在 C 语言中，一个整型变量占 4 个字节的内存单元，而一个双精度型变量占 8 个字节的内存单元。给每个变量分配的连续几个内存单元的起始地址就是该变量的地址，即编译后每个变量都对应一个变量地址，对变量的访问就是通过这个变量地址进行的。当引用一个变量时，实际上就是从该变量名所对应地址开始的若干连续内存单元中取出数据；当给一个变量赋值时，就是将这个值按该变量的类型存入从该变量地址开始的若干连续内存单元中。显然，变量地址对应的若干连续内存单元中所存放的内容就是该变量的值。

我们可以通过地址运算符 "&" 得到变量地址。例如，先定义一个整型变量 a：

```
int a=10;
```

则&a 表示变量 a 在内存中的地址（变量地址）。通过下面的 printf 语句可以输出变量 a 在内存中的存储地址。

```
printf("%x\n",&a);                    //输出变量 a 的十六进制地址
```

通常把变量地址形象地称为 "指针"，意思是通过这个指针（地址）可以找到该变量。在 C 语言中，允许使用一种特殊的变量来专门存放某个变量的地址（该特殊变量的内存单元中存放的是某个变量的地址，而不是其他数据，这一点与普通变量不同），这种特殊的变量就称为指针变量。

注意，指针是一个地址，主要是指变量或数组元素的地址，它是一个常量；而指针变量本身是一个变量，并且是一个存放地址的变量，主要用来存放其他变量或数组元素的地址。指

针变量的值为指针。在后续章节中我们还可以看到，指针变量的值不仅可以是 int 和 float 等简单数据类型变量的地址，还可以是数组和结构体等构造数据类型变量的地址，即用指针变量来指向某种构造类型的变量，这样就可以访问该类型变量中的任意元素（成员），这是引入指针变量的一个重要原因。引入指针变量的另一个原因是 C 语言允许在程序执行过程中生成新的变量，由于这种变量是在程序执行过程中动态产生的，因此无法事先在程序中或函数说明部分对其进行定义，故这种动态生成的变量没有名字，只能通过指针变量去间接地访问它（通过指针变量所存放的该动态变量地址去访问该动态变量）。

有了指针变量，访问变量的方式也得到了扩充：一种是我们前面介绍过的按变量名直接存取变量值的访问，称为直接访问；另一种就是本章介绍的通过指针变量所存放的变量地址找到变量后，再对变量的值进行存取访问，称为间接访问。

此外，我们可以把函数的首地址（该函数所对应的程序代码段的首地址）赋给一个指针变量（此时，可以把函数名看成一个变量），使该指针变量指向该函数，然后通过指针变量就可以找到并执行该函数了，这与上面通过指针变量来存取某个变量值的概念是完全不同的。

6.1.2　指针变量的定义和初始化

1．指针变量的定义

指针变量是一种用来存放其他变量地址的变量，所以它与普通变量一样必须先定义后使用。指针变量定义的一般形式为

```
类型标识符 *变量名;
```

（1）在指针变量的定义中，变量名前的"*"仅是一个符号，表示该变量名为一个指针变量，而不是指针运算符。若定义时变量名前无"*"，则表示该变量是一个普通变量，而不是指针变量。

（2）类型标识符表示该指针变量所指变量具有的数据类型。一旦定义了一个指针变量，它就只能指向由类型标识符所规定的这种类型的变量，而不允许指向其他类型的变量。注意，类型标识符并不是指针变量自身的数据类型。因为所有的指针变量都是用来存放地址值的，其数据类型必然为整型，所以无须再进行说明。例如：

```
int *p1,*p2;
char *q;
```

指针变量 p1 和 p2 只能指向整型变量，而指针变量 q 只能指向字符型变量。注意，指针变量 p1 和 p2 不能如下定义：

```
int *p1,p2;
```

这种定义方式定义了 p1 为指针变量，而 p2 为整型变量，即在定义中以"*"开头的变量是指针变量，反之则不是指针变量。

2．指针变量的初始化

指针变量的初始化有两种方法：一种是先定义再赋初值；另一种是在定义的同时赋初值。需要注意以下两点。

（1）未经赋值的指针变量是不能使用的，否则将造成系统混乱。

（2）给指针变量赋值只能赋地址值，而不能赋其他任何类型的数据，否则会引起错误。

下面我们通过举例来了解这两种初始化方法。

```
int a;
int *p1;
p1=&a;
```

这是先定义再赋初值的方法。先定义一个整型变量 a 和一个指向整型变量的指针变量 p1，然后把 a 的内存地址赋给 p1，此时指针变量 p1 就指向了整型变量 a。由于 C 语言中提供了地址运算符"&"来表示变量的地址，因此我们可以通过在变量名 a 前面加上地址运算符"&"来得到变量 a 的地址。

```
char b;
char *p2=&b;
```

这是在定义的同时赋初值的方法。在定义指针变量 p2 的同时给其赋字符型变量 b 的内存地址。

无论使用哪一种方法，若要将一个变量的地址赋给一个指针变量，则必须先定义这个变量，然后才能将其地址赋给指针变量。下面指针变量的初始化是错误的。

```
int a;
float *p1=&a;
float *p2=&c;
int *p3=100;
```

在给指针变量赋值时，要求指针变量所指变量的数据类型必须与指针变量自身定义时的指向类型一致。由于指针变量 p1 只能指向 float 类型的变量，而 a 是一个整型变量，因此出错。指针变量 p2 出错的原因是，既然变量 c 没有被定义，系统也就没有给变量 c 分配内存单元，故不存在变量地址，即指针变量 p2 无法获得变量 c 的内存地址。指针变量 p3 出错的原因是接收了一个非地址值，变量的地址是在变量定义时由系统为其分配内存时确定的，只能通过&运算符来获得该变量所对应的内存地址，而不能随便将非变量地址的值赋给指针变量，这样会引起严重的后果。

6.1.3 指针变量的引用和运算

1. 指针变量的引用

引用指针变量的值（所指向的变量地址）与引用其他类型的变量一样，直接引用指针变量的变量名即可（变量名前不加"*"）。但我们主要关心的是指针变量所指向的那个变量的值。C 语言采用在指针变量的变量名前面加"*"来表示该指针变量所指向的那个变量的值。例如：

```
int a=10;
int *p=&a;
```

指针变量 p 与它所指向的变量 a 之间的关系如图 6.1 所示。

由图 6.1 可知，指针变量 p 的值是它所指向的变量 a 的地址（p 等于&a），即通过 p 可找到变量 a。若要得到变量 a 中的数据 10，则可以用*p 实现，也可以用变量名 a 实现，即此时变量 a 有了一个别名*p（*p 等于 a）。若我们采用下面的 printf 语句输出 a 值：

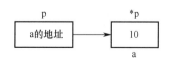

图 6.1 指针变量 p 与它所指向的
变量 a 之间的关系

```
printf("%d",a);
```

或

```
printf("%d",*p);
```

则将得到同一个结果 10。由此可知，引入指针变量后，对于变量的访问，除原有可供访问的变量名外，又多了一个可由指针变量间接访问的别名。

注意，指针变量定义中出现的"*"和指针变量引用中出现的"*"含义是不同的。对于在指针变量定义中出现的"*"，应将其理解为指针类型的定义，即表示"*"后的变量是一个指针变量；而在指针变量引用中，在指针变量名前出现的"*"为取值运算符，即通过"*"来对指针变量进行间接访问，也就是访问指针变量所指向的那个变量的值。

在 C 语言中有两个与指针有关的运算符：一个是"&"，其含义是取其右边变量的地址，如&a 表示取变量 a 的地址；另一个是"*"，其含义是访问其右边指针变量所指向的变量，如上面的*p 就代表 p 所指向的变量 a。

"&"和"*"都是单目运算符，它们的优先级相同，并按自右至左的方向结合。例如：

```
int a;
int *p=&a;
```

则

```
&*p⇒&a⇒p
```

即"&*p"等价于"p"，并且"*&a"等价于"a"（同样有*&a⇒*p⇒a）。

【例 6.1】输入 a 和 b 两个整数，并按由大到小的顺序输出 a 和 b 的值。

```
#include<stdio.h>
void main()
{
    int a,b,*p,*p1,*p2;
    printf("Input two data:");
    scanf("%d%d",&a,&b);
    p1=&a;
    p2=&b;
    if(a<b)
    {
        p=p1;
        p1=p2;
        p2=p;
    }
    printf("a=%d,b=%d\n",a,b);
    printf("max=%d,min=%d\n",*p1,*p2);
}
```

运行结果：

```
Input two data:2 8↙
a=2,b=8
max=8,min=2
```

在程序执行过程中，指针变量 p1、p2 和 p 的变化情况如图 6.2 所示。

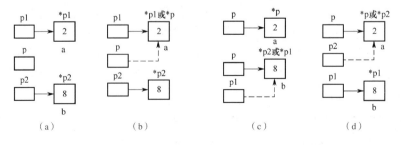

图 6.2　指针变量 p1、p2 和 p 的变化情况

由图 6.2 可以看出，变量 a 和变量 b 的值始终没有改变，而是通过交换 p1 和 p2 的指针值（交换各自所指向的变量地址）来实现由大到小输出 a 和 b 的值。由图 6.2（b）可以看出，变量 a 可用别名*p1 或*p 替代；而在图 6.2（d）中，变量 a 又可用别名*p 或*p2 替代，即指针变量的值在程序执行过程中不是固定不变的，而是不断变化的。

2．指针变量的运算

（1）指针变量的赋值运算。在给指针变量赋值时，所赋的值只能是变量的地址或地址常量（如数组和字符串的起始地址等），不能是其他数据。指针变量赋值运算的常见形式如下。

```
① float x,*f;
   f=&x;                    //将一个变量的地址赋给指针变量
② int x,*p1,*p2=&x;
   p1=p2;                   //将一个指针变量的值（地址）赋给另一个指针变量
③ char a[10],*p;
   p=a;                     //将一个数组的起始地址赋给指针变量
④ char *s;
   s="program";            //将一个字符串的起始地址赋给指针变量
```

对于④，也可在定义时直接赋初值，形式为

```
char *s="program";
```

（2）指针变量与整数的加、减运算。C 语言的地址运算规则规定，一个地址加上或减去一个整数 n，其运算结果仍然是一个地址。以运算对象的地址作为基点，以 n 作为偏移量，前移或后移 n 个数据地址位置。这种运算适合数组运算，因为一个数组在内存中的存储是连续的，并且每个数组元素占用的内存单元大小都相同（因为数组元素的类型相同），所以当一个指针变量指向数组时，给其加上整数 i 则意味着该指针变量由当前位置向后移动 i 个数组元素的位置。因此，指针变量加、减一个整数 n，并不是用它的地址值直接与 n 进行加、减运算，而是使该指针变量由当前位置向后或者向前移动 n 个数组元素的位置。例如：

```
int a[10],*p=a;
p=p+3;
```

执行"p=p+3;"语句前后 p 指针的位置如图 6.3 所示。

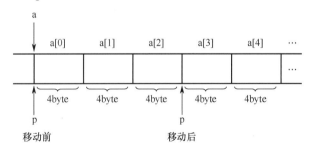

图 6.3　执行"p=p+3;"语句前后 p 指针的位置

指针变量的++和--运算也是如此，指针变量在进行++运算后指向下一个数组元素地址，而在进行--运算后指向前一个数组元素地址。

此外，还可以给指针变量赋空值"NULL"或"0"值，即该指针变量不指向任何变量（实际上 NULL 和转义字符'\0'都是整数 0，即 NULL 和'\0'的 ASCII 码值均为 0）。例如：

```
int *p;
p=NULL;
```

当两个指针变量指向同一个数组时，两个指针变量相减才有意义。相减结果的绝对值表

示这两个指针变量之间数组元素的个数。注意，两个指针变量不能做加法运算，因为加法运算没有任何实际意义。

（3）指针变量的关系运算。两个指针变量（必须指向相同类型的变量）之间的关系运算表示它们指向的变量的地址在内存中的位置关系，即存放地址值大的指针变量大于存放地址值小的指针变量。因此，两个指针变量之间可以进行>、>=、<、<=、==和!=这 6 种关系比较运算。

【例 6.2】求出下面程序的运行结果。

```c
#include<stdio.h>
void main()
{
    int i=10,j=20,k=30;
    int *a=&i,*b=&j,*c=&k;
    *a=*c;
    *c=*a;
    if(a==c)
        a=b;
    printf("a=%d,b=%d,c=%d\n",*a,*b,*c);
}
```

解：需要注意的是，a 表示它所指向的那个变量地址，而*a（引用时）表示 a 所指向的那个变量的值。从程序中可以看出，*a 等于*c，其值为 30；而*b 不变，其值为 20。条件语句中的表达式"a==c"判断的是两个地址值，而 a 为 i 的地址，c 为 k 的地址，这两个地址值必然不等，因此赋值语句"a=b;"没有执行。由此得到输出结果为

```
a=30,b=20,c=30
```

我们也可以用动态图的方法进行分析。由于 a、b 和 c 均为指针变量，它们都是指向其他变量的，因此我们先画一个箭头，该箭头从指针变量到它指向的那个变量（此后，凡是遇到*a 这种形式，都是从 a 开始根据箭头找到它所指向的那个变量），然后对那个变量进行操作。本题程序执行的动态图如图 6.4 所示。通过图 6.4 可以很容易地得到运行结果：

```
a=30,b=20,c=30
```

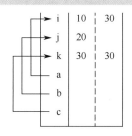

图 6.4　程序执行的动态图

6.2　指针变量与数组

6.2.1　指针变量与一维数组

一个数组在内存中的存储是由一段连续的内存单元实现的，数组名就是这段连续的内存单元的首地址。而对数组元素的访问就是通过数组名（数组的起始位置）加上相对于起始位

置的位移量（下标），来得到要访问的数组元素的内存地址，然后对该地址中的内容进行访问。在第 4 章中我们已经知道，数组名代表该数组首元素的地址，因此数组名与此处介绍的指针概念相同。实际上，C 语言将数组名规定为指针类型的符号常量，即数组名是指向该数组首元素的指针常量（地址常量），其值不能改变（始终指向数组的首元素）。C 语言对数组的处理也是将其转换成指针运算完成的。

例如，已知

```
int a[10],*p;
```

则下面的两个语句等价：

```
p=&a[0];
p=a;
```

其作用都是使指针变量 p 指向数组 a 的元素 a[0]（数组 a 的首元素），如图 6.5 所示，即指针变量的指针值是数组元素的地址，此时有 p=&a[0]和*p=a[0]。

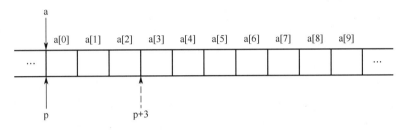

图 6.5　执行"p=a;"语句后的内存情况

我们知道，a[i]表示数组 a 中的第 i+1 个元素（因为下标由 0 开始）。因此，由图 6.5 可知，p[i]与 a[i]相同，也表示数组 a 中的第 i+1 个元素。

那么 a+1 又表示什么呢？由第 6.1.3 节指针变量的引用和运算可知，这个"1"表示一个数组元素单位，即 a+1 表示第 2 个元素 a[1]的地址；同样，p+1 也表示 a[1]的地址。因此，a+i 和 p+i 都表示第 i+1 个元素 a[i]的地址&a[i]。此外，由"*"运算符可知，*(p+i)和*(a+i)都表示数组元素 a[i]。因此，引用一个数组元素可以采用以下两种方式。

（1）下标法：采用 a[i]或 p[i]的形式访问数组 a 的第 i+1 个元素。

（2）指针法：采用*(a+i)或*(p+i)的形式访问数组 a 的第 i+1 个元素。

【例 6.3】给数组输入 10 个整型数，然后输出显示。

解：实现方法如下。

方法一：下标法。

```
(1) #include<stdio.h>
    void main()
    {
       int i,a[10];
       for(i=0;i<10;i++)
          scanf("%d",&a[i]);
       for(i=0;i<10;i++)
          printf("%4d",a[i]);
    }
```

```
(2) #include<stdio.h>
    void main()
    {
       int *p,i,a[10];
       p=a;
       for(i=0;i<10;i++)
          scanf("%d",&p[i]);
       for(i=0;i<10;i++)
          printf("%4d",p[i]);
    }
```

方法二：指针法。

```
#include<stdio.h>
void main()
```

```
{
    int *p,a[10];
    for(p=a;p<a+10;p++)
        scanf("%d",p);
    for(p=a;p<a+10;p++)
        printf("%4d",*p);
}
```

方法三：指针地址位移法。

```
(1) #include<stdio.h>                    (2) #include<stdio.h>
    void main()                              void main()
    {                                        {
        int i,a[10];                             int *p,i,a[10];
        for(i=0;i<10;i++)                        p=a;
            scanf("%d",a+i);                     for(i=0;i<10;i++)
        for(i=0;i<10;i++)                            scanf("%d",p+i);
            printf("%4d",*(a+i));                for(i=0;i<10;i++)
    }                                                printf("%4d",*(p+i));
                                             }
```

注意，在指针法中，循环控制表达式中的"p++"使得指针变量 p 的指向能够逐个元素移动，从而实现对每个数组元素的访问。在输出过程中，当输出完最后一个数组元素 a[9]的值时，p 的指针值已经移到 a[9]元素之后的位置（数组 a 范围之外）。由于数组名 a 是指向该数组首元素的指针常量，因此它不能实现移动，故指针法只有一种方法。

在数组中采用指针法应注意以下几点。

（1）当用指针变量访问数组元素时，要随时检查指针变量值的变化，不得超出数组范围。

（2）指针变量的值可以改变，但数组名的值不能改变，如在例 6.3 中，p++正确，而 a++错误。

（3）对于*p++，其结合方向为自右至左，因此其与*(p++)等价。

（4）(*p)++表示 p 所指向的数组元素的值加 1，而不是指向其后的下一个数组元素。

（5）若当前 p 指向数组 a 中的第 i+1 个元素，则

①*(p++)等价于 a[i++]。

②*(p--)等价于 a[i--]。

③*(++p)等价于 a[++i]。

④*(--p)等价于 a[--i]。

注意，*(p++)与*(++p)的作用不同。若 p 的初值为&a[0]，则*(p++)等价于 a[0]，而*(++p)等价于 a[1]。

（6）区分下面指针的含义。

① ++*p 相当于++(*p)，表示先使 p 指向的数组元素的值加 1，再取这个数组元素的值。

② (*p)++表示先取 p 所指向的数组元素的值，再使该数组元素的值加 1。

③ *p++相当于*(p++)，表示先取 p 所指向的数组元素的值，再使 p 加 1 指向其后的下一个数组元素。

④ *++p 相当于*(++p)，表示先使 p 指向其后的下一个数组元素，再取 p 所指向的数组元素的值。

【例 6.4】给出下面程序的运行结果。

```
#include<stdio.h>
void main()
```

```
{
    int a[10]={10,9,8,7,6,5,4,3,2,1},*p=a+4;
    printf("%d\n",*++p);
```

解：程序执行过程中指针 p 的变化如图 6.6 所示。首先使 p 定位到（指向）数组元素 a[4]，然后在输出时先执行++p（p 已指向数组元素 a[5]），再取该元素的值，故输出结果为 5。

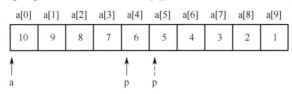

图 6.6　程序执行过程中指针 p 的变化

【例 6.5】给出下面程序的运行结果。

```
#include<stdio.h>
void main()
{
    int a[]={9,8,7,6,5,4,3,2,1,0};
    int *p=a;
    printf("%d\n",*p+7);
}
```

解：由程序可知，p 已经指向 a[0]，"*p+7"表示先取 p 所指向的数组元素 a[0]的值，再加 7，而 a[0]的原值为 9，故输出结果为 16（注意，*p+7 不等于*(p+7)，*(p+7)表示数组元素 a[7]的值）。

【例 6.6】给出下面程序的运行结果。

```
#include<stdio.h>
void main()
{
    int i,a[10]={10,20,30,40,50,60,70,80,90,100},*p;
    p=a;
    for(i=0;i<10;i++)
        printf("%4d",*p++);
    printf("\n");
    p=a;
    for(i=0;i<10;i++)
        printf("%4d",(*p)++);
    printf("\n");
}
```

解："*p++"表示先取指针变量 p 所指向的数组元素的值，再使 p 加 1 指向其后的下一个数组元素。"(*p)++"表示先取 p 所指向的数组元素的值，再使这个数组元素的值加 1，而指针变量 p 的指向不变。由此得到输出结果为

```
10 20 30 40 50 60 70 80 90 100
10 11 12 13 14 15 16 17 18 19
```

【例 6.7】给出下面程序的运行结果。

```
#include<stdio.h>
void f(int *x,int *y);
void main()
{
```

```
    int a[8]={1,2,3,4,5,6,7,8};
    int i,*p,*q;
    p=a;
    q=&a[7];
    while(p<q)
    {
        f(p,q);
        p++;
        q--;
    }
    for(i=0;i<8;i++)
        printf("%4d",a[i]);
    printf("\n");
}
void f(int *x,int *y)
{
    int t;
    t=*x;*x=*y;*y=t;
}
```

解：此题中指针变量 p 指向数组 a 的第一个元素，而指针变量 q 指向数组 a 的最后一个元素（a[7]）。在调用函数 f 时，将 p 的指针值传给形参 x，将 q 的指针值传给形参 y，然后交换 x 和 y 所指向的数组元素的值。交换后，p 和 q 的指向都向数组 a 的中间位置移动。程序执行过程中数组 a 的变化情况如图 6.7 所示，因此程序最终的输出结果为 87654321，即正好与数组 a 的初值相反。该程序实现了数组元素值的逆置功能。

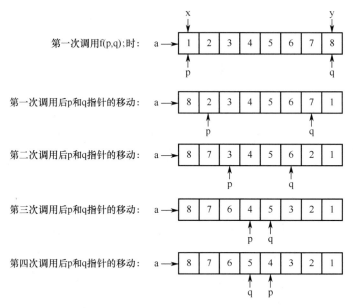

图 6.7　程序执行过程中数组 a 的变化情况

*6.2.2　指针变量与二维数组

1. 二维数组元素地址及元素的表示方法

由于二维数组是多维数组中比较容易理解的一种，并且可以代表多维数组处理的一般方法，因此这里主要介绍指针变量与二维数组的关系。

为了说明问题，我们定义一个二维数组为

```
int a[3][4]={{1,2,3,4},{5,6,7,8},{9,10,11,12}};
```

由第 4 章内容可知，数组名 a 是二维数组 a 的起始地址，也就是数组元素 a[0][0] 的地址，而 a[0]、a[1] 和 a[2] 分别代表数组 a 各行的起始地址（见图 6.8）。

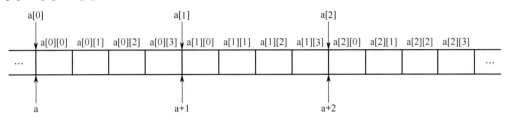

图 6.8 二维数组的地址示意

由第 6.2.1 节可知，a+i 在一维数组 a 中表示从数组 a 首地址开始向后位移 i 个元素的位置，即表示一维数组 a 中第 i+1 个元素的地址。在二维数组中，a+i 仍然表示一个地址，但 i 值不再像一维数组中那样以元素为单位，而是以行为单位，即将整行看成一维数组中的一个元素。这样，a+i 就代表二维数组 a 的第 i 行的首地址。因此，在二维数组中，a+i 与 a[i] 等价（见图 6.8）。

我们知道，在一维数组中，a[i] 与 *(a+i) 等价，它们都表示一维数组 a 中的第 i+1 个元素。而在二维数组中，a[i] 不再表示数组元素，而是表示一个地址。因此，在二维数组中，与 a[i] 等价的 *(a+i) 也表示一个地址，即它与 a[i] 都表示二维数组中第 i 行的首地址（*(a+i) 本身无法表示二维数组某行某列的数组元素）。

因此，在二维数组 a 中，数组元素 a[i][j] 的地址可采用下列形式表示。

```
(1) &a[i][j]          //行下标和列下标表示法
(2) a[i]+j            //行下标加列位移表示法
(3) *(a+i)+j          //行位移加列位移表示法
```

在此，我们一定要注意，在一维数组中 a[i] 和 *(a+i) 均表示一个数组元素，而在二维数组中它们却表示一个地址。此外，&a[i] 也表示二维数组 a 的第 i 行的首地址，这样在二维数组的地址中就有 &a[i]、a[i] 与 *(a+i) 三者等价。

对于二维数组 a，我们知道 a 指向数组 a 的开始位置，*a（*(a+0)）指向数组 a 的第 0 行的开始位置（a[0]），而 **a 表示数组 a 第 0 行第 0 列的数组元素 a[0][0]。相应地，数组元素 a[i][0] 也可以用 **(a+i) 表示，即若要用行位移加列位移表示法来表示一个二维数组元素，则必须经过两次 "*" 运算才能实现。二维数组中的数组元素 a[i][j] 也有如下 3 种表示方法。

```
(1) a[i][j]           //行下标和列下标表示法
(2) *(a[i]+j)         //行下标加列位移表示法
(3) *(*(a+i)+j )      //行位移加列位移表示法
```

显然，一维数组元素和二维数组元素表示的区别（在不含 "&" 的情况下）是，一维数组元素仅有一个 "*" 或一个 "[ ]"，如 a[i]、*(a+i) 和 *a（a[0]）；二维数组元素带有的 "*" 与 "[ ]" 的个数之和必须是 2，如 a[i][j]、*(a[i]+j)、*(*(a+i)+j) 和 **a（a[0][0]）。

【例 6.8】用不同的方法实现对二维数组的输入和输出。

解：实现方法如下。

方法一：下标法。

```
#include<stdio.h>
```

```
void main()
{
    int a[3][4],i,j;
    for(i=0;i<3;i++)
    for(j=0;j<4;j++)
    scanf("%d",&a[i][j]);
    for(i=0;i<3;i++)
    {
    for(j=0;j<4;j++)
    printf("%4d",a[i][j]);
    printf("\n");
    }
}
```

方法二：行下标加列位移法。

```
#include<stdio.h>
void main()
{
    int a[3][4],i,j;
    for(i=0;i<3;i++)
        for(j=0;j<4;j++)
            scanf("%d",a[i]+j);
    for(i=0;i<3;i++)
    {
        for(j=0;j<4;j++)
            printf("%4d",*(a[i]+j));
        printf("\n");
    }
}
```

方法三：行位移加列位移法。

```
#include<stdio.h>
void main()
{
    int a[3][4],i,j;
    for(i=0;i<3;i++)
        for(j=0;j<4;j++)
            scanf("%d",*(a+i)+j);
    for(i=0;i<3;i++)
    {
        for(j=0;j<4;j++)
            printf("%4d",*(*(a+i)+j));
        printf("\n");
    }
}
```

2．指向二维数组的指针变量

由指针变量和一维数组可知，一个普通的指针变量可以指向一维数组，但不能指向二维数组。例如：

```
char str[][10]={"Hollow!","OK!"},*p;
```

则语句

```
p=str;
```

的写法是错误的，即必须使指针变量 p 指向二维数组 str 中的某一行（该行的所有数组元素组成了一个一维数组）才正确。例如：

```
p=str[0];
```

就是一个正确的语句。

C 语言也提供了指向二维数组的指针变量，其定义的一般形式为

```
类型标识符 (*变量名)[列数];
```

其中，"类型标识符"是所指向的二维数组的数据类型；"*"表示其后的变量为指针类型；而方括号中的"列数"是所指向的二维数组所具有的列数。应注意"(*变量名)"两边的圆括号不能少，若有圆括号，则"*"先与变量名结合，即表示定义了一个指针变量；若缺少圆括号，则表示一个指针数组（将在第 6.2.3 节介绍），其意义就完全不同了。

我们通过下面的例子来说明二维数组指针变量的移动。

```
int a[4][6];
int (*p)[6];
p=a;
p++;
```

二维数组指针变量 p 执行"p++;"语句，则根据定义时的列数值 6 将 p 的指针值从二维数组 a 的开始处（a[0]处）顺序后移 6 个元素，即到达下一行的开始处（a[1]处）。指针变量 p 的指针值每加 1，它就会相应地在二维数组中下移一行。实际上，它将二维数组 a 看成 4 个一维数组 a[0]、a[1]、a[2]和 a[3]，而指针变量 p 只能在 a[0]~a[3]之间移动。因此，二维数组指针变量 p 只能定位在每行的开始处，而不能定位在二维数组中的任意一个数组元素处。

【例 6.9】给出下面程序的输出结果。

```
#include<stdio.h>
void main()
{
    int a[][4]={{1,2,3},{4,5,6,7}};
    int (*p)[4];
    p=a;
    printf("%d,%d\n",*p[0],*p[1]+2);
}
```

解：本题采用二维数组指针方法来输出结果，并且采用的是下标法。因为 p[0]是 a[0][0]元素的地址，故*p[0]的值为 1；而 p[1]是 a[1][0]元素的地址，故*p[1]的值为 4，再加上 2 后为 6，因此输出结果为 1,6。注意，此题也可用行位移加列位移法表示，即*p[0]可用**p 表示，而*p[1]+2 可用**(p+1)+2 表示。

【例 6.10】用二维数组指针方法实现例 6.8 的输入和输出。

解：实现方法如下。

方法一：指针法（用指针变量指向数组元素）。

```
#include<stdio.h>
void main()
{
    int a[3][4];
    int *q,(*p)[4];
    for(p=a;p<a+3;p++)
        for(q=*p;q<*p+4;q++)      //在此，*p~*p+3 为该行中的每个元素的地址
            scanf("%d",q);
    for(p=a;p<a+3;p++)
    {
```

```
        for(q=*p;q<*p+4;q++)
            printf("%4d",*q);
        printf("\n");
    }
}
```

方法二：行指针加列位移法。

```
#include<stdio.h>
void main()
{
    int a[3][4],j;
    int (*p)[4];
    for(p=a;p<a+3;p++)
        for(j=0;j<4;j++)
            scanf("%d",*p+j);
    for(p=a;p<a+3;p++)
    {
        for(j=0;j<4;j++)
            printf("%4d",*(*p+j));
        printf("\n");
    }
}
```

注意，在指针法中，内层 for 循环的条件表达式 q=*p 和 q<*p+4 不能写成 q=p 和 q<p+4。这是因为 p 是指向二维数组的指针变量且只能指向二维数组名或二维数组每行的开始处，而 q 只是一个普通的指针变量，它既可以指向一个变量，又可以指向一个一维数组名或一个数组元素。也就是说，指向一维数组的指针变量 q 和指向二维数组的指针变量 p 所处的层次不同，所以 q 和 p 之间是不能赋值和比较大小的。*p 表示二维数组 a 中某行的首地址，且二维数组中的每一行都构成了一个一维数组，即 p 是指向二维数组的指针变量，而*p 是指向一维数组的指针变量（虽然 p 和*p 都指向二维数组的同一个地址，但它们的层次不同），因此 q 和*p 之间可以赋值和比较大小，如 q=*p 和 q<*p+4 是正确的。此外，*p+j 中的*p 表示二维数组 a 中某行的首地址，再加上 j（位移 j）则指向该行列下标为 j 的元素，即*p+j 可以指向二维数组 a 某行中的任意一个数组元素。最后需要指出的是，对于二维数组名 a，它除了是一个地址常量，其使用层次都与指向二维数组的指针变量 p 相同，即"p=a;"或将*a 赋给普通指针变量 q 的语句"q=*a;"都是正确的。

归纳起来，在二维数组中，普通指针变量 q 只能指向二维数组中的一维数组名或数组元素；二维数组指针变量 p 只能指向二维数组名或二维数组中各行的首地址，而*p 的功能与 q 相同。例如：

```
int a[3][4]={{1,2,3,4},{5,6,7,8},{9,10,11,12}};
int *q, (*p)[4];
p=a;                    //p 指向二维数组名 a
p=a+1;                  //p 指向二维数组 a 中第 1 行的首地址
p=&a[0];               //p 指向二维数组 a 中第 0 行的首地址
p=a[0];                //出错，p 不能指向 a[0]，a[0]为二维数组 a 中第 0 行的一维数组名
p=&a[0][0];            //出错，p 不能指向数组元素
q=*a;或 q=a[0];        //q 指向二维数组 a 中第 0 行的一维数组名*a 或 a[0]
q=*(a+1)+2;或 q=a[1]+2; //q 指向第 a+1 行第 2 列的数组元素，即 a[1][2]
q=&a[0][0];            //q 指向数组元素
q=a;                   //出错，q 不能指向二维数组名 a
q=a+1;                 //出错，q 不能指向二维数组名 a 表示的各行首地址
```

此外，由指向二维数组的指针变量也可以推论出指向三维数组的指针变量或指向多维数组的指针变量。例如：

```
int a[3][3][2],(*p)[3][2]=a;
```

指向三维数组的指针变量 p 可以指向三维数组名 a 或三维数组中各二维数组的开始处。

*6.2.3　指针数组

对于一个数组，当其每个元素都属于指针类型时，则称该数组为指针数组。根据数组的定义，指针数组中的每个元素都必须是指向同一种数据类型的指针型元素。指针数组定义的一般形式为

```
类型标识符 *数组名[整型常量表达式];
```

在定义中，由于"[]"比"*"的优先级高，因此"数组名"与方括号中的"整型常量表达式"结合形成了一个长度确定的数组定义，而数组名前面的"*"表示该数组中的每个元素都是指针类型的；"类型标识符"说明每个指针型元素所指向的变量类型，即这些指针型元素只能指向同一类型的变量地址。例如：

```
int *a[10];
char *b[6];
```

它们都是指针数组。要注意指针数组与二维数组的指针变量之间的区别，不要将"int *a[10];"与"int (*a)[10];"混淆。又如：

```
char c[3][8]={"BASIC","FORTRAN","PASCAL"};
char *p[3]={c[0],c[1],c[2]};
```

指针数组 p 的指向关系如图 6.9 所示。

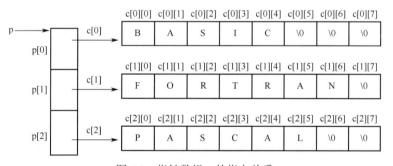

图 6.9　指针数组 p 的指向关系

指针数组和一般数组相同，也允许在定义时初始化。但由于指针数组的每个元素都是指针类型的，因此每个元素都只能存放地址值。对指向字符串的指针数组在定义时赋初值，就是把存放字符串的首地址赋给指针数组中对应的元素。例如：

```
char *a[3]={"BASIC","FORTRAN","PASCAL"};
```

上述语句定义了一个指针数组 a，在它的 3 个元素 a[0]、a[1]和 a[2]中分别存放了"BASIC"、"FORTRAN"和"PASCAL"3 个字符串的起始地址。

【例 6.11】给出下面程序的输出结果。

```
#include<stdio.h>
void main()
{
    int a[3][4]={0,1,2,3,4,5,6,7,8,9,10,11};
    int *p[3],i;
```

```
    for(i=0;i<3;i++)
        p[i]=&a[i][0];
    printf("%d%d\n",*(*(p+2)+1),*(*(p+1)+2));
}
```

解：*(p+2)的值为&a[2][0]，而*(p+2)+1 的值为&a[2][1]，即*(*(p+2)+1)的值为 a[2][1]；同理，*(*(p+1)+2)的值为 a[1][2]，因此输出结果为 96。

【例 6.12】已知一个不透明的布袋中装有同样大小的红色、蓝色、黄色、绿色和紫色球各一个，现在从布袋中一次抓出两个球，问抓到两个球的颜色组合有哪些？请用指针数组求解。

解：由于先抓到红球再抓到黄球和先抓到黄球再抓到红球的效果是一样的，因此只出现一种即可。故只需要用外循环 1～5 来表示抓到的红色、蓝色、黄色、绿色和紫色的第 1 个球，用内循环 1～5 来表示抓到的红色、蓝色、黄色、绿色和紫色的第 2 个球，即可找出一次抓出两个球的所有结果。由于不允许抓到的两个球是相同颜色（与题意矛盾），因此只要两层循环不取同一个值即可。程序设计如下。

```
#include<stdio.h>
void main()
{
    char *color[5]={"red","blue","yellow","green","purple"},**p=color;
    int s=0,i,j;
    for(i=0;i<=3;i++)
        for(j=i+1;j<=4;j++)
        {
            if(i==j)
                continue;
            s++;
            printf("%3d",s);
            printf("%10s%10s\n",*(p+i),*(p+j));
        }
}
```

运行结果：

```
1       red     blue
2       red     yellow
3       red     green
4       red     purple
5       blue    yellow
6       blue    green
7       blue    purple
8       yellow  green
9       yellow  purple
10      green   purple
```

在程序中，我们使用了一个指向指针变量的指针变量 p，关于它的使用方法将在下一节中予以介绍。

6.3 指针变量与字符串及多级指针变量

6.3.1 指针变量与字符串

字符串的指针就是字符串的起始地址，当把这个地址赋给一个字符型指针变量时，就能很便捷地实现对字符串的处理。因此，定义一个字符型指针变量并使该指针变量指向字符串的起始位置，此后就可以使用这个指针变量进行字符串的相关操作了。指向字符串的指针变量定义的一般形式为

```
char *变量名;
```

例如：

```
char *p;
```

在 C 语言中，可以用两种方法对一个字符串进行操作。

（1）把字符串保存在一个字符数组中。

例如：

```
char str[]="Program";
```

这时可以通过数组名或数组元素来访问该字符数组。

（2）用指向字符串的指针变量来指向字符串。

例如：

```
char *s="Program";
```

这时可以通过指向字符串的指针变量来访问字符串的存储区。

用这两种方法存储字符串的示意如图 6.10 所示。

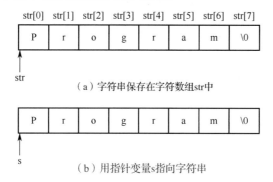

图 6.10　用字符数组和指向字符串的指针变量存储字符串的示意

由图 6.10 可知，对于字符型指针变量 s 来说，虽然没有定义字符数组，但在定义 s 并指向字符串初值"Program"时，系统在内存中将这个字符串"Program"以字符数组的形式存储。对于上述两种方法的定义来说：

```
printf("%s",str);      等效于    printf("%s",s);
printf("%c",str[3]);   等效于    printf("%c",s[3]);
```

但是，字符串指针变量与字符数组有以下区别。

（1）s 是指针变量，可以为其多次赋值；而 str 是字符数组，它表示的数组名为一个地址常量，不能给它赋值。例如：

```
char *s;
s="Language";
```

是正确的，而

```
char str[10];
str="Language";
```

是错误的。

（2）数组 str 的元素可以被重新赋值，而指针变量 s 所指向的字符串是一个字符串常量，故该字符串中的字符是不能修改的。例如：

```
str[4]='g';
```
是正确的，而
```
s[4]='g';
```
是错误的。

【例 6.13】指出下面程序中的错误并将其改为正确的程序。

```
#include<stdio.h>
#include<string.h>
void main()
{
    char *s1="12345",*s2="abcd";
    printf("%s\n",strcpy(s1,s2));
}
```

解：由于字符型指针变量所指向的字符串是不能修改的，因此也就无法完成将一个指针变量所指向的字符串拷贝到另一个指针变量所指向的字符串中（可以实现将一个指针变量所指向的字符串拷贝到一个字符数组中）。程序修改如下。

```
#include<stdio.h>
#include<string.h>
void main()
{
    char s1[10]="12345",*s2="abcd";
    printf("%s\n",strcpy(s1,s2));
}
```

【例 6.14】给出下面程序的运行结果。

```
#include<stdio.h>
void main()
{
    char *p="I love our country.";
    while(*p!='\0')
    {
        printf("%c",*p);
        p++;
    }
    printf("%s\n",p);
}
```

解：程序设置了一个字符型指针变量 p 来指向字符串"I love our country."，然后通过改变指针变量 p 的指向来逐个字符地输出字符串"I love our country."，直到遇到字符串结束标志'\0'为止。注意，此时 p 已经指向字符串末尾的结束标识符'\0'。在执行语句 "printf("%s\n",p);" 时，由于 p 指向'\0'，而原字符串已经丢失，因此输出的是一个空串（什么也没有），然后输出一个换行符'\n'，故最终的输出结果为 "I love our country."。

*6.3.2　多级指针变量

指针变量可以指向普通变量，也可以指向其他指针变量。若一个指针变量存放的是另一个指针变量的地址，则称这个指针变量为指向指针变量的指针变量，也称多级指针变量。

通过指针变量来访问其他变量的方式称为间接访问。由于这种情况是由指针变量直接指向其他变量的，因此称为单级间接访问；若通过指向指针变量的指针变量来访问其他变量，

则构成了二级间接访问。指向指针变量的指针变量的定义形式为

> 类型标识符 **变量名;

其中，"**"表示其后的变量名是一个指向指针变量的指针变量。例如：

> int a=10;
> int *p1=&a,**p=&p1;

指针变量 p、p1 与变量 a 的指向关系如图 6.11 所示。

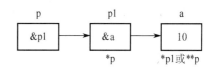

由图 6.11 可知，指针变量 p 所指向的变量 p1 本身又是一个指针变量，而 p1 又指向了一个整型变量 a。我们可以通过*p1 或**p 访问整型变量 a 的值 10，而**p 是二级间接访问的指针，即通过

图 6.11　指针变量 p、p1 与变量 a 的指向关系

第一次间接访问*p 得到 p1 的值&a，然后通过第二次间接访问**p 得到 a 的值 10。这里，p1 的别名是*p，而 a 的别名是*p1 或**p。

指向指针变量的指针变量的使用方法在例 6.12 中已经出现过。下面，我们再给出一个指向指针变量的指针变量的例子。

【例 6.15】利用指向指针变量的指针变量输出二维字符数组中的字符串。

```
#include<stdio.h>
void main()
{
    char *name[]={"BASIC","FORTRAN","PASCAL"};
    char **p;
    int i;
    for(i=0;i<3;i++)
    {
        p=name+i;
        printf("%s\n",*p);
    }
}
```

运行结果：

```
BASIC
FORTRAN
PASCAL
```

指向指针变量的指针变量 p 与指针数组 name 的关系如图 6.12 所示，并且 p 指向的是指针数组 name 的首地址。

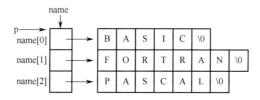

图 6.12　指向指针变量的指针变量 p 与指针数组 name 的关系

在定义和使用多级指针变量时应注意以下 3 点。

（1）在定义多级指针变量时要用到多个间接运算符"*"，几级指针变量就要用几个"*"。

（2）只有同类型的同级指针变量之间才能相互赋值。

（3）当利用多级指针变量对最终普通变量赋值时，也必须使用相应个数的间接运算符"*"。

例如：

```
int a,*p1;            //p1 是一级指针变量
int **p2;             //p2 是二级指针变量
int ***p3;            //p3 是三级指针变量
p1=&a;
p2=&p1;
p3=&p2;
a=10;
*p1=20;
**p2=30;
***p3=40;
```

其赋值时的指针变量关系如图 6.13 所示。由图 6.13 可知，最终变量 a 的值为 40。

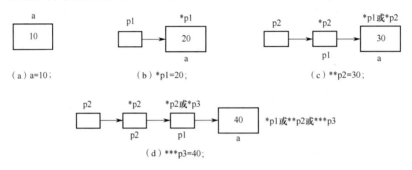

图 6.13　赋值时的指针变量关系

需要指出的是，二级指针变量"**p"和二维数组中的"**p"是两个完全不同的概念。在定义时，前者表示 p 是指向指针变量的指针变量；在引用中，前者表示 p 是经过二级间接访问的变量，而后者表示 p 指向的某行某列的数组元素。

【例 6.16】给出下面程序的运行结果。

```
#include<stdio.h>
void fun(char **p)
{
    ++p;
    printf("%s\n",*p);
}
void main()
{
    char *a[]={"Morning","Afternoon","Evening","Night"};
    fun(a);
}
```

解：程序中指针数组 a 及形参指针变量 p 的指向如图 6.14 所示。在函数 fun 中执行++p;意味着指针变量 p 从指向 a[0]改为指向 a[1]，即最后的输出结果为 Afternoon。

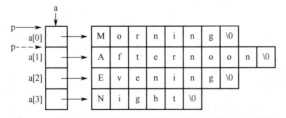

图 6.14　程序中指针数组 a 及形参指针变量 p 的指向

6.4 指针变量与函数

6.4.1 用指针变量作为函数参数

由第 5 章内容可知，C 语言在调用函数时，将实参传递给形参采用的是值传递方式，在被调函数执行过程中对参数的修改结果不会返回给主调函数。但在编写程序时，经常需要所编写的函数能够实现将多个运算结果返回给主调函数。若用指针变量作为形参，则可以通过传地址的方式实现将多个运算结果返回给主调函数。

这种传地址的方式实际上是将实参的内存地址传给作为形参的指针变量。这样，在被调函数中就可以通过这个形参（指针变量）间接访问实参。因此，改变形参的值实际上是根据形参（指针变量）的指向去改变实参的值。当被调函数执行结束后，作为形参的指针变量不再存在，但在被调函数中对形参这个指针变量所指向变量（实参）的操作结果已经保留在主调函数的实参中了，因此从"效果"上看已经把结果返回给主调函数了。

将主调函数与被调函数之间数据传递的方法归纳如下。

（1）实参将数据传递给形参，被调函数通过 return 语句把函数值返回给主调函数。

（2）主调函数与被调函数之间通过全局变量交换数据。

（3）通过指针型形参（地址传递）实现主调函数与被调函数之间的数据传递。

下面，我们通过例子来了解值传递和地址传递（用指针变量作为形参）这两种方式下的函数执行过程。

【例 6.17】用函数实现两个数的交换。

```c
#include<stdio.h>
void swap(int x,int y)
{
    int temp;
    temp=x;
    x=y;
    y=temp;
}
void main()
{
    int a=10,b=30;
    swap(a,b);
    printf("%d,%d\n",a,b);
}
```

程序运行过程的动态图如图 6.15 所示。

由图 6.15 可以看出，虽然被调函数 swap 完成了 x 值和 y 值的交换，但无法将交换的结果返回给主调函数，这是因为形参 x、y 在接收实参 a、b 的值之后就与实参 a、b 中断了联系，故输出结果为 10, 30。

【例 6.18】用指针变量作为函数中的形参来实现两个数的交换。

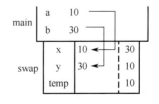

图 6.15 例 6.17 程序运行过程的动态图

```c
#include<stdio.h>
void swap(int *p1,int *p2)
{
```

```
    int temp;
    temp=*p1;
    *p1=*p2;
    *p2=temp;
}
void main()
{
    int a=10,b=30;
    swap(&a,&b);                    //实参分别为变量 a 和变量 b 的地址
    printf("%d,%d\n",a,b);
}
```

程序运行过程的动态图如图 6.16 所示。

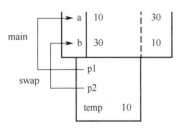

图 6.16　例 6.18 程序运行过程的动态图

在函数 swap 中，用指针变量 p1 和 p2 作为形参，传给 p1 和 p2 的是实参变量 a 和 b 的地址值。由图 6.16 可以看出，在被调函数 swap 的执行过程中，所有对 p1 和 p2 的操作都是根据其指针（a 和 b 的内存地址）的指向对主调函数中的实参变量 a 和 b 进行的，因此交换 *p1 和*p2 的值也就是交换 a 和 b 的值，故最终输出结果为 30,10。

注意，若将例 6.18 中的函数 swap 改为下面的写法：

```
swap(int *p1,int *p2)
{
    int *p;
    p=p1;
    p1=p2;
    p2=p;
}
```

则这里虽然仍是用指针变量 p1 和 p2 作为形参，但此时交换的是指针变量 p1 和 p2 的指针值，即 p1 由原来指向 a 改为指向 b，而 p2 由原来指向 b 改为指向 a，a 和 b 的值没有发生变化。在函数 swap 调用结束后，形参 p1、p2 及局部变量 p 被系统收回。故最终输出的 a 值和 b 值仍然没有改变。

【例 6.19】下面给出的程序能否用指针变量作为形参来完成两个实参数据的交换？

```
#include<stdio.h>
void swap(int *p1,int *p2)
{
    int *p;
    p=p1;
    p1=p2;
    p2=p;
}
void main()
{
    int a=10,b=30;
    int *r1=&a,*r2=&b;
    swap(r1,r2);                    //传递的实参值为指针变量
    printf("%d,%d\n",*r1,*r2);
}
```

在主函数 main 中，指针变量 r1 指向变量 a，指针变量 r2 指向变量 b。在调用函数 swap

时，将实参 r1 的值（a 的内存地址）传给形参指针变量 p1，将实参 r2 的值（b 的内存地址）传给形参指针变量 p2。此时，形参指针变量 p1 指向变量 a，形参指针变量 p2 指向变量 b。在函数 swap 中，交换 p1 和 p2 的指针值实际上就是交换 p1 和 p2 的指向。交换后，p1 指向变量 b，p2 指向变量 a，而此时实参 r1 和实参 r2 的指向并没有改变。在函数 swap 调用结束后，形参指针变量 p1、p2 和局部变量 p 被系统收回。主函数 main 最终输出的*r1 和*r2 的值仍是原来的 a 和 b 的值，即 10,30。因此，该程序无法实现两个实参数据的交换。

6.4.2 用数组名作为函数参数

当用数组名作为函数参数时，实参与形参都用数组名表示。采用数组名作为函数参数，传递数据并不采用通常的传值法，而是采用传地址的方法。当用数组名作为实参去调用被调函数时，把实参数组的首地址传给数组名形式的形参（简称形参数组名），使形参数组名指向实参数组，即两者共享实参数组的内存单元。因此，任何对形参数组中某个元素值的改变都将直接影响实参数组中的对应元素（实际上就是同一个元素）值的改变。实际上，C 语言的编译系统就是将形参数组名作为一个指针变量来处理的。因此，当实参是一个数组名时，形参也可以是一个指针变量。

注意，形参数组名由于事先无法获知与其对应的实参数组的大小，因此都以虚数组名的形式出现，即在函数首部中采用如下表示方式。

```
f(int a[ ],int n)
```

其中，形参 "a[ ]" 就是一个虚数组名。虚数组名不同于实数组名（用说明语句定义的实数组名是一个指针常量），它不是指针常量，而是函数内部使用的局部指针变量。因此，形如 "f(int a[ ],int n)" 的函数首部也可以写成 "f(int *a, int n)"（对应实参数组的形参是指针变量 a），两者完全等价。

此外，当以数组名作为实参调用具有形参数组名的函数时，由于形参数组名是一个指针变量，因此只能以实参数组名（数组的首地址）作为调用参数，而不能带方括号。

归纳起来，在函数中传递一个数组参数，实参与形参的对应方式有 4 种。

（1）实参和形参都用数组名表示。

（2）实参用数组名表示，形参用指针变量表示。

（3）实参用指针变量表示，形参用数组名表示。

（4）实参和形参都用指针变量表示。

【例 6.20】通过函数调用，使整型数组中的所有元素加 10。

解：（1）实参和形参都用数组名表示。

```
#include<stdio.h>
void add(int b[],int n)
{
    int i;
    for(i=0;i<n;i++)
        b[i]=b[i]+10;
}
void main()
{
    int i,a[10]={1,2,3,4,5,6,7,8,9,10};
    add(a,10);
```

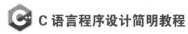

```
    for(i=0;i<10;i++)
        printf("%4d",a[i]);
    printf("\n");
}
```

（2）实参用数组名表示，形参用指针变量表示。

```
#include<stdio.h>
void add(int *p,int n)
{
    int *q=p+n;
    for(;p<q;p++)
        *p=*p+10;
}
void main()
{
    int i,a[10]={1,2,3,4,5,6,7,8,9,10};
    add(a,10);
    for(i=0;i<10;i++)
        printf("%4d",a[i]);
    printf("\n");
}
```

（3）实参用指针变量表示，形参用数组名表示。

```
#include<stdio.h>
void add(int b[],int n);
void main()
{
    int a[10]={1,2,3,4,5,6,7,8,9,10};
    int *q=a;                          //a 是数组的首地址
    add(q,10);
    for(q=a;q<a+10;q++)
        printf("%4d",*q);
    printf("\n");
}
void add(int b[],int n)
{
    int i;
    for(i=0;i<n;i++)
        b[i]=b[i]+10;
}
```

（4）实参和形参都用指针变量表示。

```
#include<stdio.h>
void add(int *p,int n)
{
    int *q1=p+n;
    for(;p<q1;p++)
        *p=*p+10;
}void main()
{
    int a[10]={1,2,3,4,5,6,7,8,9,10};
    int *q=a;
    add(q,10);
    for(q=a;q<a+10;q++)
        printf("%4d",*q);
```

```
                                                                printf("\n");
}
```

【例 6.21】给出下面程序的运行结果。

```
#include<stdio.h>
void fun1(char *p)
{
    char *q;
    q=p;
    while(*q!='\0')
    {
        (*q)++;
        q++;
    }
}
void main()
{
    char a[]={"program"},*p;
    p=&a[3];
    fun1(p);
    printf("%s\n",a);
}
```

解：调用 fun1 函数完成参数传递（将实参 p 的指针值&a[3]传给形参 p），然后执行语句"q=p;"，并将 p 值（&a[3]）赋给指针变量 q。这时数组 a 的存储情况如图 6.17（a）所示。fun1 函数中的 while 循环体语句"(*q)++;"使当前 q 所指向的数组元素的字符值加 1，如字符"g"变为字符"h"，而接下来的语句"q++;"则使 q 的指针值加 1，即 q 指向其后的下一个数组元素。继续 while 循环，即继续给 q 所指向的数组元素的字符值加 1，再使 q 指向下一个数组元素，这种循环操作持续到 q 所指向的数组元素的字符值为 0（'\0'字符）为止。

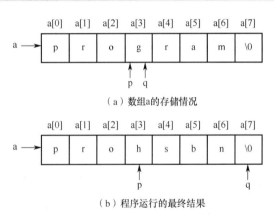

图 6.17 数组 a 的存储情况和程序运行的最终结果

因此，这个过程实际上对 a[3]～a[6]中的字符值都进行了加 1 操作。程序运行的最终结果如图 6.17（b）所示，即 prohsbn。

【例 6.22】将一维数组的各元素值循环右移 m 个元素位置，请用函数实现。

解：程序如下。

```
#include<stdio.h>
void remove(int a[],int m,int n)
{
    int i,t,*p;
    for(i=0;i<m;i++)                    //循环右移 m 个元素位置
    {
        p=a+n-1;                       //p 指向数组的最后一个元素 a[n-1]
        t=*p;                          //t 保存 a[n-1]的值
        for(;p>a;p--) //将 a[n-2]、…、a[0]顺序循环右移 1 位至 a[n-1]、…、a[1]
            *p=*(p-1);
```

```
        *p=t;              //退出循环时 p 指向 a[0]，即将 t 中的原 a[n-1]的值送入 a[0]中
    }
}
void main()
{
    int m,s[10],*p;
    printf("Input data:\n");
    for(p=s;p<s+10;p++)                  //输入 10 个元素值
        scanf("%d",p);
    printf("Move m=");
    scanf("%d",&m);
    remove(s,m,10);                      //调用循环右移函数
    printf("After:\n");
    for(p=s;p<s+10;p++)                  //按照移动后的顺序输出
        printf("%5d",*p);
    printf("\n");
}
```

运行结果：

```
Input data:
1 2 3 4 5 6 7 8 9 10↙
Move m=3↙
After:
   8   9  10   1   2   3   4   5   6   7
```

程序执行过程中数组 s 的变化情况如图 6.18 所示。

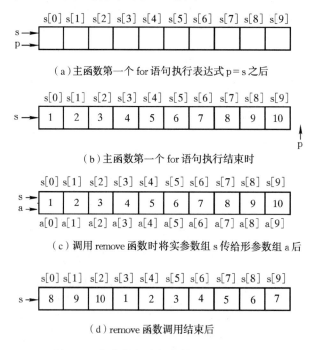

（a）主函数第一个 for 语句执行表达式 p=s 之后

（b）主函数第一个 for 语句执行结束时

（c）调用 remove 函数时将实参数组 s 传给形参数组 a 后

（d）remove 函数调用结束后

图 6.18　程序执行过程中数组 s 的变化情况

6.4.3　指针型函数

所谓函数类型，是指函数返回值的类型。在 C 语言中允许一个函数的返回值是一个指针

（地址），这种返回指针值的函数称为指针型函数。

定义指针型函数的一般形式为

```
类型标识符 *函数名(形参表)
{
    ...                    //函数体
}
```

其中，函数名之前加"*"表明这是一个指针型函数，即返回值是一个指针（地址）；"类型标识符"给出了接收该返回值的指针变量的数据类型，即返回指针值的函数的函数体中必须由 return 语句返回一个返回值，并且主调函数中接收该返回值的变量必须是指针类型的，且该变量指向的数据类型必须与返回指针值的函数定义时类型标识符说明的类型一致。

【例 6.23】用程序实现系统提供的字符串拷贝函数 strcpy 的功能。

解：程序设计如下。

```
#include<stdio.h>
char *strcpy1(char *s1,char *s2)
{
    char *p=s1;              //用 p 保存传递给 s1 的实参字符数组 s 的首地址
    while(*s1++=*s2++);      //将 s2 指向的字符串逐个字符地拷贝到 s1 所指向的字符数组中
    return(p);              //返回 p 所指向的字符数组 s 的首地址
}
void main()
{
    char s[40]="I am a student.";
    printf("%s\n",strcpy1(s,"You are a teacher.")); //输出返回指针指向的内容
}
```

运行结果：

```
You are a teacher.
```

strcpy1 函数中语句"while(*s1++=*s2++);"的循环体为一个空语句。该 while 语句的执行步骤如下。

（1）先将 s2 所指向的字符赋给 s1 所指向的字符位置。

（2）判断当前*s1 的值是否为 0（字符'\0'）。

（3）执行 s2++和 s1++，使 s2 和 s1 各自指向其后的下一个字符位置，以便继续进行字符的拷贝工作。

（4）根据（2）的判断结果，若当前*s1 的值为非 0，则执行循环体（空语句 "；"）；否则结束循环。

注意，（1）～（3）为表达式"*s1++=*s2++"完成的功能。因此，表达式"*s1++=*s2++"完成了将 s2 所指向的字符串（包括字符串结束标志'\0'）逐个字符地拷贝到 s1 所指向的字符数组中。当将字符串结束标志'\0'拷贝到 s1 所指向的字符位置时，由于判断出此时的*s1 值已为 0（'\0'），因此跳出循环，结束拷贝工作。

【例 6.24】用程序实现系统提供的字符串连接函数 strcat 的功能。

解：我们用 strcat1 函数来实现系统提供的 strcat 函数的功能。在 strcat1 函数中，将实参字符串 s2 连接到实参字符数组 s1 中的原有字符串的后面。由指针变量与字符串的关系可知，实参 s2 可以是字符串常量或字符数组名，而实参 s1 只能是字符数组名。函数 strcat1 的返回值是实参字符数组 s1 的首地址（实参字符数组名 s1），而函数类型是指向字符的指针类型。程序设计如下。

```
#include<stdio.h>
char *strcat1(char *s1,char *s2);
void main()
{
    char s[40]="I am a student.";
    printf("%s\n",strcat1(s,"You are a teacher."));
}
char *strcat1(char *s1,char *s2)
{
    char *p1=s1;
    while(*s1)s1++;
    while(*s1++=*s2++);
    return(p1);
}
```

在 strcat1 函数中，说明语句中的 "*p1=s1;" 用于保存传递给 s1 的实参字符数组 s 的首地址，而语句 "while(*s1) s1++;" 则使 s1 的指向移到字符数组 s 中字符串"I am a student."的字符串结束标志'\0'时结束循环。语句 "while(*s1++=*s2++);" 的功能与例 6.23 中介绍的相同，有所不同的是，s1 已定位于字符数组 s 中字符串"I am a student."的字符串结束标志'\0'处，即由这个位置开始将 s2 所指向的字符串"You are a teacher."逐个字符地拷贝到数组 s1 中。当将位于字符串"You are a teacher."之后的字符串结束标志'\0'也拷贝到 s1 所指向的字符数组中时，就完成了将字符串"You are a teacher."及其字符串结束标志'\0'拷贝到字符数组 s 中字符串"I am a student."的后面的全部操作。由于这时的*s1 值为'\0'，因此结束循环。最后，通过 return 语句由指针变量 p1 将字符数组 s 的起始地址传回给 main 函数。

【例 6.25】输入 10 名学生的成绩，然后求出这 10 名学生的平均成绩，要求用指针方式实现。

解：程序设计如下。

```
#include<stdio.h>
float aver(int p[],int n)
{
    int i;
    float av,s=0;
    for(i=0;i<n;i++)
        s=s+p[i];
    av=s/n;
    return av;
}
void main()
{
    int i,score[10],*sp=score;
    float av;
    printf("Input 10 scores:\n");
    for(i=0;i<10;i++)
        scanf("%d",&score[i]);
    av=aver(sp,10);
    printf("Average score is:%6.2f\n",av);
}
```

这里我们用指针变量 sp 指向 score 数组，然后将这个 sp 的指针值传给形参数组名 p，进而实现求平均成绩。当然，形参也可以用指针变量表示，相应的程序如下。

```
#include<stdio.h>
float aver(int *pa,int n)
{
    int *pb;
    float av,s=0;
    for(pb=pa;pb<pa+n;pb++)
        s=s+*pb;
    av=s/n;
    return av;
}
void main()
{
    int i,score[10],*sp=score;
    float av;
    printf("Input 10 scores:\n");
    for(i=0;i<10;i++)
        scanf("%d",&score[i]);
    av=aver(sp,10);
    printf("Average score is:%6.2f\n",av);
}
```

另外，还可以采用实参为数组名 score 而形参为指针变量的传递方式，这里就不再叙述了。

【例 6.26】将 10 个数按由小到大的顺序排序。

解：程序设计如下。

```
#include<stdio.h>
void print(int *p,int n)
{
    int *q;
    for(q=p;q<p+n;q++)
        printf("%4d",*q);
    printf("\n");
}
void sort(int b[],int n)
{
    int i,j,t;
    for(i=1;i<n;i++)                        //进行 n-1 趟排序
        for(j=0;j<n-i;j++)
            if(b[j]>b[j+1])
            {
                t=b[j];
                b[j]=b[j+1];
                b[j+1]=t;
            }
}
void main()
{
    int a[10]={1,7,4,2,8,3,5,9,10,6};
    printf("Before sort:\n");
    print(a,10);
    sort(a,10);
    printf("After sort:\n");
    print(a,10);
}
```

我们看到，虽然被调函数 sort 并不返回任何值（无 return 语句），但形参数组 b 与实参数组 a 本身就是同一个数组，即形参数组 b 的任何变化必然会引起实参数组 a 的变化。通过这种方式可以在被调函数中将多个计算结果"返回"给主调函数。此外，我们还在输出函数 print 中特意使用了一个指针变量 p 作为形参来接收实参数组 a 的地址，然后实现对该数组中每个元素值的输出。

习题 6

1. 下面关于指针和指针变量的定义，错误的描述是_____。

A. 指针是一种变量，该变量用来存放某个变量的地址值

B. 指针变量的类型与它所指向的变量类型一致

C. 指针变量的命名规则与标识符相同

D. 在定义指针变量时，标识符前的"*"只对该标识符起作用

2. 若两个指针变量的值相等，则表明这两个指针变量_____。

A. 占据同一个内存单元　　　　　　　　B. 指向同一个内存单元地址或者都为空

C. 是两个空指针　　　　　　　　　　　D. 指向的内存单元值相等

3. 若有定义语句"int x=0,*p;"，则下面正确的赋值语句是_____。

A. p=x;　　　　　B. *p=x;　　　　　C. p=NULL;　　　　　D. *p=NULL;

4. 若有定义语句"int a,*p1=&a,*p2;"，则不能完成将 p1 的值赋给 p2 的语句是_____。

A. p2=p1;　　　　B. p2=**p1;　　　　C. p2=*&p1;　　　　D. p2=&*p1;

5. 若有定义语句"int n=0,*p=&n,**q=&p;"，则下面正确的赋值语句是_____。

A. p=1;　　　　　B. *q=2;　　　　　C. q=p;　　　　　D. *p=5;

6. 若有定义语句"int x[6]={2,4,6,8,5,7},*p=x,i;"，要求依次输出数组 x 中 6 个元素的值，则不能完成此操作的语句是_____。

A. for(i=0;i<6;i++)　　　　　　　　　B. for(i=0;i<6;i++)
　　　printf("%2d",*(p++));　　　　　　　　　printf("%2d",*(p+i));

C. for(i=0;i<6;i++)　　　　　　　　　D. for(i=0;i<6;i++)
　　　printf("%2d",*p++);　　　　　　　　　printf("%2d",(*p)++);

7. 若有语句"int c[4][5],(*p)[5];p=c;"，则能够正确引用数组 c 中的元素的是_____。

A. p+1　　　　　B. *(p+3)　　　　　C. *(p+1)+3　　　　　D. *(p[0]+2)

8. 以下语句或语句组中，能够正确进行字符串赋值的是_____。

A. char *sp; *sp="right!";　　　　　　　B. char s[10]; s="right!";

C. char s[10]; *s="right!";　　　　　　　D. char *sp="right!";

9. 若有语句"char s[10]="Beijing",*p;p=s;"，则执行"p=s;"语句后，下面叙述中正确的是_____。

A. 可以用*p 表示 s[0]

B. 数组 s 中元素的个数和 p 所指向的字符串长度相等

C. s 和 p 都是指针变量

D. 数组 s 中的内容和指针变量与 p 的内容和指针变量相同

10. 若有定义语句 "char *x[5];"，则下面叙述中正确的是_____。

A. 定义 x 是一个指针数组，它的每个元素均是一个基本类型为 char 的指针变量

B. 定义 x 是一个指针变量，该变量可指向一个长度为 5 的字符数组

C. 定义 x 是一个指针数组，语句中的 "*" 称为间址运算符

D. 定义 x 是一个指向字符型函数的指针

11. 若有定义语句 "char a[5]={65,66,67},*p=a;"，则执行语句 "printf("%s",p+1);" 的输出结果是____。

A. 6667   B. ABC   C. BC   D. 出错

12. 阅读程序，给出程序的运行结果。

```
#include<stdio.h>
void main()
{
    int a=7,b=8,*p,*q,*r;
    p=&a; q=&b;
    r=p; p=q; q=r;
    printf("%d,%d,%d,%d\n",*p,*q,a,b);
}
```

13. 阅读程序，给出程序的运行结果。

```
#include<stdio.h>
void point(char *p)
{
  p=p+3;
}
void main()
{
    char b[4]={'a','b','c','d'},*p=b;
    point(p);
    printf("%c\n",*p);
}
```

14. 阅读程序，给出程序的运行结果。

```
#include<stdio.h>
void swap1(int c1[],int c2[])
{
    int t;
    t=c1[0]; c1[0]=c2[0]; c2[0]=t;
}
void swap2(int *c1,int *c2)
{
    int t;
    t=*c1; *c1=*c2; *c2=t;
}
void main()
{
    int a[2]={3,5},b[2]={3,5};
    swap1(a,a+1);
    swap2(&b[0],&b[1]);
    printf("%d%d%d%d\n",a[0],a[1],b[0],b[1]);
}
```

15. 阅读程序，给出程序的运行结果。

```c
#include<stdio.h>
int a=2;
int f(int *a)
{
    return (*a)++;
}
void main()
{
    int s=0;
    {
        int a=5;
        s=s+f(&a);
    }
    s=s+f(&a);
    printf("%d\n",s);
}
```

16. 阅读程序，给出程序的运行结果。

```c
#include<stdio.h>
void sum(int *a)
{
    a[0]=a[1];
}
void main()
{
    int x[10]={1,2,3,4,5,6,7,8,9,10},i;
    for(i=2;i>=0;i--)
        sum(&x[i]);
    printf("%d\n",x[0]);
}
```

17. 阅读程序，给出程序的运行结果。

```c
#include<stdio.h>
void fun(int *a,int i,int j)
{
    int t;
    if(i<j)
    {
        t=a[i]; a[i]=a[j]; a[j]=t;
        i++;
        j--;
        fun(a,i,j);
    }
}
void main()
{
    int x[]={2,6,1,8},i;
    fun(x,0,3);
    for(i=0;i<4;i++)
        printf("%2d",x[i]);
    printf("\n");
}
```

18. 阅读程序，给出程序的运行结果。

```c
#include<stdio.h>
void sort(int a[],int n)
{
    int i,j,t;
    for(i=0;i<n-1;i=i+2)
        for(j=i+2;j<n;j=j+2)
            if(a[i]<a[j])
            {   t=a[i]; a[i]=a[j]; a[j]=t;  }
}
void main()
{
    int x[10]={1,2,3,4,5,6,7,8,9,10},i;
    sort(x,10);
    for(i=0;i<10;i++)
        printf("%d,",x[i]);
    printf("\n");
}
```

19. 阅读程序，给出程序的运行结果。

```c
#include<stdio.h>
void main()
{
    char a[4][5]={"1234","abcd","xyz","ijkm"};
    int i=3;
    char (*p)[5]=a;
    for(p=a;p<a+4;p++,i--)
        printf("%c",*(*p+i));
    printf("\n");
}
```

20. 阅读程序，若程序运行时输入"1 2 3↙"，请给出程序的运行结果。

```c
#include<stdio.h>
void main()
{
    int a[3][2]={0},(*p)[2],i,j;
    for(i=0;i<2;i++)
    {
        p=a+i;
        scanf("%d",p);
        p++;
    }
    for(i=0;i<3;i++)
    {
        for(j=0;j<2;j++)
            printf("%2d",a[i][j]);
        printf("\n");
    }
}
```

21. 在下面的程序中，fun 函数的功能是求 3 行 4 列的二维数组中每行元素的最大值，并将找到的最大值依次放入数组 b 中。请填空。

```c
#include<stdio.h>
void fun(int m,int n,int a[][4],int *b)
```

```
{
    int i,j,x;
    for(i=0;i<m;i++)
    {
        x=a[i][0];
        for(j=0;j<n;j++)
            if(x<a[i][j])
                x=a[i][j];
        _____=x;
    }
        }
void main()
{
    int a[3][4]={{1,2,3,4},{6,3,5,8},{9,10,1,5}};
    int i,b[3];
    fun(3,4,a,b);
    for(i=0;i<3;i++)
        printf("%4d",b[i]);
    printf("\n");
}
```

22. 阅读程序，给出程序的运行结果。

```
#include<stdio.h>
void main()
{
    char str[][10]={"China","Beijing"},*p=str[0];
    printf("%s\n",p+10);
}
```

23. 阅读程序，给出程序的运行结果。

```
#include<stdio.h>
#include<string.h>
void main()
{
    char *p[5]={"abc","aabdfg","acdbe","abbd","cd"};
    printf("%d\n",strlen(p[3]));
}
```

24. 阅读程序，给出程序的运行结果。

```
#include<stdio.h>
void main()
{
    char a[]="Language",b[]="Programe";
    char *p1,*p2;
    int k;
    p1=a;
    p2=b;
    for(k=0;k<=7;k++)
        if(*(p1+k)==*(p2+k))
            printf("%c",*(p1+k));
}
```

25. 阅读程序，给出程序的运行结果。

```
#include<stdio.h>
void fun1(char *p)
```

```
{
    char *q;
    q=p;
    while(*q!='\0')
    {
        (*q)++;
        q++;
    }
}
void main()
{
    char a[]={"Program"},*p;
    p=&a[3];
    fun1(p);
    printf("%s\n",a);
}
```

26. 阅读程序，给出程序的运行结果。

```
#include<stdio.h>
char *s1(char *s)
{
    char *p,t;
    p=s+1;
    t=*s;
    while(*p)
    {
        *(p-1)=*p;
        p++;
    }
    *(p-1)=t;
    return s;
}
void main()
{
    char *p,str[10]="abcdefgh";
    p=s1(str);
    printf("%s\n",p);
}
```

27. 阅读程序，给出程序的运行结果。

```
#include<stdio.h>
void fun(char *t,char *s)
{
    while(*t!=0)
        t++;
    while((*t++=*s++)!=0);
}void main()
{
    char s1[10]="acc",a1[10]="bbxxyy";
    fun(s1,a1);
    printf("%s,%s\n",s1,a1);
}
```

28. 阅读程序，给出程序的运行结果。

```c
#include<stdio.h>
#include<string.h>
void f(char *s,char *t)
{
    char k;
    k=*s;*s=*t;*t=k;
    s++;t--;
    if(*s)
        f(s,t);
}
void main()
{
    char str[]="abcdefg",*p;
    p=str+strlen(str)/2+1;
    f(p,p-2);
    printf("%s\n",str);
}
```

29. 阅读程序，给出程序的运行结果。

```c
#include<stdio.h>
void main()
{
    char s[]={"Yes\n/No"},*p=s;
    puts(p+4);
    *(p+4)=0;
    puts(s);
}
```

30. 在下面的程序中，用函数 strcpy2 实现字符串的复制，即将 t 所指向的字符串复制两次到 s 所指向的字符串的存储空间中，并且合并形成一个新的字符串。例如，若 t 所指向的字符串为"efgh"，调用函数 strcpy2 后，则 s 所指向的字符串为"efghefgh"。请填空。

```c
#include<stdio.h>
void strcpy2(char *s,char *t)
{
    char *p=t;
    while(*s++=*t++);
    s=  (1)  ;
    while(  (2)  =*p++);
}
void main()
{
    char str1[40]="abcd",str2[]="efgh";
    strcpy2(str1,str2);
    printf("%s\n",str1);
}
```

31. 输入 3 个整数，然后用函数完成将这 3 个数由小到大排序。此外，参数传递要求采用指针方式。

32. 通过函数利用选择排序法将若干数按从大到小的顺序排序。此外，参数传递要求采用指针方式。

33．编写一个函数 fun，其功能是删除字符串中的数字字符。例如，若输入字符串"01China2010"，则输出字符串"China"。此外，参数传递要求采用指针方式。

34．编写一个函数来判断一个字符串是否为另一个字符串的子串。

35．用函数实现寻找一个二维数组的鞍点，即该元素在该行上值最大且在该列上值最小。

36．已有一个按降序排列好的数组，现输入一个数，通过编写函数的方式，将这个数仍按降序顺序插入该数组中。

第 7 章

结构体

在前面的章节中已经介绍了各种基本数据类型，以及数组和指针类型。其中，基本数据类型只能处理单个数据，数组虽然可以处理多个数据，但要求这些数据的类型相同。因此，这些数据类型还难以处理一些比较复杂的数据结构。而在实际应用中，经常需要处理一些彼此关系密切但数据类型又不相同的成批数据，可见用我们以往所学的这些数据类型是没有办法描述它们的。为此，C 语言给我们提供了将几种不同类型的数据组合到一起的方法，即结构体。本章将以前面介绍的数据类型为基础，进一步介绍结构体类型和共用体类型。此外，还将介绍用 typedef 定义类型标识符及结构体的应用——链表。

7.1 结构体类型的定义与结构体变量

7.1.1 结构体类型的定义

在数据的处理过程中，一组数据往往具有不同的数据类型。例如，在学生登记表中，姓名为字符数组型，年龄为整型，性别为字符型，成绩为整型或实型，显然不能使用一个数组来存放这组数据，因为数组中各元素的数据类型必须一致。为了解决这个问题，C 语言给出了一种新的构造数据类型——结构体类型，它相当于其他高级语言中的记录类型。

结构体类型是一种构造类型，即由其他数据类型组合在一起构造而成。因此，结构体类型是由若干成员组成的，这些成员可以有不同的数据类型。与数组类似的是，结构体也是一些相关数据的集合；但与数组不同的是，结构体中各成员的数据类型可以不同。由于结构体类型是一种构造类型，而且不像 int 等类型那样事先由 C 语言构造且定义好，因此在使用结构体类型前必须先由用户自行构造和定义它，然后才可像 int 等类型那样，用构造（定义）好的结构体类型来定义所需要的结构体变量。

结构体类型定义的一般形式为

```
struct 结构体名
{
    结构体成员表;
};
```

其中，struct 是关键字，称为结构体定义标识符；结构体名是结构体类型标志，它与 struct 一起构成了一个新的类型名。花括号"{}"内的结构体成员表由若干成员组成，每个成员都是该结构体的一个组成部分，并且必须对每个成员进行类型说明，其形式为

```
类型标识符  成员名;
```

结构体名和成员名的命名应符合标识符的书写规定。

例如，描述学生登记表的结构体类型定义如下。

```
struct student
{
    char name[20];
    int age;
    char sex;
    int math,phys,english;
    float average;
};
```

其中，student 是一个自定义的结构体名，它与 struct 一起构成了一个新的类型名（准确地说是一个新的结构体类型名）。此后就可以像使用 int、char 和 float 等简单类型名一样使用 struct student 这种新类型名了，而 name、age、sex、math、phys、english 和 average 是该结构体中的成员。

在以往的变量定义中，各变量之间彼此相互独立，没有任何内在联系。而结构体类型却不同，如上述结构体类型定义就包含 name、age、sex 等各项内容，这些内容共同表示一名学生的有关信息。结构体类型在定义时用花括号"{}"将这些彼此有关的变量（每个结构体成员）括起来，以表示它们之间存在联系。所以，可以把结构体类型看成对彼此相关变量的一种定义。

结构体类型的定义从另一个角度来说类似于表格的描述。表格中的各项都有自己的名字，每项内容都可以归到某种数据类型下。在结构体类型的定义中表现为，表格中的每项都对应结构体中的一个成员，并且各个成员的数据类型可以不同。结构体类型的定义实质上是将一张表格中的各项内容转化为结构体成员来描述，而结构体类型定义中的花括号"{}"相当于一张表格的开始和结束。例如，按照学生登记表表格定义的结构体类型描述如图 7.1 所示。

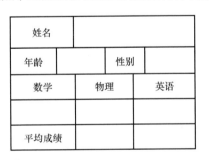

图 7.1　按照学生登记表表格定义的结构体类型描述

在定义结构体类型时应注意以下几点。

（1）结构体类型定义与其他变量定义一样，也是用一个说明语句实现的，因此必须用分号";"标识语句的结束。也就是说，结构体类型在定义时在花括号"}"之后要有分号";"。这一点与复合语句的花括号"}"后无分号";"是不同的。

（2）结构体成员可以是任何一种基本数据类型的变量，也可以是指针变量或者数组等构造类型的变量。由于结构体成员可以是构造类型的变量，因此它可以是结构体类型的变量，进而形成结构体类型的嵌套。

例如：

```
struct student
{
```

```
    char name[20];
    int age;
    char sex;
    struct date
    {
        int year,month,day;
    }birthday;
    int math,phys,english;
    float average;
};
```

这里结构体成员 birthday 的类型又属于结构体类型 struct date。因此，也可以采用下面的形式进行定义。

```
struct date
{
    int year,month,day;
};
struct student
{
    char name[20];
    int age;
    char sex;
    struct date birthday;
    int math,phys,english;
    float average;
};
```

（3）结构体类型的定义除指针变量外不允许递归定义。

例如：

```
struct stu
{
    char name[10];
    int score;
    struct stu a;
};
```

在结构体类型 struct stu 的定义中，又定义了一个类型为 struct stu 的成员 a，即在结构体类型 struct stu 还未完成定义时，又使用它来定义结构体成员，因此这种定义方式是错误的。但可以在结构体类型的定义中，用结构体类型来定义一个指向该结构体类型变量的指针变量（结构体成员）。

例如：

```
struct node
{
    char ch;
    struct node *next;
};
```

在结构体类型 struct node 的定义中，用结构体类型 struct node 定义了一个指针变量 next（next 可以指向类型为 struct node 的变量）。注意，这种定义仅是一个特例，因为在实现链表结构时必须如此定义。

（4）同一个结构体内的各成员名不能相同，但在结构体类型嵌套定义中，不同层的成员名可以相同。此外，结构体成员名也可以与普通变量名相同。

7.1.2　结构体变量

1．结构体变量的定义

一个结构体类型定义后，只是描述了该结构体的组织形式，即有几个成员及每个成员分别是什么数据类型的。这个结构体类型就像 int 类型一样，仅表明又多了一种可以使用的数据类型。需要注意的是，就如同 int 是数据类型而不是变量一样，结构体类型本身也是一种数据类型，而不是一个结构体变量，因此系统并不为结构体类型分配存储空间。只有用结构体类型定义一个结构体变量后，系统才会为这个结构体变量分配存储空间（为该结构体变量的每个成员分配对应的内存空间），这样才能够在程序中使用该结构体变量。

结构体变量的定义可以采用下面 3 种方法。

（1）定义结构体类型后再定义结构体变量，一般形式为

```
struct 结构体名
{
    结构体成员表;
};
struct 结构体名 变量名列表;
```

例如：

```
struct student
{
    char name[20];
    int age;
    char sex;
    float score;
};
struct student stu1,stu2;
```

这里，struct student 表示类型名，而 stu1 和 stu2 是类型为 struct student 的变量。

（2）在定义结构体类型的同时定义该类型的结构体变量，一般形式为

```
struct 结构体名
{
    结构体成员表;
}变量名列表;
```

例如：

```
struct student
{
    char name[20];
    int age;
    char sex;
    float score;
}stu1,stu2;
```

这里，stu1 和 stu2 是类型为 struct student 的变量。

（3）省略结构体名而直接定义结构体变量，一般形式为

```
struct
{
    结构体成员表;
}变量名列表;
```

例如：

```
struct
{
    char name[20];
    int age;
    char sex;
    float score;
}stu1,stu2;
```

第（3）种方法与第（2）种方法的区别在于其省去了结构体名，因此也就不存在结构体类型名。当需要在程序的其他地方定义这种结构体类型的变量时，会因无结构体类型名而不能定义结构体变量。而第（1）种方法和第（2）种方法在程序的任何地方都可以通过结构体类型名 struct student 去定义新的结构体变量。

注意，当有多种结构体类型需要定义时，就不能省略结构体名，即必须用结构体名来区分不同的结构体类型。

在上述 3 种方法中，结构体变量 stu1 的内存分配如图 7.2 所示。

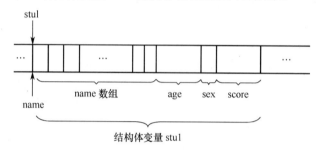

图 7.2　结构体变量 stu1 的内存分配

下面嵌套形式的结构体类型所定义的变量分别为 stu1 和 stu2，在嵌套形式下结构体变量 stu1 的内存分配如图 7.3 所示。

```
struct student
{
    char name[20];
    int age;
    char sex;
    struct
    {
        int year,month,day;
    }birthday;
    float score;
};
```

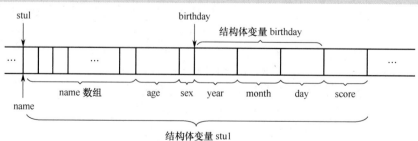

图 7.3　在嵌套形式下结构体变量 stu1 的内存分配

2. 结构体变量的初始化

结构体变量初始化的一般形式为

结构体类型 结构体变量名={初始化值表};

将"初始化值表"给出的初始值依次赋给结构体变量中顺序出现的每个成员，给出的初始化数据类型必须与对应的成员类型一致，且个数不得多于结构体变量中的成员个数。若提供的初始值个数少于成员个数，则与数组类似，没有被赋值的成员自动初始化为 0 值。

若定义时没有给结构体变量提供初始值，则系统对结构体变量的处理与对普通变量的处理一样，外部变量和全局变量用 0 初始化，局部变量不初始化，故其各成员的值不确定。

结构体变量的初始化有以下两种方式。

（1）定义结构体类型之后，在结构体变量定义时进行初始化。例如：

```
struct student
{
  char name[20];
  int age;
  char sex;
  float score;
};
struct student stu1={"Li min",21,'M',86}
```

（2）在定义结构体类型的同时定义结构体变量并初始化。例如：

```
struct student
{
  char name[20];
  int age;
  char sex;
  float score;
} stu1={"Li min",21,'M',86},
stu2={"Wang fang",20,'F',82};
```

3. 结构体变量的引用

在一般情况下，不能将一个结构体变量作为整体引用，而只能引用其中的成员，包括赋值、运算、输入和输出等都是通过结构体变量中的成员来实现的。结构体变量中成员引用的一般形式为

结构体变量名.成员名

其中，"."是结构体成员运算符，其优先级最高，结合性为自左至右。通过结构体成员运算符"."可以像引用简单变量一样引用结构体变量中的每个成员。

注意，对于结构体变量中的成员，可以像同类型的普通变量那样进行各种运算和操作。对结构体变量中成员的引用，不能直接使用成员名，而是采用由整体到局部的层次方式，即先指明是哪个结构体变量，然后通过结构体成员运算符"."逐层指定成员，且必须找到最底层的成员才能使用。

例如：

```
struct student s1,s2;        //假定结构体类型定义与之前相同，在此仅定义结构体变量
scanf("%s",s1.name);         //输入姓名
scanf("%f",&s1.score);       //输入成绩
printf("name=%s,score=%f\n",s1.name,s1.score);  //输出姓名和成绩
```

我们知道，一般情况下不能整体引用一个结构体变量，而只能引用其中的成员。但在下

面两种情况下可以对结构体变量赋值。

（1）给结构体变量整体赋值。例如：

```
struct student s1={"Li min",21,'M',86},s2;
s2=s1;
```

（2）取结构体变量地址。例如：

```
struct student *p,s1={"Li min",21,'M',86};
p=&s1;
```

注意，结构体变量名是一个地址常量，其含义与数组名相同，但不能对结构体变量进行整体运算和输入、输出。

【例 7.1】给结构体变量赋值并输出其值。

解：程序如下。

```
#include<stdio.h>
void main()
{
    struct student
    {
        char name[20];
        int age;
        char sex;
        float score;
    }stu1,stu2;
    printf("Input name,age,sex,score:\n");
    scanf("%s ,%d,%c,%f",stu1.name,&stu1.age,&stu1.sex,&stu1.score);
    printf("Output:\n");
    printf("name=%s,age=%d\n",stu1.name,stu1.age);
    printf("sex=%c,score=%f\n",stu1.sex,stu1.score);
}
```

运行结果：

```
Input name,age,sex,score:
ZhangHua ,21,M,85√
Output:
name=ZhangHua,age=21
sex=M,score=85.000000
```

【例 7.2】以下程序的运行结果是_____。

```
#include<stdio.h>
void main()
{
    struct STU
    {
        char name[9];
        char sex;
        float score[2];
    };
    struct STU a={"Zhao",'m',85.0,90.0},b={"Qian",'f',95.0,92.0};
    b=a;
    printf("%s,%c,%2.0f,%2.0f\n",b.name,b.sex,b.score[0],b.score[1]);
}
```

A．Qian,f,95,92   B．Qian,m,85,90   C．Zhao,f,95,92   D．Zhao,m,85,90

解：本题定义并初始化两个 struct STU 结构体类型的变量 a 和 b，由于相同类型的结构体变量之间可以直接整体赋值，因此执行语句 "b=a;" 后，结构体变量 b 中的内容已全部是结构体变量 a 中的内容，最后逐个输出结构体变量 b 中各成员的值，实际上就是初始化时结构体变量 a 中的内容，故选 D 选项。

【例 7.3】以下程序的运行结果是_____。

```
#include<stdio.h>
struct S
{
    int n;
    int a[20];
};
void f(int *a,int n);
void main()
{
    int i;
    struct S s1={10,{2,3,1,6,8,7,5,4,10,9}};
    f(s1.a,s1.n);
    for(i=0;i<s1.n;i++)
        printf("%d,",s1.a[i]);
}
void f(int *a,int n)
{
    int i;
    for(i=0;i<n-1;i++)
        a[i]=a[i]+i;
}
```

A. 2,4,3,9,12,12,11,11,18,9   B. 3,4,2,7,9,8,6,5,11,10

C. 2,3,1,6,8,7,5,4,10,9   D. 1,2,3,6,8,7,5,4,10,9

解：程序在调用函数 f 时，将结构体变量 s1 中的成员数组 a 的数组名 a（数组 a 的首地址）传给了函数 f 的形参指针变量 a，即这个形参指针变量 a 指向数组 a 的起始地址。同时将结构体变量 s1 中的另一个成员 n（其值为 10）传给了函数 f 的另一个形参 n。函数 f 的功能是使形参指针变量 a 所指向的数组元素 a[0]~a[n-2] 分别自增 0~8，即执行函数 f 后实现了使数组 a 中的元素 a[0]~a[8] 分别自增 0~8，故选 A 选项。

7.1.3 用 typedef 定义类型标识符

在定义结构体变量时，因为定义过于麻烦，所以往往会出现这样的错误，如将 "struct student stu1, stu2;" 写成

```
struct stu1,stu2;
```
或者
```
student stu1,stu2;
```
这都受到了形如 "int a, b;" 这种简单变量定义的影响。能否像定义简单变量那样来定义结构体变量呢？C 语言提供了一种方法，即允许用户自己定义新的类型标识符。也就是说，允许用户为数据类型取一个"别名"，这可以通过类型定义符 typedef 来实现。

typedef 定义的一般形式为

```
typedef 原类型名  新类型名;
```

在使用 typedef 时应注意以下两点。

（1）typedef 可以定义新的类型名，但不能用来定义变量。

（2）typedef 只能对已经存在的类型添加一个新的类型标识符（同时存在两个类型名）。

1．用 typedef 定义结构体类型标识符

用 typedef 定义结构体类型标识符的方法有以下两种。

（1）重新命名已有的结构体类型标识符。例如：

```
struct student
{
    char name[20];
    int age;
    char sex;
    float score;
};
```

此时已有结构体类型标识符"struct student"，我们可以将这个类型标识符用 typedef 重新命名为另一个名字 STU。

```
typedef struct student STU;
```

那么，以后就可以按下面的方法来定义结构体变量 stu1 和 stu2 了，即

```
STU stu1,stu2;
```

（2）在定义结构体类型时，用 typedef 指定它的结构体类型名。这种方式的一般形式为

```
typedef struct
{
    结构体成员表;
}结构体类型名;
```

或者

```
typedef struct 结构体名
{
    结构体成员表;
}结构体类型名;
```

请注意它与下面结构体类型定义的区别。

```
struct 结构体名
{
    结构体成员表;
}变量名列表;
```

在以 typedef 开头的结构体类型定义中，其花括号"}"后面是结构体类型名，而不是结构体变量名，这一点要尤其注意。例如：

```
typedef struct
{
    char name[20];
    int age;
    char sex;
    float score;
}STU;
STU stu1,stu2;
```

由此例可以看出，在以 typedef 开头的结构体类型定义中，由于 STU 是结构体类型名，因此可以用 STU 直接定义结构体变量 stu1 和 stu2。

2. typedef 与#define 在定义结构体类型时的区别

我们也可以通过宏定义#define 使用一个符号常量来表示一个结构体类型。例如：

```
#define STU struct student
STU
{
    char name[20];
    int age;
    char sex;
    float score;
};
STU stu1,stu2;
```

从形式上看，#define 与 typedef 很相似，但是两者是有区别的。#define 只能进行简单的字符串替换，即将字符串"struct student"替换为字符串"STU"，而不管 struct student 的含义是什么，其可以是一个常量名、变量名或者类型标识符等；而 typedef 的功能是给已经存在的类型标识符起一个新的名字。此外，宏定义#define 是由预处理完成的；而 typedef 是在编译时完成的，它更为灵活、方便。

【例 7.4】下面结构体类型及结构体变量定义中正确的是_____。

A．typedef struct
　　{ int n;char c;}REC;
　　REC t1,t2;

B．struct REC;
　　{ int n;char c;};
　　REC t1,t2;

C．typedef struct REC
　　{int n=0;char c='A';}t1,t2;

D．struct
　　{int n; char c;}REC;
　　REC t1,t2;

解：B 选项有两个错误：其一是在"struct REC"后应去掉分号"；"；其二是在"REC t1,t2;"前应加上 struct。

C 选项有两个错误：其一是在结构体类型定义中不能给成员赋初值，给成员赋初值只是针对结构体变量的；其二是在"struct"之前有"typedef"，因此"}"后出现的只能是一个结构体类型名，而题中"}"后的"t1,t2"的本意是变量名。

D 选项的错误是 REC 是一个结构体变量，而不是结构体类型名。D 选项的正确写法应为

```
struct
{
    int n;char c;
}t1,t2;
```

A 选项中的 REC 为结构体类型名，因此是正确的，故选 A 选项。

【例 7.5】下面 4 种结构体定义是否相同，请予以说明。

```
(1) struct student              (2) typedef struct
    {                               {
        int num;                        int num;
        char name[10];                  char name[10];
        float score[2];                 float score[2];
    }a;                             }a;
```

```
(3) struct                              (4) #define STU struct student
    {                                        STU
      char name[10];                         {
      int num;                                 int num;
      float score[2];                          char name[10];
    }a;                                        float score[2];
                                             }a;
```

解：（2）与（1）的定义不同。（2）中花括号"}"后面的 a 表示一个结构体类型名，而
（1）中花括号"}"后面的 a 表示一个结构体变量。

（3）与（1）的定义相同。结构体类型的定义与每个成员出现的先后顺序无关。

（4）与（1）的定义相同。"#define"的含义是用字符串"struct student"替换字符串"STU"，
故（4）的定义完全与（1）相同。

【例 7.6】以下程序的运行结果是_____。

```
#include<stdio.h>
#include<string.h>
typedef struct
{
    char name[9];
    char sex;
    float score[2];
}STU;
void f(STU a);
void main()
{
    STU c={"Qian",'f',95.0,92.0};
    f(c);
    printf("%s,%c,%2.0f,%2.0f\n",c.name,c.sex,c.score[0],c.score[1]);
}
void f(STU a)
{
    STU b={"Zhao",'m',85.0,90.0};
    int i;
    strcpy(a.name,b.name);
    a.sex=b.sex;
    for(i=0;i<2;i++)
        a.score[i]=b.score[i];
}
```

A．Qian,f,95,92　　B．Qian,m,85,90　　C．Zhao,f,95,92　　D．Zhao,m,85,90

解：本题采用 typedef 定义方式定义了一个结构体类型，请注意"STU"是结构体类型名，
而不是变量名。由于函数 f 在调用时将结构体变量 c 整体传给了结构体形参 a，此后 a 与 c 就
没有关系了，即 a 中内容的任何改变都不会影响实参 c，因此最终输出 c 中的内容与初始化时
c 中的内容相同，故选 A 选项。

【例 7.7】根据输入的年、月、日，输出这一天是该年的第几天。

解：程序设计如下。

```
#include<stdio.h>
int dayTable[][12]={{31,28,31,30,31,30,31,31,30,31,30,31},
                    {31,29,31,30,31,30,31,31,30,31,30,31}};
```

```
struct data
{
    int day,month,year,yearDay;
}date;                              //定义一个 struct data 类型的结构体变量 date
int dayofyear(int d,int m,int y)    //计算这一天是该年的第几天
{
    int i,leap,day=d;
    leap=(y%4==0&&y%100!=0)||y%400==0;
    for(i=0;i<m-1;i++)
        day=day+dayTable[leap][i];
    return day;
}
void main()
{
    int leap,days;
    printf("Year=");
    scanf("%d",&date.year);
    for( ; ; )
    {
        printf("Month=");
        scanf("%d",&date.month);
        if(date.month>=1&&date.month<=12)
            break;
        else
            printf("Month error!\n");
    }
    leap=(date.year%4==0&&date.year%100!=0)||date.year%400==0;
    days=dayTable[leap][date.month-1];
    for( ; ; )
    {
        printf("Day=");
        scanf("%d",&date.day);
        if(date.day>=1&&date.day<days)
            break;
        else
            printf("Day error!\n");
    }
    date.yearDay=dayofyear(date.day,date.month,date.year);
    printf("The days of the year are: %d\n",date.yearDay);
}
```

运行结果：

```
Year=2016↙
Month=7↙
Day=19↙
The days of the year are: 201
```

解：本题中的程序是用结构体类型实现的。在主函数 main 中调用 dayofyear 函数时，使用了结构体变量 date 的 3 个成员 date.day、date.month 和 date.year 作为实参，在 dayofyear 函数中用 3 个形参 d、m 和 y 与之对应，并将最后的计算结果通过语句 "return day;" 返回给主函数 main，同时赋给结构体变量 date 的成员 date.yearDay。

7.2 结构体数组及指向结构体的指针变量

7.2.1 结构体数组

我们已经知道，可以用一个结构体变量来描述一名学生的登记表，但如果是一个班级的学生呢？由于每名学生都有一张同样的登记表，因此我们必须采用数组方式，即数组元素必须是结构体类型的变量（每个数组元素构成一张登记表），且每个数组元素的类型都相同（都是同样的表格），这样就构成了结构体数组，而整个结构体数组构成了全班学生的登记表。

结构体数组的每个元素都是带有下标并且具有相同结构体类型的结构体变量，其构造方法与结构体变量相似，只需说明它是数组类型即可。因此，结构体数组既具有结构体的特点，又具有数组的特点。

（1）结构体数组元素由下标标识，每个数组元素都是一个同类型的结构体变量。

（2）结构体数组元素通过结构体成员运算符"."引用数组元素中的每个成员。

结构体数组的定义方法与结构体变量的定义方法相似，也有 3 种方式。

（1）定义结构体类型后再定义结构体数组。例如：

```
struct student
{
  char name[20];
  int age;
  char sex;
  float score;
};
struct student stu[50];
```

以上定义了一个结构体数组 stu，其共有 50 个元素，即 stu[0]～stu[49]，每个数组元素都是 struct student 类型的。

（2）在定义结构体类型的同时定义结构体数组。例如：

```
struct student
{
  char name[20];
  int age;
  char sex;
  float score;
}stu[50];
```

（3）省略结构体名，直接定义结构体数组。例如：

```
struct
{
  char name[20];
  int age;
  char sex;
  float score;
}stu[50];
```

在定义一个结构体数组后，系统会在内存中为其开辟一个连续的存储区来存放它的每个数组元素，结构体数组名就是这个存储区的起始地址。数组元素在内存中仍然按顺序排列，每个数组元素所占内存空间的大小是一个结构体类型的数据存放空间的大小。对结构体数组中元素的操作与对普通数组元素的操作类似。

（1）将一个数组元素赋给另一个数组元素，进而实现结构体变量之间的整体赋值。例如：

```
stu[1]=stu[10];
```

（2）在结构体数组中，将一个数组元素中的某个成员赋给另一个数组元素中同一个类型的成员。例如：

```
stu[1].score=stu[10].score;
```

结构体数组的初始化也有以下两种形式。

（1）定义结构体类型之后，在定义结构体数组时进行初始化。

```
struct 结构体名
{
    结构体成员表;
};
struct 结构体名 数组名[大小]={初值表};
```

（2）在定义结构体类型的同时定义结构体数组并将其初始化。

```
struct 结构体名
{
    结构体成员表;
}数组名[大小]={初值表};
```

【例 7.8】下面程序中函数 fun 的功能是统计 person 所对应的结构体数组中所有性别（sex）为 M 的数组元素的个数，同时将其存入变量 n 中并作为函数值返回。请填空。

```
#include<stdio.h>
struct ss
{
    int num;
    char name[10];
    char sex;
};
int fun(struct ss person[])
{
    int i,n=0;
    for(i=0;i<3;i++)
        if(_____=='M') n++;
    return n;
}
void main()
{
    int n;
    struct ss w[3]={{1,"AA",'F'},{2,"BB",'M'},{3,"CC",'M'}};
    n=fun(w);
    printf("n=%d\n",n);
}
```

解：由第 6 章内容可知，当用数组名作为实参去调用被调函数时，实际上是把实参数组 w 的首地址传给形参数组名 person，使形参数组名指向实参数组 w，所有对形参数组 person 的操作实际上都是对实参数组 w 进行的。这里，由于实参数组 w 是结构体数组，因此必须通过结构体成员运算符 "." 来引用数组元素中的各个成员。

根据题目要求"统计性别（sex）为 M 的数组元素的个数"，我们需要通过 for 循环来遍历结构体数组中的每个数组元素，并判断该元素中的 sex 成员是否为'M'。由此可见，空缺处

应填入当前数组元素的 sex 成员，即填入 "person[i].sex"。

【例 7.9】输入某班 30 名学生的姓名、数学成绩和英语成绩，计算并输出每名学生的平均成绩。

解：程序如下。

```
#include<stdio.h>
struct student
{
    char name[10];
    int math,english;
    float aver;
};
void main()
{
    struct student s[30];                    //定义结构体数组 s
    int i;
    for(i=0;i<30;i++)
    {
        printf("Input No.%d name math english\n",i+1);
        scanf("%s%d%d",s[i].name,&s[i].math,&s[i].english);
        s[i].aver=(s[i].math+s[i].english)/2.0;
    }
    printf("Output:\n");
    for(i=0;i<30;i++)
        printf("%10s  %f\n",s[i].name,s[i].aver);
}
```

7.2.2 指向结构体的指针变量

1. 指向结构体变量的指针变量

指向结构体变量的指针变量与以往所介绍的指针变量一样，只不过它指向的变量是结构体类型的变量，即这种指针变量的值是结构体变量的起始地址。

定义指向结构体变量的指针变量的一般形式为

```
struct 结构体名 *指针变量名;
```

例如：

```
struct student
{
    char name[20];
    int age;
    char sex;
    float score;
};
struct student *p,stu1;
p=&stu1;
```

除此之外，还可以在定义结构体类型的同时定义指向结构体变量的指针变量。有了指向结构体变量的指针变量，就可以更方便地访问结构体变量中的各个成员。

注意，结构体名（如上面结构体定义中的 student）和结构体变量是两个不同的概念，不能混淆。结构体名只是为指定的结构体类型取的一个名字，以便区别于其他结构体类型。系统并不给结构体名（当然也不给结构体类型）分配内存空间，只有当某个变量被定义成这种结构体类型（如 struct student 类型）时，系统才按该结构体类型为这个变量中的各个成员分配内存空间。因此

```
p=&student;
```

这种写法是错误的，因为不可能去取一个结构体名的首地址。

指向结构体变量的指针变量必须赋值后再使用，这是所有指针变量都具有的特点。给指向结构体变量的指针变量赋值，就是把结构体变量的首地址赋给该指针变量。例如，上面的"p=&stu1;"，这时 p 已经指向结构体变量 stu1。此外，指向结构体变量的指针变量只能指向一个结构体变量，而不能指向该结构体变量中的某个成员。换句话说，指向结构体变量的指针变量只能存放结构体变量的（首）地址。例如，下面的写法是错误的。

```
p=&stu1.sex;
```

在定义好一个指向结构体变量的指针变量后，就可以对该指针变量进行各种操作。例如，给该指针变量赋一个结构体变量的地址值；输出该指针变量所指向的结构体变量中某个成员的值；访问该指针变量所指向的结构体变量中的某个成员等。引用指针变量所指向的结构体变量中的成员的一般形式为

```
(*指针变量名).成员名
```

或者

```
指针变量名->成员名
```

二者完全等价。例如：

```
(*p).sex
```

或者

```
p->sex
```

要注意 "(*p)" 两侧的圆括号 "()" 不可少，这是因为结构体成员运算符 "." 的优先级高于 "*" 的优先级。若去掉圆括号 "()" 而写成 "*p.sex"，则相当于 "*(p.sex)"，从而出错。此外，引用一般结构体变量中的成员还可以采用 "结构体变量名.成员名" 这种方式。

【例 7.10】分析下面程序的运行结果。

```
#include<stdio.h>
struct student
{
    char name[10];
    char sex;
    float score;
}stu1={"Zhang",'M',81.5};
void main()
{
    struct student *p=&stu1;
    printf("Name=%s,sex=%c,score=%f\n",stu1.name,stu1.sex,stu1.score);
    printf("Name=%s,sex=%c,score=%f\n",(*p).name,(*p).sex,(*p).score);
    printf("Name=%s,sex=%c,score=%f\n",p->name,p->sex,p->score);
}
```

运行结果：

```
Name=Zhang,sex=M,score=81.500000
Name=Zhang,sex=M,score=81.500000
Name=Zhang,sex=M,score=81.500000
```

解：本程序定义了一个结构体类型 struct student，同时定义了该类型的结构体变量 stu1，

并进行了初始化赋值。在 main 函数中，定义了指向 struct student 类型的变量的指针变量 p 并赋以 stu1 的地址，因此 p 指向结构体变量 stu1。然后在 printf 语句中以 3 种形式输出 stu1 中各成员的值，即程序的运行结果是分 3 行输出 stu1 中各成员的值，也就是初始化时的内容。

2. 指向结构体数组的指针变量

指针变量还可以用来指向结构体数组或结构体数组中的数组元素。由于在结构体数组中，一个数组元素就是一个结构体变量，因此上面用于指向结构体变量的概念和方法都适用于结构体数组或结构体数组中的数组元素。并且，与前面所介绍的指向数组的指针变量的方法相同，指向结构体数组的指针变量加 1 将指向结构体数组中相继的下一个数组元素。

【例 7.11】以下程序的运行结果是_____。

```
#include<stdio.h>
struct S{int n;int a[20];};
void f(struct S *p)
{
    int i,j,t;
    for(i=0;i<p->n-1;i++)
        for(j=i+1;j<p->n;j++)
            if(p->a[i]>p->a[j])
            {
                t=p->a[i];p->a[i]=p->a[j];p->a[j]=t;
            }
}
void main()
{
    int i;
    struct S m={10,{2,3,1,6,8,7,5,4,10,9}};
    f(&m);
    for(i=0;i<m.n;i++)
        printf("%d,",m.a[i]);
}
```

A. 1,2,3,4,5,6,7,8,9,10   B. 10,9,8,7,6,5,4,3,2,1
C. 2,3,4,6,8,7,5,4,10,9   D. 10,9,8,7,6,1,2,3,4,5

解：在程序中，函数 f 中的形参 p 是一个指向结构体变量的指针变量，它接收实参结构体变量 m 的地址，即指向结构体变量 m。所有对 p 所指向的结构体变量中成员的操作都是针对结构体变量 m 中的成员进行的，从而可以很容易地看出函数 f 的功能是实现冒泡排序，即最终实现对 p 所指向的成员数组 a 中的数组元素按值由小到大排序，故应选 A 选项。

对于自增和自减运算曾经约定，将 i++ 的 "++" 操作看成运算级别最低的操作，而将 ++i 的 "++" 操作看成运算级别最高的操作。当将这种自增和自减运算的概念应用到结构体指针变量 p 上时，应该注意，指针操作运算符 "->" 的运算级别是最高的。所以，针对下面的（3），当 "++p->n" 中的++遇到->时，先执行->，也就是说将 p-> 看成一个整体，即对 p 所指向的成员 n 执行++操作，再引用 n 的值。即有：

（1）p->n++，引用 p 指向的结构体变量中成员 n 的值，然后使 n 增 1。
（2）(p++)->n，引用 p 指向的结构体变量中成员 n 的值，然后使 p 增 1。
（3）++p->n，使 p 指向的结构体变量中成员 n 的值先增 1，再引用 n 的值。
（4）(++p)->n，使 p 的值先增 1，再引用 p 指向的结构体变量中成员 n 的值。

【例 7.12】 给出下面程序的运行结果。

```c
#include<stdio.h>
void main()
{
    struct sp
    {
        int a;
        int *b;
    }*p;
    int d[3]={10,20,30};
    struct sp t[3]={70,&d[0],80,&d[1],90,&d[2]};
    p=t;
    printf("%d,%d\n",++(p->a),*++p->b);
}
```

解：（1）printf 语句中的输出表达式由右向左进行计算，然后由左向右顺序输出。

（2）++p->b 是使 p 所指向的成员即指针变量 b 加 1（b 由指向 d[0]改为指向 d[1]），而不是使 p 加 1（认为 p 由指向 t[0]改为指向 t[1]是错误的）。因此，++p->b 指向 d[1]，即*++p->b 的值为 20。

（3）由于 p 仍指向 t[0]，因此 p->a 的值为 70，而++(p->a)的值为 71。

对程序的分析过程如图 7.4 所示，程序输出结果为 71,20。

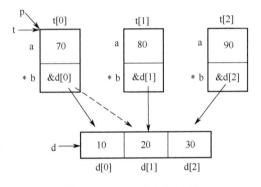

图 7.4　对程序的分析过程

*7.3　链表

7.3.1　链表的概念

若在结构体变量中，除存储数据的成员外，还有一个成员作为指针变量来指向下一个具有同样结构体类型的结构体变量，而下一个结构体变量中的成员（指针变量）又继续指向另一个具有同样结构体类型的结构体变量，如此下去像一条链一样，就形成了一种我们称之为"链表"的数据结构。由于链表中的每个链表成员（称为节点）至少要包含数据和指针（变量）这两种不同类型的信息，因此链表中的每个节点只能是一个结构体变量。

下面的程序就是一个链表。

```c
#include<stdio.h>
struct node
```

```
{
    int x;
    struct node *t;
}*p;
struct node a[4]={20,a+1,15,a+2,30,a+3,17,'\0'};
void main()
{
    int i;
    p=a;
    for(i=1;i<=4;i++)
    {
        printf("%4d",p->x);
        p=p->t;
    }
    printf("\n");
}
```

运行结果:

```
20  15  30  17
```

结构体数组 a 的存储如图 7.5 所示。

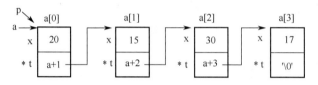

图 7.5　结构体数组 a 的存储

程序执行的过程是，首先通过语句 "p=a;" 使指针变量 p 指向链表的第 1 个节点 a[0]，然后由语句 "printf("%4d",p->x);" 输出 a[0]中成员 x 的值 20；接着由语句 "p=p->t;" 取出 a[0]中成员 t 的值 "a+1"（a[1]的地址）赋给 p，即使 p 的指针值移到链表的第 2 个节点 a[1]处；重复上面输出和移动 p 的指针值的过程，直到第 4 个节点 a[3]中成员 x 的值 17 输出为止。由程序可知，链表节点的类型可以定义为

```
struct node
{
    int data;
    struct node *next;
};
```

在 struct node 类型中，除数据成员 data 外，还要有一个指针成员*next，并且它所指向的变量类型也是 struct node 这种结构体类型。一般链表节点中的成员与上面的定义大致相同，只不过数据成员或指针成员可能有多个。由图 7.5 可知，一个链表必须具备以下几个特点。

（1）存在一个用于指示链表第一个节点的头指针变量，简称头指针（这里数组名 a 兼做头指针）。

（2）每个链表节点的成员中要有能够指向后继链表节点的指针成员。

（3）最后的链表节点要有表示链表结束的标志，即其指针成员的值为 NULL（在不知道链表节点个数的情况下不能采用上述程序中 i 值由 1 到 4 的控制方式）。

为了能够访问链表，必须有一个指针变量（头指针）始终指向链表的第一个节点，否则将无法找到这个链表。链表还要有结束标志，以便作为查找或遍历链表的结束条件。链表也可以为空，即当头指针的值为 NULL（NULL 又可以表示为 0 或'\0'）时，表示一个空链表。

7.3.2 动态存储分配

实际使用的链表是一种动态链表。所谓动态链表，是指在程序执行过程中从无到有地建立一个链表，也就是一个一个地创建（动态生成）链表节点，在创建的同时给节点的数据成员输入数据并使指针成员建立起节点间的链接关系。

如何动态地创建和回收一个链表节点呢？C 语言提供了以下 3 种库函数。

（1）malloc 函数（分配内存空间函数）。其一般调用形式为

```
(类型标识符*)malloc(size)
```

其功能是在内存的动态存储区中分配一块长度为 size 个字节的连续内存单元（size 是一个无符号数），然后函数返回所分配内存单元的起始地址。"(类型标识符*)"表示返回的内存单元的起始地址只能赋给指针变量，且该指针变量所指向数据的类型必须与"类型标识符"指定的类型相同。例如：

```
int *p;
p=(int*)malloc(sizeof(int));
```

"sizeof(int)"表示按照存储一个 int 型数据所需的字节个数分配一块连续的内存单元，即生成一个动态整型变量（因为是动态生成的，所以没有名字），并将该内存单元的首地址通过"(int*)"赋给指针变量 p（在此 p 所指向的数据类型必须是整型），此时指针变量 p 就指向该动态变量。

（2）calloc 函数（分配内存空间函数）。该函数用于分配连续的 n×size 个字节空间，主要用于动态数组。

（3）free 函数（回收内存空间函数）。其一般调用形式为

```
free(void *ptr);
```

其功能是释放并回收指针变量 ptr 所指向的内存空间。例如：

```
int *p;
p=(int*)malloc(sizeof(int));
free(p);
```

执行语句"free(p);"，将大小为 int 型数据长度的内存空间（由指针变量 p 所指向）收回。

在使用上述库函数时要注意，上述函数的原型在"stdlib.h"和"malloc.h"中定义，因此在程序中必须包含这两个头文件中的一个。

【例 7.13】分配一块内存区域并输入一名学生的相关数据，然后将输入的数据输出。

解：程序如下。

```
#include<stdio.h>
#include<malloc.h>
#include<string.h>
void main()
{
    struct stu
    {
        char name[15];
        int age;
        char sex;
        float score;
    }*p;
```

```
    p=(struct stu*)malloc(sizeof(struct stu));
    strcpy(p->name,"Zhang ming");
    p->age=21;
    p->sex='M';
    p->score=98;
    printf("Name=%s\nAge=%d\n",p->name,p->age);
    printf("Sex=%c\nScore=%f\n",p->sex,p->score);
    free(p);
}
```

运行结果：

```
Name=Zhang ming
Age=21
Sex=M
Score=98.000000
```

7.3.3　链表的建立、遍历及输出

我们以下面的结构体类型为例，来介绍动态链表的建立与查找方法。

```
struct node
{
    int data;
    struct node *next;
}*head,*p,*q;
```

1. 链表的建立

通常需要使用 3 个指针变量来完成一个链表的建立。例如，我们用指针变量 head 指向链表的第一个节点（表头节点）；用指针变量 q 指向链表的尾节点；用指针变量 p 指向新产生的链表节点。并且，新产生的链表节点*p 总是被插到链尾节点*q 的后面而成为新的链尾节点。因此，当插入结束时要使指针变量 q 指向这个新的链尾节点（q 始终指向链尾节点）。链表建立的过程如下。

（1）表头节点的建立。

```
p=(struct node*)malloc(sizeof(struct node));  //动态申请 1 个节点存储空间
scanf("%d",&p->data);            //给节点中的数据成员输入数据
p->next=NULL;                    //置链尾节点标志
head=p;                          //第 1 个产生的链表节点即表头节点
q=p;                             //第 1 个产生的链表节点同时也是链尾节点
```

（2）其他链表节点的建立。

```
p=(struct node*)malloc(sizeof(struct node));  //动态申请 1 个节点存储空间
scanf("%d",&p->data);            //给节点中的数据成员输入数据
p->next=NULL;                    //置链尾节点标志
q->next=p;                       //将这个新节点链接到原链尾节点的后面
q=p;                             //使指针变量 q 指向这个新的链尾节点
```

由于指针变量 head 总是指向链表的表头节点（第一个链表节点），因此表头节点的建立过程与其他链表节点的建立过程是有区别的。另外，新产生的链表节点*p 同时又是链尾节点，故除给节点*p 的数据成员赋值外，还应使*p 的指针成员 p->next 为空（NULL），以此来表示新的链尾。链表表头节点的建立如图 7.6（a）所示。在图 7.6（a）及本章后续图中，我们用 "^" 来表示空指针值 NULL。

对于其他链表节点的建立，多了一项将新产生的链表节点*p 链接到原链尾节点*q 后面的操作。由于指针变量 q 总是指向链表的链尾节点，因此待新链表节点*p 产生之后，原链尾节点*q 的指针成员 q->next 应指向这个新链表节点*p，这样才能使新链表节点*p 链接到原链尾节点*q 之后而成为新的链尾节点，这个操作过程是由语句"q->next=p;"完成的。最后还应使指针变量 q 指向这个新的链尾节点*p，即通过语句"q=p;"来使 q 指向新的链尾节点，这样使得指针变量 q 始终指向链尾节点。其他链表节点的建立如图 7.6（b）所示。

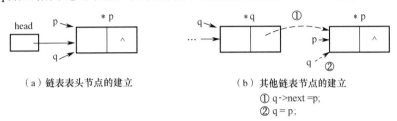

（a）链表表头节点的建立　　　　（b）其他链表节点的建立
① q->next =p;
② q = p;

图 7.6　链表的建立

2．链表的遍历及输出

链表生成后，如何访问链表中的每个节点（遍历整个链表）呢？访问链表中每个节点的方法是从头指针指示的表头节点开始，根据节点中指针成员的指向顺序遍历每个后继节点，直到遇见链尾标志 NULL 为止。为了实现这种遍历，需要使用一个指针变量 p。首先将链表的头指针 head 的值赋给指针变量 p，如图 7.7（a）所示，这样就可以通过指针变量 p 实现从链表的表头节点开始遍历整个链表了。当访问过一个链表节点后，再通过语句"p=p->next;"使 p 指向下一个链表节点，如图 7.7（b）所示，这样不断地移动 p，使其指向后继链表节点，直到 p 值为 NULL 为止，从而实现遍历整个链表。注意，直接使用头指针 head 虽然也可以遍历整个链表（遍历结束时 head 的值为 NULL），但下一次遍历链表时我们将无法找到该链表的表头，即这个链表"丢失"了。因此，指向表头节点的指针变量的值是不允许改变的（始终指向表头节点），这就要求必须另外设置一个遍历的指针变量。

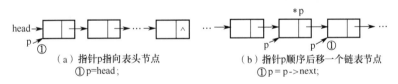

（a）指针p指向表头节点　　　　　（b）指针p顺序后移一个链表节点
① p=head;　　　　　　　　　　　　① p = p->next;

图 7.7　链表的遍历

遍历链表的过程如下。

```
p=head;
do{
    printf("%d",p->data);
    p=p->next;
}while(p!=NULL);
```

由于 do 语句至少要执行一次循环体，并且循环体中包括"p=p->next;"语句，因此对空链表（头指针 head 的值为 NULL）进行遍历时就会出错。常用的遍历链表的程序段为

```
p=head;
while(p!=NULL)
{
```

```
        printf("%d",p->data);
        p=p->next;
    }
```

由于我们需要输出链表的全部节点数据，而对指针变量 p 最终具有何值、是否仍与链表有联系等问题并不关心，因此用"while(p!=NULL)循环体;"这种循环形式来输出所有链表节点的有关信息是可行的。这是因为在全部链表节点的有关信息输出后指针变量 p 才与链表脱离联系，此时已不再需要指针变量 p 了。

【例 7.14】输入一个字符串，为每个字符建立一个链表节点，进而形成字符串链表，最后输出链表中每个链表节点中的字符。

解：程序如下。

```
#include<stdio.h>
#include<stdlib.h>
struct node                          //定义结构体类型
{
    char data;
    struct node *next;
};
void main()
{
    struct node *head,*p,*q;         //设置 3 个指针变量 head、p 和 q
    char x;
    printf("Input any char string:\n");
    p=(struct node *)malloc(sizeof(struct node));  //建立链表表头节点
    scanf("%c",&p->data);
    p->next=NULL;
    head=p;
    q=p;
    scanf("%c",&x);
    while(x!='\n')                   //建立其他链表节点
    {
        p=(struct node *)malloc(sizeof(struct node));
        p->data=x;
        p->next=NULL;
        q->next=p;
        q=p;
        scanf("%c",&x);
    }
    printf("Output char string:\n");
    p=head;                          //遍历并输出链表信息
    while(p!=NULL)
    {
        printf("%2c",p->data);
        p=p->next;
    }
    printf("\n");
}
```

运行结果：

```
Input any char string:
```

```
abcd↙
Output char string:
 a b c d
```

在该程序中，对一般链表节点的建立稍微进行了一些改动，因为需要循环建立一般链表节点，所以先通过 scanf 语句读入字符信息给字符型变量 x，然后判断这个 x 的值，若其不等于'\n'，则建立一个新的链表节点；否则结束链表的建立过程。因此，给新节点数据成员 p->data 赋的是这个 x 值，而无须通过 scanf 语句输入。

7.3.4　链表节点的插入与删除

因为链表中的各节点是通过指针成员链接起来的，所以我们可以通过改变链表节点中指针成员的指向来实现链表节点的插入与删除。我们知道，数组在进行插入与删除操作时需要移动大量的数组元素，而链表节点的插入与删除操作仅需修改相关节点中指针成员的指向即可。

1. 链表节点的插入

在链表节点*p 之后插入链表节点*q 的过程如图 7.8 所示。插入操作如下。

```
① q->next=p->next;
② p->next=q;
```

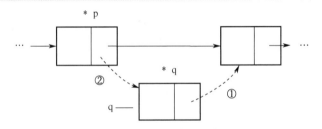

图 7.8　在链表节点*p 之后插入链表节点*q 的过程

在涉及改变指针成员的指针值的操作中，一定要注意指针值的改变顺序，否则容易出错。假如上面插入操作的顺序改为

```
① p->next =q;
② q->next=p->next;
```

此时，①将使链表节点*p 的指针成员 p->next 指向链表节点*q，②将链表节点*p 的指针成员 p->next 的值（指向链表节点*q）赋给了链表节点*q 的指针成员 q->next，这使得链表节点*q 的指针成员 q->next 指向链表节点*q 本身。这种结果将导致链表由此断为两截，而后面的一截链表就"丢失"了。因此，在插入链表节点*q 时，应将链表节点*p 的指针成员 p->next 的值（指向后继节点）先赋给链表节点*q 的指针成员 q->next（语句"q->next=p->next;"），以防止链表断开，再使链表节点*p 的指针成员 p->next 改为指向链表节点*q(语句"p->next=q;")。

2. 链表节点的删除

若要在链表中删除一个节点，则必须知道它的前驱节点，只有使指针变量 p 指向这个前驱节点，才可以通过下面的语句实现删除操作（见图 7.9）。

```
p->next=p->next->next;
```

通过改变链表节点*p 中指针成员 p->next 的指向，使它由指向待删节点改为指向待删节点的后继节点，进而达到从链表中删除待删节点的目的。

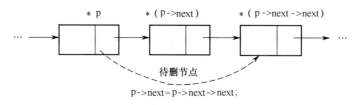

$$p\text{->}next=p\text{->}next\text{->}next;$$

图 7.9　删除链表节点示意

在多数情况下，在删除待删节点前要先找到这个待删节点的前驱节点，这就需要借助一个指针变量（如 p）来定位这个前驱节点，然后才能进行删除操作（见图 7.10）。若待删节点是表头节点，则应单独处理。删除链表节点*q 的操作过程描述如下。

```
if(q==head)
   head=q->next;                    //删除表头节点
else
{
   p=head;
   while(p->next!=q)                //查找待删节点 q 的前驱节点
   p=p->next;
   p->next=q->next;                 //删除待删节点
}
free(q);                           //释放并回收刚删除的节点
```

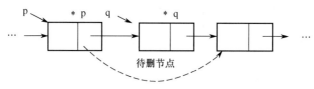

图 7.10　删除一般链表节点

【例 7.15】建立一个字符串链表，若查找某个链表节点的数据成员值等于 ch1，则在该节点后插入一个新节点，并且新节点的数据成员值为 x。在链表中查找节点数据成员值为 x1 的成员并将其删除。

解：程序实现如下。

```
#include<stdio.h>
#include<stdlib.h>
struct node
{
   char data;
   struct node *next;
};
void print(struct node *p);
void main()
{
   struct node *head,*p,*q;
   char x,ch1,x1;
   printf("Input any charstring:\n");        //创建链表
   p=(struct node *)malloc(sizeof(struct node));
   scanf("%c",&p->data);
   p->next=NULL;
```

```
head=p;
q=p;
scanf("%c",&x);
while(x!='\n')
{
  p=(struct node *)malloc(sizeof(struct node));
  p->data=x;
  p->next=NULL;
  q->next=p;
  q=p;
  scanf("%c",&x);
}
printf("Output charstring:\n");
print(head);
printf("Insert ch1,x:");              //在字符等于 ch1 值的节点后插入 1 个新节点（其数据成员值为 x）
scanf("%c,%c",&ch1,&x);
p=head;
while(p->data!=ch1&&p!=NULL)
  p=p->next;
if(p==NULL)
  printf("Insert error!\n");
else
{
  q=(struct node *)malloc(sizeof(struct node));
  q->data=x;
  q->next=p->next;
  p->next=q;
}
printf("After Insert:\n");
print(head);
printf("Delete x1:");                 //在链表中查找节点数据成员值为 x1 的成员并将其删除
getchar();
scanf("%c",&x1);
if(head->data==x1)                    //删除的是表头节点
{
  q=head;
  head=q->next;
  free(q);
}
else
{
  p=head;
  while(p->next->data!=x1&&p->next!=NULL)    //查找待删节点，p 指向其前驱节点
    p=p->next;
  if(p->next==NULL)
    printf("Delete error!\n");
  else
  {
    q=p->next;
    p->next=q->next;
  }
  free(q);
```

```
    }
    printf("After delete:\n");
    print(head);
}
void print(struct node *p)                        //输出函数
{
    while(p!=NULL)
    {
        printf("%2c",p->data);
        p=p->next;
    }
    printf("\n");
}
```

运行结果:

```
Input any charstring:
abcde✓
Output charstring:
 a b c d e
Insert ch1,x:d,f✓
After Insert:
 a b c d f e
Delete x1:d✓
After delete:
 a b c f e
```

【例 7.16】下面程序的功能是建立一个有 3 个节点的单循环链表（见图 7.11），然后求各个节点中成员 data 中的数据之和。请填空。

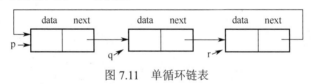

图 7.11　单循环链表

```
#include<stdio.h>
#include<stdlib.h>
struct NODE
{
    int data;
    struct NODE *next;
};
void main()
{
    struct NODE *p,*q,*r;
    int sum=0;
    p=(struct NODE *)malloc(sizeof(struct NODE));
    q=(struct NODE *)malloc(sizeof(struct NODE));
    r=(struct NODE *)malloc(sizeof(struct NODE));
    p->data=100;
    q->data=200;
    r->data=300;
    p->next=q;
    q->next=r;
    r->next=p;
```

```
        sum=p->data+p->next->data+r->next->next_____;
        printf("%d\n",sum);
}
```

解：本题要求求 3 个节点中成员 data 中的数据之和，而 p->data 是 p 所指向节点中的数据，p->next->data 是 p 的下一个节点（q 所指向的节点）中的数据，所以下画线位置应为 r 所指向节点中的数据。又因为链表是循环的，而 r->next->next->next 循环一圈后又指向 r 所指向节点，所以 r->next->next->next->data 等价于 r->data，故下画线上应填入->next->data。

【例 7.17】约瑟夫（Josephus）问题：设有 n 个人围成一圈并按顺时针方向由 1 到 n 编号；由第 s 个人开始进行 1 到 m 的报数，数到 m 的人出圈；接着从该出圈人后的第 1 个人开始重新进行 1 到 m 的报数，直到所有的人出圈为止。用链表结构求解约瑟夫问题，输出出圈人的出圈次序。

解：在例 4.9 中已经用数组方法求解过约瑟夫问题，在此我们采用链表结构来实现求解。具体程序如下。

```
#include<stdio.h>
#include<stdlib.h>
struct node
{
    int id;
    struct node *next;
};
void main()
{
    struct node *p,*q,*r;
    int i,n,m,s,count;
    printf("Total number,Start order,Repeat number(n,s,m):\n");
    scanf("%d,%d,%d",&n,&s,&m);
    p=(struct node *)malloc(sizeof(struct node));
    q=p;
    for(i=1;i<n;i++)                              //从编号 s 开始建立一个循环链表
    {
        q->id=s;
        s=s%n+1;
        q->next=(struct node *)malloc(sizeof(struct node));
        q=q->next;
    }
    q->id=s;
    q->next=p;
    count=n;
    r=(struct node *)malloc(sizeof(struct node));  //从链表节点*r 开始建立一个出圈序列链表
    q=r;
    if(m==1)
    {
        r->next=p;
        for(i=1;i<n;i++)
            p=p->next;
    }
    else
        while(count>1)
        {
            for(i=1;i<m-1;i++)
```

```
            p=p->next;
        q->next=p->next;
        q=q->next;
        p->next=p->next->next;
        p=p->next;
        count=count-1;
    }
    p->next=NULL;
    printf("Out quence:\n");
    count=1;
    p=r->next;
    while(p!=NULL)                          //输出出圈序列
    {
        printf("%4d",p->id);
        if(count%10==0)
            printf("\n");
        p=p->next;
        count=count+1;
    }
    printf("\n");
}
```

运行结果:

```
Total number,Start order,Repeat number(n,s,m):
12,3,5↙
Out quence:
    7  12   5  11   6   2  10   9   1   4
    8   3
```

在程序中，n 个人的编号顺序存放在所生成的 n 个链表节点的 id 成员中。因为是从第 s 个人开始报数的，所以链表从编号 s 开始建立表头节点，并用指针变量 p 来指向这个表头节点，依次链接的每个链表节点中的 id 值通过赋值语句 "s=s%n+1;" 得到。最后，链尾节点的成员 next 被赋予 p 值而指向表头节点。这样就构成了一个循环链表，n 个人的初始排列状态就在这个环形链表中反映出来，如图 7.12（a）所示。

接下来要形成一个出圈序列链表，即形成一个以出圈先后顺序来排列节点序列的链表。为此，需要按出圈先后顺序将循环链表中的每个链表节点取下来，从而形成一个新的出圈序列链表。为了建立这个出圈序列链表，我们首先生成一个链表节点*r，并用 r->next 来指向出圈序列链表中的第 1 个节点，因此*r 这个链表节点只用于指向出圈序列链表的表头而不用作其他用途。当循环链表上所剩的最后一个节点也被取下来，并挂到 r 所指向的出圈序列链表的链尾时，就将这个链表节点中的成员 next 赋以 NULL 值来表示出圈序列链表的链尾，如图 7.12（b）所示。

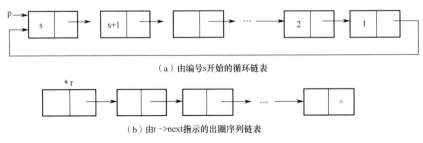

（a）由编号s开始的循环链表

（b）由 r ->next指示的出圈序列链表

图 7.12　采用链表结构求解约瑟夫问题示意

*7.4 共用体

7.4.1 共用体的概念与定义

有时需要使几种不同类型的变量存放在同一段内存单元中。例如，把一个整型变量、一个字符型变量和一个实型变量放在由同一个地址开始的内存单元中（见图 7.13）。虽然这 3 个变量在内存中所占用的字节数不同，但它们都是由同一个地址开始（图 7.13 中假设地址为 1000）存放的，即它们共用同一段内存区域。在使用中，虽然这几个变量的值相互覆盖，但都可以以变量自身的类型读取这段内存区域中存放的值，这就是共用体结构。

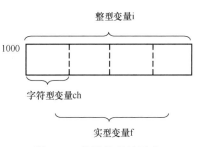

图 7.13 共用体存储示意

C 语言使用共用体结构主要受到了 FORTRAN 语言"公用区"结构的影响，因为在当时的环境下内存价格昂贵且容量很小，所以能够共用的内存区域就尽量共用。由于现今的内存与那时相比已有了数万倍的增长，因此已经很少使用共用体结构，并且因为"共用"带来的一系列问题都可能造成程序出错，所以共用体在此仅作为一个概念进行介绍。

共用体与结构体有一些相似之处，但两者在本质上是不同的。在结构体中，结构体变量的各成员在内存中是依次存放的，每个成员都有各自专用的内存空间，一个结构体变量占用内存的总长度是各成员占用内存长度之和。而在共用体中，将共用体变量的各成员共同存放在内存的同一个地址中，即各成员共享同一段内存空间，一个共用体变量占用内存的总长度等于各成员中所占内存最长的那个成员的长度。应该说明的是，所谓共用并不是指可以把多个成员同时装入一个共用体变量内，而是指该共用体变量可以保存任意成员的值，但给共用体变量分配的内存空间任何时候都只能保存一个成员的值，存入任何一个成员的值都会覆盖原来保存的成员值。

共用体类型的定义方法与前面介绍的结构体类型的定义方法基本相同。一个共用体类型必须先进行定义，然后才能用它来定义共用体变量。

共用体类型定义的一般形式为

```
union 共用体名
{
    共用体成员表;
};
```

其中，union 是关键字，称为共用体定义标识符，其余则完全与结构体的概念及使用相同。

例如：

```
union data
{
    int i;
    char ch;
    float f;
};
```

定义了一个名为 union data 的共用体类型，它有 3 个成员：一个名为 i 的整型成员、一个名为 ch 的字符型成员及一个名为 f 的实型成员。

定义共用体类型后就可以用它来定义共用体变量。共用体变量的定义方法和结构体变量

的定义方法完全相同，也有以下 3 种形式。

（1）定义共用体类型后再定义共用体变量。例如：

```
union data
{
    int i;
    char ch;
    float f;
};
union data a,b;                    //a 和 b 为 union data 类型的变量
```

（2）在定义共用体类型的同时定义该类型的共用体变量。例如：

```
union data
{
    int i;
    char ch;
    float f;
}a,b;                              //a 和 b 为 union data 类型的变量
```

（3）省略共用体名，直接定义共用体变量。例如：

```
union
{
    int i;
    char ch;
    float f;
}a,b;                              //a 和 b 为共用体变量
```

经定义后，变量 a 和变量 b 的长度应等于 union data 类型的成员中存储长度最大的那个成员的长度。由于 i 占用 4 个字节，ch 占用 1 个字节，f 占用 4 个字节，因此 a 和 b 的长度为 4 个字节。

7.4.2 共用体变量的引用和赋值

共用体变量的引用与结构体变量的引用相同，即不能将一个共用体变量作为一个整体来引用，而只能引用其中的成员。共用体变量中成员引用的一般形式为

```
共用体变量名.成员名
```

例如，定义共用体类型及共用体变量如下：

```
union data
{
    int i;
    char ch;
    float f;
}a,b;
```

则可以用下面的方式来引用共用体变量中的成员。

```
a.ch
```

同样，也可以通过指针变量来引用共用体变量中的成员。例如：

```
union data *p,a;
p=&a;
```

则可进行如下引用。

```
p->f
```

对共用体变量的赋值和使用都只能对共用体变量中的成员进行。不允许仅通过共用体变量名进行赋值或其他操作，因为共用体变量每次只能保存一个成员值，所以通过共用体变量

名将无法得知保存的是哪一个成员的值。此外，也不允许对共用体变量做初始化赋值（不知道赋给哪个成员），而只能通过赋值语句或 scanf 语句对共用体变量中的成员进行赋值。需要强调的是，一个共用体变量每次只能给它的一个成员赋值。也就是说，一个共用体变量的值实际上就是该共用体变量中某个成员的值。

【例 7.18】指出下面共用体定义中的错误。

```
(1) union data                          (2) union data
    {                                       {
      int i;                                  int i;
      char ch;                                char ch;
      float f;                                float f;
    }a={1,'a',7.5};                         };
                                          union data a={1};
(3) union data
    {
      int i;
      char ch[20];
      float f;
    }a;
    int m;
    a=1;
    m=a;
```

解：定义（1）是错误的，首先不能对共用体变量进行初始化，其次没有弄清楚共用体变量的概念，一个共用体变量每次只能存放一个成员的值，显然这里将结构体变量的初始化与共用体变量的初始化混淆了。

定义（2）的错误仍然是对共用体变量进行了初始化，而且将初值 1 赋给了变量 a，但是不知道到底给 a 中的哪个成员，所以不能对共用体变量进行初始化。

定义（3）有两处错误，一是不能对共用体变量赋值，执行语句 "a=1;" 后出现的问题同样是不知道将 1 赋给共用体变量 a 中的哪个成员；二是不能通过引用共用体变量名得到一个值，执行语句 "m=a;" 后不知道按 a 中的哪个成员类型取出 a 值来赋给 m（虽然 m 是整型）。

在使用共用体类型的数据时要注意以下几点。

（1）同一个地址的内存段可以存放几种不同类型的成员值，但每次只能存放其中一种类型的成员值，而不能同时存放几种类型的成员值。也就是说，每次只有其中一个成员起作用，而其他成员不起作用，它们不能同时存在或同时起作用。

（2）共用体变量中起作用的成员是最后一次接受赋值的成员，在存入一个新成员的值后，原有的成员值就会被覆盖。

（3）共用体变量的地址和其各成员的地址是同一个地址。

（4）不能对共用体变量名赋值，也不能通过引用共用体变量名来得到一个值，更不能在定义共用体变量时对它进行初始化。

（5）共用体可以出现在结构体类型定义中（作为结构体中的一个成员），也可以定义共用体数组（每个数组元素都是共用体类型的）。反之，结构体也可以出现在共用体类型定义中，数组也可以作为共用体的成员。

注意，由于共用体变量中的各成员共享一段内存空间，且不同类型的数据在内存中存储的方式不同，因此，对于按照某个成员的数据类型存入的数据，也可以以另一个成员的数据类型将其取出，这时取出的数据值很可能与存入时的数据值不同。例如，下面的程序以 float

型给共用体变量中的成员 a.d2 赋 10，由于整型数据和实型数据在内存空间中的存储方式不同（见第 2 章的第 2.3.2 节），因此以整型数据输出刚存入的实型成员值结果变为 1092616192，而不是 10。

```
#include <stdio.h>
void main()
{
    union data
    {
        int d1;
        float d2;
    }a;
    a.d2=10;
    printf("%d,%7.2f\n",a.d1,a.d2);
}
```

运行结果：1092616192, 10.00。

【例 7.19】以下程序的输出结果是_____。

```
#include<stdio.h>
void main()
{
    union
    {
        char ch[2];
        short d;
    }s;
    s.d=0x4321;
    printf("%x,%x\n",s.ch[0],s.ch[1]);
}
```

A. 21,43   B. 43,21   C. 43,00   D. 21,00

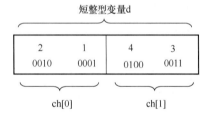

图 7.14　十六进制数 4321 在内存中的
存放示意

解：数据在内存中的存放方式是数据低位存放在内存低地址，数据高位存放在内存高地址。所以，十六进制数 4321 在内存中的存放示意如图 7.14 所示。

由于共用体的所有成员共享同一块内存区域，因此在本题所定义的共用体变量 s 中，ch[0]等于 d 的低字节值，ch[1]等于 d 的高字节值。程序首先给 s.d 赋值 0x4321，然后输出 s.ch[0]和 s.ch[1]，即先输出 0x4321 的低字节值 21，再输出其高字节值 43（见图 7.14），故应选 A 选项。

【例 7.20】请给出下面程序的输出结果。

```
#include<stdio.h>
void main()
{
    union
    {
        struct
        {
            int a;
            int b;
        }out;
```

```
        int e;
        int c;
    }p;
    p.e=1; p.c=3;
    p.out.a=p.e;
    p.out.b=p.c;
    printf("%d,%d\n",p.out.a,p.out.b);
}
```

解：本题采用的是共用体与结构体的嵌套定义，其内存分配示意如图 7.15 所示。由于 p.e 与 p.c 共用同一块内存区域，因此在执行语句"p.e=1;"和"p.c=3;"后，内存中实际存放的是后放入的值 3，故接下来执行语句"p.out.a=p.e;"和"p.out.b=p.c;"中的 p.e 和 p.c 的值都是 3（见图 7.15）。所以最终的输出结果是 3,3。

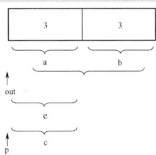

图 7.15　共用体与结构体嵌套定义的内存分配示意

【例 7.21】给出下面程序的输出结果。

```
#include<stdio.h>
union out
{
    int a[2];
    struct
    {
        int b;
        int c;
    }in;
    int d;
};
void main()
{
    union out e;
    int i;
    e.in.b=5;
    e.in.c=6;
    e.d=7;
    for(i=0;i<2;i++)
        printf("%5d",e.a[i]);
    printf("\n");
}
```

解：在主函数 main 中定义了共用体变量 e，e 的存储示意如图 7.16 所示。由图 7.16 可知，e 的成员 a[0]、in.b 和 d 三者共用同一个内存区域，而成员 a[1]和 in.c 共用同一个内存区域。给成员 in.b 赋 5 则意味着 a[0]的值为 5，给成员 in.c 赋 6 则意味着 a[1]的值为 6，给成员 d 赋 7 则意味着 a[0]的值又变为 7。因此，最终输出的成员 a[0]和 a[1]的值分别为 7 和 6。

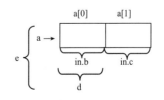

图 7.16　共用体变量 e 的存储示意

习题 7

1. 以下对结构体类型变量 td 的定义中，错误的是_____。

A. typedef struct aa

    { int n;

       float m;

    }AA;

    AA td;

B. struct aa

    { int n;

       float m;

    };

    struct aa td;

C. struct

    { int n;

       float m;

    }aa;

    struct aa td;

D. struct

    { int n;

       float m;

    }td;

2. 有以下结构体说明、变量定义和赋值语句，若要引用结构体变量 std 中的成员 color，则下面选项中错误的是_____。

```
struct
{
  char name[20];
  char color;
  float price;
}std,*ptr;
ptr=&std;
```

A. std.color   B. ptr->color   C. std->color   D. (*ptr).color

3. 有以下结构体说明和变量定义语句，则下面引用结构体变量成员的表达式中错误的是_____。

```
struct student
{
  int age; char num[8];
};
struct student stu[3]={{20,"200801"},{21,"200802"},{19,"200803"}};
struct student *p=stu;
```

A. (p++)->num   B. p->num   C. (*p).num   D. stu[3].age

4. 有以下结构体说明、变量定义和赋值语句，则下面函数 scanf 调用语句中错误引用结构体变量成员的是_____。

```
struct STD
{
  char name[10];
  int age;
  char sex;
}s[5],*ps;
ps=&s[0];
```

A. scanf("%s",s[0].name);   B. scanf("%d",&s[0].age);

C. scanf("%c",&(ps->sex));   D. scanf("%d",ps->age);

5. 下面叙述中错误的是_____。

A. 可以通过 typedef 增加新的类型

B. 可以用 typedef 将已存在的类型用一个新的名字来表示

C. 用 typedef 定义新的类型名后，原有类型名仍有效

D. 用 typedef 可以为各种类型起别名，但不能为变量起别名

6. 若有以下类型定义语句，则下面叙述中正确的是_____。

```
typedef struct S
```

```
{
    int g; char h;
}T;
```

   A．可用 S 定义结构体变量　　　　　　　B．可用 T 定义结构体变量

   C．S 是 struct 类型的变量　　　　　　　　D．T 是 struct S 类型的变量

  7．若有以下共用体说明和变量定义语句，则下面叙述中错误的是_____。

```
union dt
{
    int a; char b; double c;
}data;
```

   A．data 的每个成员的起始地址都相同

   B．变量 data 所占内存字节数与成员 c 所占字节数相同

   C．若已执行"data.a=5;"语句，则执行"printf("%f\n",data.c);"语句后输出的结果是 5.000000

   D．data 可以作为函数的实参

  8．若有以下共用体说明和变量定义语句，则下面正确的语句是_____。

```
union data
{
    int i; char c; float f;
}x;
int y;
```

   A．x=10.5;　　　　　　B．x.c=101;　　　　　　C．y=x;　　　　　　D．printf("%d\n",x);

  9．若有以下程序段，则下面选项中表达式的值为 11 的是_____。

```
struct st
{
    int x; int *y;
}*pt;
int a[]={1,2},b[]={3,4};
struct st c[2]={10,a,20,b};
pt=c;
```

   A．*pt->y　　　　　　B．pt->x　　　　　　C．++pt->x　　　　　　D．(pt++)->x

  10．阅读程序，给出程序的运行结果。

```
#include<stdio.h>
struct st
{
    int x,y;
}data[2]={1,10,2,20};
void main()
{
    struct st *p=data;
    printf("%d",p->y);
    printf("%d\n",(++p)->x);
}
```

  11．阅读程序，给出程序的运行结果。

```
#include<stdio.h>
typedef struct
{
    int b,p;
}A;
void f(A c)
```

```
{
    int j;
    c.b+=1;
    c.p+=2;
}
void main()
{
    int i;
    A a={1,2};
    f(a);
    printf("%d,%d\n",a.b,a.p);
}
```

12. 阅读程序，给出程序的运行结果。

```
#include<stdio.h>
#include<string.h>
typedef struct student
{
    char name[10];
    int sno;
    float score;
}STU;
void main()
{
    STU a={"Zhangsan",2008,95},b={"Shangxian",2009,90},
            c={"Anhua",2010,95},d,*p=&d;
    d=a;
    if(strcmp(a.name,b.name)>0)
        d=b;
    if(strcmp(c.name,d.name)>0)
        d=c;
    printf("%d%s\n",d.sno,p->name);
}
```

13. 阅读程序，给出程序的运行结果。

```
#include<stdio.h>
struct NODE
{
    int k;
    struct NODE *link;
};
void main()
{
    struct NODE m[5],*p=m,*q=m+4;
    int i=0;
    while(p!=q)
    {
        p->k=++i;
        p++;
        q->k=i++;
        q--;
    }
    q->k=i;
    for(i=0;i<5;i++)
```

```
        printf("%d",m[i].k);
    printf("\n");
}
```

14. 阅读程序，给出程序的运行结果。

```
#include <stdio.h>
struct stri_type
{
    char ch1;
    char ch2;
    struct
    {
    int a;
    int b;
    }ins;
};
void main()
{
    struct stri_type ci;
    ci.ch1='a';
    ci.ch2='A';
    ci.ins.a=ci.ch1+ci.ch2;
    ci.ins.b=ci.ins.a-ci.ch1;
    printf("%d,%c\n",ci.ins.a,ci.ins.b);
}
```

15. 阅读程序，给出程序的运行结果。

```
#include <stdio.h>
void main()
{
    struct data
    {
    int m;
    int n;
    union
    {
    int y;
        int z;
    }da;
    };
    struct data out;
    out.m=3;
    out.n=6;
    out.da.y=out.m+out.n;
    out.da.z=out.m-out.n;
    printf("%5d%5d\n",out.da.y,out.da.z);
}
```

16. 阅读程序，给出程序的运行结果。

```
#include <stdio.h>
union out
{
    int a[2];
    struct
    {
```

```
        int b;
        int c;
    }in;
    int d;
};
void main()
{
    union out e;
    int i;
    e.in.b=1;
    e.in.c=2;
    e.d=3;
    for(i=0;i<2;i++)
        printf("%5d",e.a[i]);
    printf("\n");
}
```

17. 阅读程序，若由键盘输入"20 30 40 50↙"，请给出程序的运行结果。

```
#include <stdio.h>
struct data
{
    int d1;
    int d2;
};
void main()
{
    struct data a[2]={{2,3},{5,6}};
    int i,sum=10;
    for(i=0;i<2;i++)
    {
        scanf("%d%d",&a[i].d1,&a[i].d2);
        sum=a[i].d1+a[i].d2+sum;
    }
    printf("sum=%d \n",sum);
}
```

18. 阅读程序，给出程序的运行结果。

```
#include<stdio.h>
#include<string.h>
struct STU
{
    char name[10];
    int num;
};
void f(char *name,int num)
{
    struct STU s[2]={{"SunDan",20103},{"PengHua",20104}};
    num=s[0].num;
    strcpy(name,s[0].name);
}
void main()
{
    struct STU s[2]={{"YangSan",20101},{"LiGuo",20102}},*p;
    p=&s[1];
```

```
    f(p->name,p->num);
    printf("%s %d\n",p->name,p->num);
}
```

19．阅读程序，给出程序的运行结果。

```
#include<stdio.h>
struct STU
{
    char name[10];
    int num;
    float score;
};
void f(struct STU *p)
{
    struct STU s[2]={{"SunDan",20103,550},{"PengHua",20104,537}},*q=s;
    ++p;
    ++q;
    *p=*q;
}
void main()
{
    struct STU s[3]={{"YangSan",20101,703},{"LiGuo",20102,580}};
    f(s);
    printf("%s %d %3.0f\n",s[1].name,s[1].num,s[1].score);
}
```

20．阅读程序，给出程序的运行结果。

```
#include<stdio.h>
struct STU
{
    char name[10];
    int num;
};
void f1(struct STU c)
{
    struct STU b={"LiGuo",20102};
    c=b;
}
void f2(struct STU *c)
{
    struct STU b={"SunDan",20104};
    *c=b;
}
void main()
{
    struct STU a={"YangSan",20101},b={"WangYin",20103};
    f1(a);
    f2(&b);
    printf("%d %d\n",a.num,b.num);
}
```

21．阅读程序，给出程序的运行结果。

```
#include<stdio.h>
struct STU
```

```
{
    char name[10];
    int num;
    int score;
};
void main()
{
    struct STU s[5]={{"YangSan",20101,703},{"LiGuo",20102,580},
                    {"WangYin",20103,680},{"SunDan",20104,550},
                    {"PengHua",20105,537}},*p[5],*t;
    int i,j;
    for(i=0;i<5;i++)
        p[i]=&s[i];
    for(i=0;i<4;i++)
        for(j=i+1;j<5;j++)
            if(p[i]->score>p[j]->score)
            {
                t=p[i]; p[i]=p[j]; p[j]=t;
            }
    printf("%d %d\n",s[1].score,p[1]->score);
}
```

22. 阅读程序，给出程序的运行结果。

```
#include<stdio.h>
struct NODE
{
    int num;
    struct NODE *next;
};
void main()
{
    struct NODE s[3]={{1,'\0'},{2,'\0'},{3,'\0'}},*p,*q,*r;
    int sum=0;
    s[0].next=s+1;
    s[1].next=s+2;
    s[2].next=s;
    p=s;
    q=p->next;
    r=q->next;
    sum+=q->next->num;
    sum+=r->next->next->num;
    printf("%d\n",sum);
}
```

23. 用结构体记录一个班级学生的成绩，结构体成员包括学生、姓名、三门课的成绩和总成绩。用程序实现输入全班每名学生的信息及三门课的成绩，同时计算总成绩并根据总成绩由高到低进行排序，最后输出排好序的学生信息及三门课的成绩清单。

24. 定义一个结构体数组用来存放 12 个月的信息，每个数组元素由 3 个成员组成：月份的数字表示、月份的英文单词及该月的总天数。编写一个输出一年 12 个月信息的程序。

25. 学生借书证上的信息包括姓名、班级、最大借阅数量、已借图书数量及所借书号（见图 7.17）。现设计一个完成借阅图书的程序，要求在学生借书时先判断是否已达到最大借阅数量，若达到，则拒绝借阅；否则显示借出的书号，同时修改借书证上的已借图书数量（此程序不考虑还书及注销书号过程）。

姓名		班级	
最大借阅数量		已借图书数量	
书号1			
书号2			
⋮		⋮	
书号n			

图 7.17　学生借书证

26．编写程序计算链表的长度，若链表为空，则返回 0 值。

27．编写实现将两个已知的有序链表合并成一个有序链表的程序。

28．编写实现从无序的整数链表中找出值最小的节点，然后将它从链表中删除的程序。

29．先任意生成一个整型数据链表（若输入–1，则链表结束），然后根据链表节点的数据成员值的大小按由小到大的顺序对链表节点进行排序，形成一个升序链表。

第 8 章

文件

8.1 文件概述

所谓文件，是指一组相关数据的有序集合。这个数据集合有一个名称，即文件名。实际上前面我们已多次使用过文件，如源文件、目标文件、可执行文件和库文件（头文件）等。本章主要介绍 C 语言的数据文件。

8.1.1 文件的分类

文件通常是驻留在外部介质（如磁盘、U 盘等）上的，在使用时才调入内存中。从用户角度看，文件可以分为普通文件和设备文件两种。普通文件是指驻留在磁盘或其他外部介质上的一个有序数据集合，可以是我们通常使用的源文件、目标文件和可执行文件，也可以是一组等待输入处理的原始数据或者一组等待输出的结果数据。对于源文件、目标文件和可执行文件，都可以称为程序文件，而用于输入或输出的数据则称为数据文件。设备文件是指与主机相连的各种外部设备，如显示器、打印机、键盘等，即把实际的物理设备抽象为逻辑设备。通常把显示器定义为标准输出文件，如经常使用的 printf、putchar 函数就属于这类输出；而键盘通常被指定为标准输入文件，如 scanf、getchar 函数就属于这类输入。

使用文件的好处如下。

（1）程序与数据分离：数据的改动不会引起程序的改动。

（2）数据共享：不同的程序可以访问同一个数据文件中的数据。

（3）延长数据的生存周期：能够用文件长期保存程序运行的中间数据或结果数据。

在 C 语言中，文件被看成字符（或字节）的序列，即文件是由一个个字符（或字节）按一定的顺序组成的，这个字符（或字节）序列称为字节流。文件以字节为单位进行处理而并不区分类型，这样能够增强数据处理的灵活性。输入/输出字节流的开始和结束只受程序控制，而不受字节流中的某个字符（如换行符'\n'）的控制。通常也把这种文件称为流式文件。

根据数据存储形式的不同，C 语言中的文件可分为文本文件和二进制文件两种类型。以 ASCII 码字符形式存储的文件称为文本文件（又称 ASCII 文件）。在文本文件中，每个字节可存放一个 ASCII 码字符。ASCII 码这种字节与字符相对应的方式，其优点是既便于对字符进行逐个处理，又便于输出字符。但文本文件与二进制文件相比，其需要占用更多的存储空间。在二进制文件中，数据是以二进制形式存储的，这种结构紧凑的存储方式可以节省大量的存储空间。在二进制文件中，一个字节并不直接对应一个字符，它需要转换后才能以字符的方式输出。由于计算机处理的数据都是二进制的，因此当从二进制文件中读取数据时，无须转换就可直接读入内存中进行处理和运算，进而提高了文件的处理速度。

十进制数 5678 在内存中的两种存储形式如图 8.1 所示。

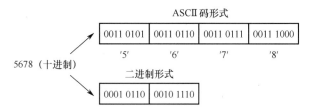

图 8.1 十进制数 5678 在内存中的两种存储形式

由图 8.1 可知，十进制数 5678 以 ASCII 码形式存储需要占用 4 个字节，而采用二进制形式存储只需要占用 2 个字节。

注意，二进制文件虽然也可以在屏幕上显示，但由于该文件不是以字符方式存储的，因此显示的内容将无法阅读。因为 C 语言在处理这些文件时并不区分类型，即将这些文件都看成字节流，并按字节进行处理，所以才造成了二进制文件显示的内容无法阅读。

从文件的读/写方式上来看，文件还可以分为顺序读/写文件和随机读/写文件两种。顺序读/写文件是指按文件从头到尾的顺序读出或写入数据，而随机读/写文件可以读/写文件中任意位置上的数据。

8.1.2 文件指针变量及文件操作过程

在 C 语言中，对文件的访问是通过文件指针变量来实现的，即用一个指针变量来指向一个文件，这个指针变量就称为文件指针变量。通过文件指针变量就可以对其指向的文件进行各种操作。

定义文件指针变量的一般形式为

```
FILE *指针变量标识符;
```

其中，FILE 应大写，它实际上是由系统定义的一个结构体类型，该结构体中含有文件名、文件状态和文件当前位置等信息。在编写程序时，无须关心 FILE 结构体类型的细节，而当需要使用一个数据文件时，定义一个指向 FILE 结构体类型的指针变量即可。例如：

```
FILE *fp;
```

表示 fp 是一个指向 FILE 结构体类型的指针变量，通过 fp 可找到与它关联的文件，并对该文件实施所需的操作。因此，我们称 fp 是指向文件的指针变量。

通过程序可以对文件进行操作，即从文件中读取数据或向文件中写入数据。文件操作的步骤通常如下。

（1）建立或打开文件。

（2）从文件中读取数据或向文件中写入数据。

（3）关闭文件。

上述 3 个步骤按顺序进行。建立文件与打开文件的区别是建立文件比打开文件多了一个创建新外存文件的过程，即创建后再打开该文件。打开文件是对文件进行读/写的前提，打开文件就是通过文件指针变量将指定的文件与所执行的程序联系起来，建立起外存数据文件与内存中程序数据的传输通道，即为文件的读/写操作做好准备。当需要为写操作打开一个文件时，若该文件不存在，则系统会先创建这个文件；若需要为读操作打开一个文件，则该文件必须是已经存在的外存数据文件，否则就会出错。

数据文件可以通过文本编辑程序建立，类似于源程序文件的建立过程。此外，也可在程序中创建并打开一个数据文件，然后通过写操作向该数据文件中写入数据。从文件中读取数据，就是从指定的外存文件中读取数据，然后存入内存中程序的数组或变量中。

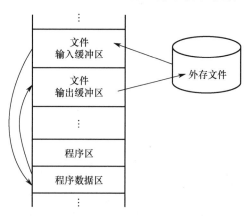

文件存储在外存上，而程序在内存中运行。程序运行所产生的结果（数据）总是先暂存在内存中的文件缓冲区，当缓冲区装满数据后，数据才整批地被写入外存文件中。若在内存中运行的程序需要获取（读出）外存文件中的数据，则先将外存文件的一批数据一次性读到内存中的文件缓冲区，再由程序从该缓冲区中逐个取出数据，赋给程序中相应的数组或变量。这种方法使大量的读/写数据操作都是在内存中的文件缓冲区和程序之间进行的，避免了内、外存之间频繁的数据传递，从而提高了读/写数据的效率。外存文件与内存中程序之间的数据传递如图 8.2 所示。

图 8.2　外存文件与内存中程序之间的数据传递

因此，建立或打开文件就是在内存中开辟一个文件缓冲区，即将外存文件、内存中的程序与文件缓冲区三者联系起来，形成一个内存中程序与外存文件之间的数据传输通道。而关闭文件是将文件缓冲区未放满的输出数据（如果有）写到外存文件中，否则可能造成输出数据的丢失，然后撤销内存中的文件缓冲区，即关闭外存文件与内存中程序之间的数据传输通道。所以，只要程序需要访问外存文件，就必须先执行建立或打开文件的操作，在文件读/写操作结束后，还必须执行关闭文件的操作。

8.2　文件的打开与关闭

C 语言并不是直接通过文件名对文件进行操作的，而是先创建一个与文件联系的文件指针变量，然后通过这个文件指针变量对文件进行操作。因此，在进行读/写操作之前首先要打开文件，使用完后要关闭文件，即进行文件操作必须遵守"打开—读/写—关闭"的操作流程。所谓打开文件，实际上是建立文件的各种相关信息，并使文件指针变量指向该文件，以便进行读/写操作。关闭文件是断开文件指针变量与文件之间的联系，即禁止再对该文件进行任何操作。

在 C 语言中，文件操作都是通过库函数完成的。

8.2.1　文件的打开

在使用文件之前要打开文件。打开文件将完成以下工作。

（1）在外存设备中寻找或创建一个指定文件。

（2）在内存中建立文件缓冲区。

（3）建立与文件联系的文件指针变量。

（4）确定文件的使用方式。

C 语言通过函数 fopen 打开一个文件，其调用的一般形式为

```
文件指针变量=fopen(文件名,打开文件方式);
```

其中，"文件指针变量"必须是被说明为 FILE 类型的指针变量；"文件名"是指被打开文件的名字（包括文件名之前的路径），它可以是字符串常量或字符串数组；"打开文件方式"是指文件的类型和操作要求。例如：

```
FILE *fp;
fp=("file1","r");
```

其功能是在当前目录下打开文件 file1，只允许对文件进行读操作，并使指针变量 fp 指向该文件。又如：

```
FILE *fp1;
fp1=("c:\\h.txt","rt");
```

其功能是打开 c 盘根目录下的文件 h.txt，这是一个文本文件，只允许按字符方式进行读操作（rt 即 read text）。两个反斜杠 "\\" 中的第一个'\'表示转义字符，即表示第二个'\'是一个'\'字符，这里表示根目录。

文件打开的方式共有 12 种，如表 8.1 所示。

表 8.1 文件打开的方式

打 开 方 式	功　　能
"rt"	以只读方式打开 1 个文本文件，只允许读数据
"wt"	以只写方式打开或创建 1 个文本文件，只允许写数据
"at"	以追加方式打开 1 个文本文件，并在文件末尾追加写数据
"rb"	以只读方式打开 1 个二进制文件，只允许读数据
"wb"	以只写方式打开或创建 1 个二进制文件，只允许写数据
"ab"	以追加方式打开 1 个二进制文件，并在文件末尾追加写数据
"rt+"	以读/写方式打开 1 个文本文件，允许读和写数据
"wt+"	以读/写方式打开或创建 1 个文本文件，允许读和写数据
"at+"	以读/写方式打开 1 个文本文件，允许读或在文件末尾追加写数据
"rb+"	以读/写方式打开 1 个二进制文件，允许读和写数据
"wb+"	以读/写方式打开或创建 1 个二进制文件，允许读和写数据
"ab+"	以读/写方式打开 1 个二进制文件，允许读或在文件末尾追加写数据

表 8.1 中的"rb"为英文 read binary 的缩写，而"wt"为英文 write text 的缩写；此外，表 8.1 中的 t 一律可以略去，即"rt"可直接写成"r"，"wt+"可直接写成"w+"。

关于文件打开的方式，要注意以下几点。

（1）文件打开的方式由 r、w、a、t、b 和+这 6 个字符组合表示，各字符的含义如下。

① r(read)：读。

② w(write)：写。

③ a(append)：追加。

④ t(text)：文本文件，可省略不写。

⑤ b(binary)：二进制文件。

⑥ +：读和写。

（2）当用"r"方式打开一个文件时，该文件必须已经存在（存放于外存中），且只能从该文件中读出数据。

（3）当用"w"方式打开一个文件时，只能向该文件中写入数据。若打开的文件在外存中不存在，则以指定的文件名创建一个新的外存文件；若打开的文件已经在外存中存在，则删除该外存文件（这意味着该文件中的原有数据全部丢失），然后以这个文件名重新创建一个新外存文件。

（4）若要在一个已经存在的文件尾部追加新的数据，则只能用"a"方式打开文件，且这个文件必须是已经在外存中存在的，否则将会出错。

（5）若打开一个文件时出现错误，则函数 fopen 将返回一个空指针值 NULL。因此，常用下面的程序段打开文件。

```
if((fp=fopen("c:\\hh","rb"))==NULL)        //打开文件是否失败
{
   printf("error on open c:\\hh file!\n");
   getchar();
   exit(1);                                //退出程序
}
```

若返回的指针值为空，则表示不能打开 c 盘根目录下的 hh 文件，即给出提示信息"error on open c:\\hh file!"。getchar 函数的功能是从键盘上读入一个字符，但不在屏幕上显示，它的作用是等待，只有从键盘上按下任意键后程序才继续执行，因此可以利用这个等待时间阅读出错提示，即按下任意键后执行语句"exit(1);"，然后退出程序。当然，也可以省略"getchar();"语句。另外，要注意的是，程序中若使用语句"exit(1);"，则在 C 语言程序开始处必须包含"stdlib.h"头文件。

（6）当把一个文本文件读入内存中时，要将 ASCII 码转换成二进制码；而当把文件以文本方式写入外存文件中时，也要将二进制码转换成 ASCII 码。因此，文本文件的读/写要花费较多的转换时间。

（7）标准输入文件（键盘）、标准输出文件（显示器）和标准出错输出文件（出错信息）都是由系统自动打开的，并且可以直接使用。系统中定义了 3 个文件指针变量 stdin、stdout 和 stderr 来分别指向标准输入文件、标准输出文件和标准出错输出文件。

8.2.2　文件的关闭

文件一旦使用完毕应当立即关闭，以避免文件数据丢失或者文件被误用。关闭文件将完成以下工作。

（1）若文件是以"写"或"读/写"方式打开的，则把文件缓冲区中还未存入外存文件中的剩余数据存储到外存文件中。

（2）断开文件指针变量与该外存文件的联系，此时文件指针变量可用于指向其他文件。

（3）释放内存中的文件缓冲区。

C 语言通过函数 fclose 来关闭一个文件，其调用的一般形式为

```
fclose(文件指针变量);
```

例如：

```
fclose(fp);
```

其作用是关闭 fp 所指向的外存文件。在完成正常关闭文件操作后，fclose 函数返回 0 值；若

其返回非 0 值，则表示关闭出错。

在程序中，一个文件在使用完后应及时关闭。特别要注意的是，在程序执行结束之前，应该关闭所有已打开的文件，以防止数据丢失。因为在向外存文件中写入数据时，要先将数据写到该文件在内存中的文件缓冲区中，所以当缓冲区装满数据时，才启动一次将缓冲区中的数据传送给外存文件的操作。当程序运行结束时，很可能内存缓冲区中仍存有未传送的数据，这是因为缓冲区未装满而并没有将这些数据传送给外存文件，所以必须用 fclose 函数来关闭文件，由系统强制将内存缓冲区中的剩余数据传送给外存文件，然后释放内存缓冲区及文件指针变量，即终止程序与这个外存文件的联系；否则，程序中需要传送给外存文件的某些数据可能并没有被真正地传送给外存文件，而只是暂存在内存缓冲区中，在没有用 fclose 函数关闭文件的情况下，结束程序的运行将会造成这些数据的丢失。

注意，由系统打开的标准输入文件和标准输出文件在程序运行结束时会自动关闭。

【例 8.1】以写方式打开一个在 c 盘下名为 test.txt 的文本文件。

解：程序如下。

```c
#include<stdio.h>
#include<stdlib.h>
void main()
{
    FILE *fp;
    if((fp=fopen("c:\\test.txt","w"))==NULL)
    {
        printf("Can not open file!\n");
        exit(1);
    }
    fclose(fp);
}
```

8.3 文件的读/写

打开文件之后，就可以对其进行读/写操作了。C 语言提供了多种文件读/写函数，包括字符读/写函数、字符串读/写函数、数据块读/写函数和格式化读/写函数等。需要注意的是，读/写文本文件和读/写二进制文件所使用的函数是不同的。文件读/写函数如下。

（1）字符读/写函数：fgetc 和 fputc。

（2）字符串读/写函数：fgets 和 fputs。

（3）数据块读/写函数：fread 和 fwrite。

（4）格式化读/写函数：fscanf 和 fprintf。

8.3.1 字符读/写函数

字符读/写函数是以字节为单位的读/写函数，每次可以从文件中读取或向文件中写入一个字符。

1. 写字符函数 fputc

写字符函数 fputc 调用的一般形式为

```
fputc(字符量,文件指针变量);
```

fputc 函数的功能是把一个字符写入指定文件的当前读/写指针位置，然后将该文件的读/写指针顺序后移一个字符位置，其中待写入的字符量可以是字符常量或字符型变量。

注意，文件的读/写指针不是文件指针变量。文件指针变量是用户定义的指针变量，它用来指向文件，即建立程序与文件的联系。文件的读/写指针是系统设置的内部指针，它用于定位文件中需要进行读/写数据的位置。文件的读/写指针对用户来说是透明的，即用户看不见读/写指针在文件中移动。

例如：

```
fputc('a',fp);
```

其功能是将字符'a'写入 fp 所指向的文件的当前读/写指针位置。

在使用 fputc 函数时需要注意以下几点。

（1）若在文件中写入数据，则可以用写"w"、读/写"w+"、追加"a"和"a+"方式打开文件。若用写或读/写方式打开一个已经存在的文件，则文件原有的数据将被删除，写入字符的操作是从文件开始处依次写入；若使用追加方式打开文件，则文件原有的数据将被保留，写入字符的操作则是从文件尾部开始写入。若被写入的文件不存在，则这几种写方式都将创建一个新文件，然后开始写操作。

（2）fputc 函数有一个返回值，若写入成功，则返回所写入的字符；否则返回文件结束标志 EOF（值为-1），表示写操作失败。

（3）每写入一个字符后，文件内部的读/写指针将自动顺序后移一个字符位置。该指针由系统设置，用于指示文件当前的读/写位置。

2．读字符函数 fgetc

读字符函数 fgetc 调用的一般形式为

```
字符变量=fgetc(文件指针变量);
```

fgetc 函数的功能是从文件指针变量所指向的文件中的读/写指针所指位置读取一个字符，并将其送入赋值符号"="左边的变量中，然后文件内部的读/写指针自动顺序后移一个字符位置。例如：

```
ch=fgetc(fp);
```

其功能是从打开的文件（由 fp 所指向）中的当前读/写指针处读取一个字符，并将其送入字符型变量 ch 中，同时文件内部的读/写指针自动顺序后移一个字符位置。

在使用 fgetc 函数时需要注意以下几点。

（1）在 fgetc 函数的调用过程中，读取文件中字符数据的文件必须是以读或读/写方式打开的。

（2）文件内部有一个读/写指针来指示文件的当前读/写位置。在打开文件时，该读/写指针总是指向文件中的第一个字符（字节），使用 fgetc 函数读取一个字符后，该读/写指针自动顺序后移一个字符位置，因此可以连续多次使用 fgetc 函数来读取文件中的多个字符。

注意，在 VC++ 6.0 中，fputc 可用 putc 表示，fgetc 也可用 getc 表示。

【例 8.2】在 c 盘上建立一个 myfile.txt 文件，并将字符串"How are you"写入文件中，然后从该文件中读出数据并显示在屏幕上。

解：程序如下。

```
#include<stdio.h>
void main()
```

```
{
    FILE *fp;
    char ch,a[20]="How are you",*p=a;
    fp=fopen("c:\\myfile.txt","w");       //创建 myfile.txt 文件用于写操作
    while(*p!='\0')
    {
        fputc(*p,fp);                      //将*p（p 所指向的数组元素的内容）写入文件中
        p++;
    }
    fclose(fp);                            //关闭文件
    fp=fopen("c:\\myfile.txt","r");        //打开 myfile.txt 文件用于读操作
    ch=fgetc(fp);                          //从文件中读取 1 个字符
    while(ch!=EOF)                         //EOF 为文件结束标志
    {
        putchar(ch);                       //将读取的字符显示在屏幕上
        ch=fgetc(fp);                      //继续从文件中读取字符
    }
    fclose(fp);                            //关闭文件
}
```

程序执行的读/写过程如图 8.3 所示。程序首先通过语句"fp=fopen("c:\\myfile.txt","w");"在 c 盘根目录下创建了一个名为 myfile.txt 的文件，此时文件的读/写指针指向该文件的第一个字符位置，如图 8.3（a）所示。接下来通过语句"fputc(*p,fp);"将头一个字符'H'（*p 此时为 a[0]）写到文件中；文件读/写指针顺序后移一个字符位置，"p++;"使指针变量 p 指向 a[1]。这个写操作持续到将数组 a 中的整个字符串全部写入文件中为止，此时读/写指针定位于文件结束标志（EOF）处，如图 8.3（b）所示。因此，这时已无法由读/写指针来读取文件中的数据了，所以必须先关闭文件，再以读方式打开文件，这时读/写指针就又定位在该文件的第一个字符位置，即可以从这个位置开始读取文件中的数据了，如图 8.3（c）所示。

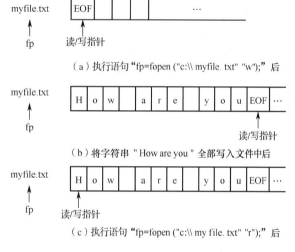

图 8.3　程序执行的读/写过程

【例 8.3】判断两个文本文件的内容是否相同。

解：程序设计如下。

```
#include<stdio.h>
#include<stdlib.h>
void main()
{
    FILE *fp,*ft;
    char k,n;
    if((fp=fopen("d1.txt","r"))==NULL)
    {
        printf("Can not open file1!\n");
```

```
        exit(1);
    }
    if((ft=fopen("d2.txt","r"))==NULL)
    {
        printf("Can not open file2!\n");
        exit(1);
    }
    while(!feof(fp)&&!feof(ft))
    {
        k=fgetc(fp);
        n=fgetc(ft);
        if(k!=n)
            break;
    }
    if(feof(fp)&&feof(ft))
        printf("The two files are identical.\n");
    else
        printf("The two files are not identical.\n");
}
```

该程序首先打开 d1.txt 和 d2.txt 这两个文本文件，若打开失败，则结束程序的执行。若两个文件都成功打开，则通过 while 循环顺序比较两个文件对应位置上的字符是否相等，即通过 fgetc 读字符函数将两个文件中对应位置上的字符分别读取到字符型变量 k 和 n 中，然后比较 k 和 n 的值是否相等。若 k 和 n 的值不相等，则表示两个文件的内容不同，这时通过 break 语句跳出 while 循环；若 k 和 n 的值相等，则从两个文件中继续读取下一个字符再进行比较。

当 while 循环结束后，两个文件内容相同的标志是两个文件的读/写指针都已经到达文件结束标志 EOF 处，否则表示两个文件的内容不同。在程序中就是根据这个原则来判断两个文件的内容是否相同的。

8.3.2　字符串读/写函数

1. 写字符串函数 fputs

写字符串函数 fputs 调用的一般形式为

```
fputs(字符串,文件指针变量);
```

函数 fputs 的功能是向由文件指针变量指向的文件中写入一个字符串。其中，字符串可以是字符串常量，也可以是字符数组名或指向字符串的指针变量。例如：

```
fputs("abcd",fp);
```

其功能是把字符串"abcd"写入 fp 所指向的文件中。若写操作成功，则函数将返回 0 值；若写操作失败，则返回非 0 值。

2. 读字符串函数 fgets

读字符串函数 fgets 调用的一般形式为

```
fgets(字符数组名,n,文件指针变量);
```

fgets 函数的功能是从文件指针变量指向的文件中读取一个字符串到程序的字符数组中。其中，n 是一个正整数，表示从文件中读出的字符串不超过 n-1 个字符。当字符串最后一个字符读入完成后，在字符数组所读入的字符串后添加一个字符串结束标志'\0'。

注意，fgets 函数从文件中读取字符直到遇到回车符'\n'或文件结束标志 EOF 为止，或者直到读入了给定个数（n-1 个）的字符为止。例如：

```
fgets(str,n,fp);
```

其功能是从 fp 所指向的文件中读取 n-1 个字符送入字符数组 str 中，并在字符数组 str 所读入的字符串后加上字符串结束标志'\0'（传给字符数组 str 的是一个字符串）。若函数读取成功，则返回 str 指针值（数组 str 的首地址）；若函数读取失败，则返回一个空指针 NULL。

【例 8.4】用字符串读/写函数实现例 8.2 的操作。

解：程序如下。

```
#include<stdio.h>
void main()
{
    FILE *fp;
    char a[20]="How are you",b[20];
    fp=fopen("c:\\myfile.txt","w");
    fputs(a,fp);
    fclose(fp);
    fp=fopen("c:\\myfile.txt","r");
    fgets(b,12,fp);
    fclose(fp);
    puts(b);
}
```

对于字符串的读/写，采用字符串读/写函数实现起来要比使用字符读/写函数方便。在程序中，将一个字符串写入文件中后，仍然要先关闭文件，再用读方式打开文件。这样文件内部的读/写指针就定位在文件的第一个字符位置处，此时才可以使用 fgets 函数来读取文件中的数据。若在执行"fputs(a,fp);"语句后就接着执行"fgets(b,12,fp);"语句，则由于该读/写指针定位于文件尾部而无法读取文件中的数据。

【例 8.5】有以下程序，则程序运行后，文件 t1.dat 中的内容是_____。

```
#include<stdio.h>
void WriteStr(char *fn,char *str);
void main()
{
    WriteStr("t1.dat","start");
    WriteStr("t1.dat","end");
}
void WriteStr(char *fn,char *str)
{
    FILE *fp;
    fp=fopen(fn,"w");
    fputs(str,fp);
    fclose(fp);
}
```

A．start   B．end   C．startend   D．endrt

解：WriteStr 函数有两个字符指针形参，即 fn 用来接收文件名实参，而 str 用来接收字符串的地址。由于在 WriteStr 函数中文件打开的方式为"w"，即用写方式打开文本文件，而这种打开方式是，若指定的文件"t1.dat"不存在，则新建一个名为"t1.dat"的文件；否则删除该文件，然后以该文件名重新创建一个新文件。因此，在主函数两次调用 WriteStr 函数时，写入的是同一个文件"t1.dat"，所以只有最后一次写入的字符串有效，故选 B 选项。

8.3.3　数据块读/写函数

1．写数据块函数 fwrite

C 语言在文件操作中提供了用于整块数据的写函数 fwrite，其可用来写入一组数据，如一个数组或一个结构体变量的值。

写数据块函数 fwrite 调用的一般形式为

```
fwrite(buffer,size,count,fp);
```

其中，buffer 是一个指针，表示存放输出数据的首地址；size 表示数据块的字节数（等于该数据块中数据的个数×一个数据类型占用的字节数）；count 表示要写到文件中的数据块的块数；fp 表示文件指针变量。即 fwrite 函数每次将个数为 count 的数据块且每块大小为 size 个字节的数据（如一个结构体变量数组）写入文件中，然后读/写指针自动移到写入的 count 个数据块之后的位置，等待下一次数据块的写入。若所写入数据块的块数小于 count 值，则会出现写错误。

例如，设有定义：

```
int a[10]={1,2,3,4,5,6,7,8,9,10};
```

则使用函数 fwrite 将数组整体写入文件中的语句为

```
fwrite(a,40,1,fp);
```

其功能是从数组 a 的首地址开始，一次将 40 个字节（一个整型数据占 4 个字节）写入 fp 所指向的文件中。当不知道一个数据块的大小时，可以采用下面的形式来写数据。

```
fwrite(a,10*sizeof(int),1,fp);
```

2．读数据块函数 fread

C 语言在文件操作中也提供了用于整块数据的读函数 fread，其可用来读取一组数据，如一个数组或一个结构体变量的值。

读数据块函数 fread 调用的一般形式为

```
fread(buffer,size,count,fp);
```

其中，buffer 是一个指针，表示内存中用于存放从文件中读出数据的首地址（如数组名和结构体变量名等）；size 和 fp 与 fwrite 函数中的 size 和 fp 相同；而 count 表示要从文件中读出的数据块的块数。例如：

```
fread(a,4,5,fp);
```

假定 a 是一个实型数组名，则上述语句的功能是从 fp 所指向的文件中每次读出 4 个字节（一个实数大小）送入程序中的数组 a 中，连续读 5 次，即一共读了 5 个实数到数组 a 中。文件中的读/写指针将随所读数据块的字节数自动后移相应个字节位置，即定位到下一个未读的数据块位置。若读取的数据块的块数少于 fread 函数调用时所要求的块数（count 值），则可能出现错误，或者已经到达了文件末尾。

【例 8.6】求下面程序执行后的输出结果。

```
#include<stdio.h>
void main()
{
    FILE *fp;
    int a[10]={1,2,3,0,0},i;
```

```
    fp=fopen("d1.dat","wb");
    fwrite(a,sizeof(int),5,fp);
    fwrite(a,sizeof(int),5,fp);
    fclose(fp);
    fp=fopen("d1.dat","rb");
    fread(a,sizeof(int),10,fp);
    fclose(fp);
    for(i=0;i<10;i++)
        printf("%d,",a[i]);
    printf("\n");
}
```

解：程序首先定义了一个文件指针变量 fp，然后通过函数 fopen 打开一个名为 d1.dat 的文件，参数"wb"表示以写方式打开一个二进制文件，然后通过函数 fwrite 将数组 a 的前 5 个元素值顺序写入 d1.dat 文件中。注意，为什么两次写入文件中的都是数组 a 的前 5 个元素值呢？因为两次写操作函数 fwrite 中的输出数据首地址都是 a，即都是从数组 a 的第 1 个元素开始将连续的 5 个元素值写入文件 d1.dat 中的；另外，第 2 次写入的 5 个数据是否会覆盖第 1 次写入的 5 个数据呢？由于在第 1 次写操作和第 2 次写操作之间并没有其他操作，因此第 1 次执行 fwrite 写操作后，读/写指针定位在已写入文件的 5 个数据之后的位置，当第 2 次执行 fwrite 写操作时，就从这个位置开始再写入数组 a 的前 5 个数据，故并不会覆盖第 1 次写入的 5 个数据。接下来使用 fclose 函数关闭 d1.dat 文件，然后用 fopen 函数再次打开 d1.dat 文件。此时，读/写指针定位在文件 d1.dat 的第 1 个数据位置，这时执行函数 fread 则将文件 d1.dat 中存放的 10 个数据顺序读入数组 a 中。因此，最终通过 for 语句输出数组 a 中的 10 个元素值为 1,2,3,0,0,1,2,3,0,0。

8.3.4　格式化读/写函数

文件中的格式化读/写与数据的标准输入/输出基本相似。文件中的格式化读/写函数 fscanf 和 fprintf 与标准输入/输出函数 scanf 和 printf 的区别就在于读/写对象的不同，一个是外存文件，而另一个是键盘和显示器。

1. 格式化写函数 fprintf

格式化写函数 fprintf 调用的一般形式为

```
fprintf(文件指针变量,格式控制字符串,输出项列表);
```

其中，fprintf 函数的书写格式除多了一个文件指针变量外，其余完全与 printf 函数相同。例如：

```
fprintf(fp,"%d%d",i,j);
```

fprintf 函数的返回值为实际写入文件中的字节数，若写入出错，则返回 EOF（−1）。

2. 格式化读函数 fscanf

格式化读函数 fscanf 调用的一般形式为

```
fscanf(文件指针变量,格式控制字符串,输入项地址列表);
```

其中，fscanf 函数的书写格式除多了一个文件指针变量外，其余完全与 scanf 函数相同。例如：

```
fscanf(fp,"%d%c",&i,&ch);
```

fscanf 函数的返回值为实际从文件中读出的字节数，若调用失败，则返回 EOF（−1）。

【例 8.7】求下面程序执行后的输出结果。

```c
#include<stdio.h>
void main()
{
    FILE *fp;
    int i=20,j=30,k,n;
    fp=fopen("d1.dat","w");
    fprintf(fp,"%d\n",i);
    fprintf(fp,"%d\n",j);
    fclose(fp);
    fp=fopen("d1.dat","r");
    fscanf(fp,"%d%d",&k,&n);
    printf("%d,%d\n",k,n);
    fclose(fp);
}
```

解：在本题中，首先用 fopen 函数以写方式打开文件 d1.dat，然后两次通过 fprintf 函数写入 i 值（后加'\n'）和 j 值（后加'\n'），其文件存储情况如图 8.4 所示。接着用 fclose 函数关闭该文件。当用 fopen 函数再次以读方式打开 d1.dat 文件时，读/写指针定位在文件的第一个字符'2'处。这时，用 fscanf 语句将文件中的数据读给程序中的整型变量 k 和 n。因为数据在文件中是以字符方式存储的，所以如同 scanf 语句对输入数据的要求一样，一个数据结束的标志要么是空格符，要么是回车符。因此，fscanf 语句将 20 读给了变量 k，将

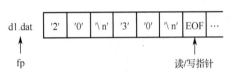

图 8.4 程序执行两次 fprintf 语句后文件 d1.dat 的存储情况

30 读给了变量 n，即最终语句 "printf("%d,%d\n",k,n);" 的输出结果为 20,30。

【例 8.8】以下程序的运行结果是_____。

```c
#include<stdio.h>
void main()
{
    FILE *fp;
    int k,n,a[6]={1,2,3,4,5,6};
    fp=fopen("d2.dat","w");
    fprintf(fp,"%d%d%d\n",a[0],a[1],a[2]);
    fprintf(fp,"%d%d%d\n",a[3],a[4],a[5]);
    fclose(fp);
    fp=fopen("d2.dat","r");
    fscanf(fp,"%d%d",&k,&n);
    printf("%d,%d\n",k,n);
    fclose(fp);
}
```

　　A. 1,2　　　　　　B. 1,4　　　　　　C. 123,4　　　　　　D. 123,456

解：程序执行两次 fprintf 语句后文件 d2.dat 的存储情况如图 8.5 所示。由例 8.7 可知，再次从文件 d2.dat 中读出数据送给整型变量 k 和 n 的分别是 123 和 456，故应选 D 选项。另外，分散的数据读入文件中后，若没有用空格符或回车符分隔开，则再次从文件中读出时，这些数据就连在一起成了一个数据，这一点要引起足够的重视。

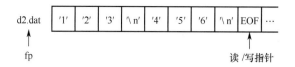

图 8.5　程序执行两次 fprintf 语句后文件 d2.dat 的存储情况

【例 8.9】以下程序的运行结果是_____。

```
#include<stdio.h>
void main()
{
    FILE *fp;
    int i,k,n;
    fp=fopen("d1.dat","w+");
    for(i=1;i<6;i++)
    {
        fprintf(fp,"%d ",i);           //%d 后有 1 个空格符
        if(i%3==0)
            fprintf(fp,"\n");
    }
    rewind(fp);
    fscanf(fp,"%d%d",&k,&n);
    printf("%d,%d\n",k,n);
    fclose(fp);
}
```

A. 0,0　　　　　　B. 123,45　　　　　　C. 1,4　　　　D. 1,2

解：该程序首先定义了一个文件指针变量 fp，然后用 fopen 函数以"w+"方式新建一个用读/写方式打开的文件 d1.dat。在 for 循环中，循环变量 i 从 1 递增到 5，即执行了 5 次循环体，每次都将循环变量 i 的值和 1 个空格符写入文件 d1.dat 中，当 i 值能被 3 整除时，还要多写入 1 个回车符'\n'。所以当循环结束时，文件 d1.dat 中的内容如图 8.6（a）所示。接下来通过 rewind 函数将文件 d1.dat 的读/写指针移回到文件的开始处，如图 8.6（b）所示，然后用 fscanf 函数从文件 d1.dat 中读取 2 个整型数到变量 k 和 n 中。注意，从文件中读出数据，一个数据的结束标志要么是空格符，要么是回车符。因此，实际上是将 1 和 2 分别读入变量 k 和 n 中，故本题应选 D 选项。

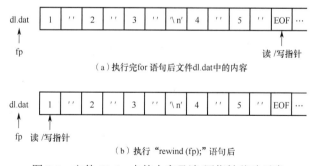

（a）执行完 for 语句后文件 d1.dat 中的内容

（b）执行"rewind(fp);"语句后

图 8.6　文件 d1.dat 中的内容及读/写指针移动示意

8.4　文件的定位与随机读/写

前面介绍的对文件的读/写方式都是顺序读/写，即读只能从文件首部开始，写只能从文件

首部或文件尾部开始，文件内部的读/写指针按所读/写的数据的长度自动顺序后移进行读/写。但在实际应用中，经常需要读/写文件中某个指定位置上的数据，即将文件内部的读/写指针根据需要移动到文件中任意的数据位置上，再进行读/写，这种读/写方式称为随机读/写。实现随机读/写的关键是使读/写指针能够移动到指定的数据位置上，这个过程称为文件的定位。文件的定位是通过移动文件内部的读/写指针来实现的，完成这个功能的 C 语言函数主要有两个，即 rewind 函数和 fseek 函数。

1. 定位于文件首部的函数 rewind

rewind 函数调用的一般形式为

```
rewind(文件指针变量);
```

rewind 函数的功能是把文件指针变量所指向的文件内部的读/写指针重新移到文件的起始位置。该函数没有返回值，仅仅是执行移动文件内部读/写指针的操作。

【例 8.10】用程序实现将源文件 file1.txt 复制到目标文件 file2.txt 中，然后显示所复制的目标文件 file2.txt 中的内容。

解：程序如下。

```
#include<stdio.h>
void main()
{
    FILE *pin,*pout;
    pin=fopen("file1.txt","r");
    pout=fopen("file2.txt","w+");
    while(!feof(pin))                    //当文件未结束时
        putc(getc(pin),pout);
    rewind(pout);
    while(!feof(pout))
        putchar(getc(pout));
    fclose(pin);
    fclose(pout);
}
```

当程序执行完第 1 个 while 循环时，目标文件 file2.txt 完成复制，此时两个文件的读/写指针都已经移到文件尾部。由于程序还要在屏幕上显示所复制的目标文件内容，因此在语句"rewind(pout);"的作用下，将目标文件 file2.txt 的读/写指针又重新调回到文件的起始位置。若用前面介绍的方法，则需要先关闭目标文件 file2.txt，再以读方式打开它，然后才能显示复制到目标文件 file2.txt 中的内容。因此，使用 rewind 函数能够使文件操作更加简便。

此外，在程序中还使用了文件结束位置判断函数 feof。若文件操作结束，则 feof 函数返回 1 值；否则返回 0 值。

【例 8.11】以下程序执行后文件 abc.dat 中的内容是_____。

```
#include<stdio.h>
void main()
{
    FILE *pf;
    char *s1="China", *s2="Beijing";
    pf=fopen("abc.dat","wb+");
    fwrite(s2,7,1,pf);
    rewind(pf);
    fwrite(s1,5,1,pf);
```

```
        fclose(pf);
    }
```

A. China   B. Chinang   C. ChinaBeijing   D. Beijing China

解：程序通过 fopen 函数以"wb+"方式新建了一个可读/写的二进制文件 abc.dat，如图 8.7（a）所示，然后使用 fwrite 函数写入字符串 s2 的前"7×1"个字符。注意，由于是逐个字节地以二进制方式读出 s2 所指向的字符串中的字符，因此读出的字符没有发生任何改变，将其写入文件 abc.dat 中后，文件的内容以字符方式看仍为"Beijing"，如图 8.7（b）所示。接下来，程序使用 rewind 函数将文件 abc.dat 的读/写指针调回到文件的起始位置，如图 8.7（c）所示，然后又用 fwrite 语句给文件 abc.dat 写入 s1 所指向的字符串的前"5×1"个字符，所以文件 abc.dat 的原有内容"Beijing"中的前 5 个字符被"China"覆盖，如图 8.7（d）所示。因此，程序执行后文件 abc.dat 中的内容与选项 B 相同，故选 B 选项。

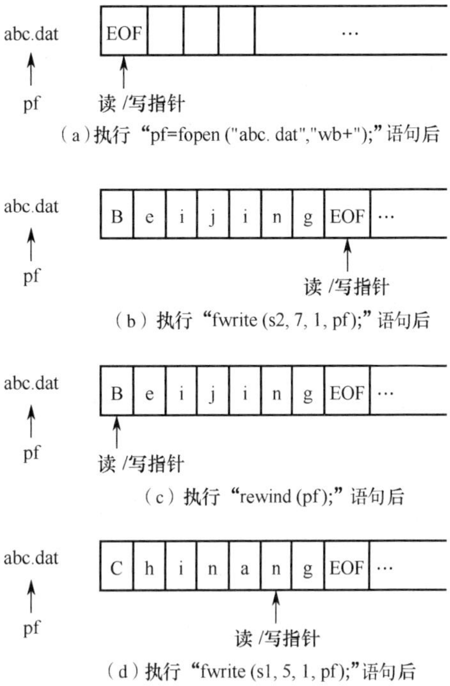

注意，在打开一个文件时，文件结束标志"EOF"就在文件的第 1 个位置，然后每写入 1 个字节数据，"EOF"就顺序后移 1 个字节。本题在第 2 次由文件开始处写入字符时，"EOF"已经在第 1 次给文件写入数据时移到了所写数据"Beijing"的后面。

图 8.7   程序执行过程中文件 abc.dat 的变化情况

【例 8.12】分析下面程序的输出结果。

```c
#include<stdio.h>
void main()
{
    FILE *fp;
    char a[4]={'a','b','c','d'};
    int i;
    fp=fopen("c:\\h.dat","w");
    for(i=0;i<4;i++)
        fputc(a[i],fp);
    fclose(fp);
    fp=fopen("c:\\h.dat","a+");
    for(i=2;i<4;i++)
        fputc(a[i],fp);
    rewind(fp);
    while(!feof(fp))
        printf("%c",fgetc(fp));
    printf("\n");
    fclose(fp);
}
```

解：该程序首先以写方式"w"在 c 盘根目录下创建了一个文本文件 h.dat，然后将数组 a 中的数据'a'、'b'、'c'、'd'写入文件 h.dat 中，接着用语句"fclose(fp);"关闭由文件指针变量 fp 所指向的文件 h.dat，再以"a+"方式打开文件 h.dat，并继续将 a[2]和 a[3]中的数据'c'和'd'追加写入文件 h.dat 的末尾处，即此时文件 h.dat 中的数据为'a'、'b'、'c'、'd'、'c'和'd'。最后，用语句"rewind(fp);"重新将文件 h.dat 的读/写指针定位到文件的起始位置，并通过循环语句"while(!feof(fp)) printf("%c",fgetc(fp));"循环输出文件 h.dat 中的每个数据，即输出 abcdcd。在输出一个回车符后，用语句"fclose(fp);"关闭文件 h.dat。

【例 8.13】将一组学生登记表以结构体的形式写入文件中，然后从文件中读出内容并显示。

解：程序设计如下。

```c
#include<stdio.h>
struct st
{
    char name[10];
    int age;
    float score;
};
void main()
{
    FILE *fp;
    struct st student[5],*p;
    fp=fopen("std1.txt","w+");
    for(p=student;p<student+5;p++)
    {
        scanf("%s%d%f",p->name,&p->age,&p->score);
        fwrite(p,sizeof(struct st),1,fp);
    }
    rewind(fp);
    while(!feof(fp))
    {
        fread(p,sizeof(struct st),1,fp);
        printf("%s,%d,%f\n",p->name,p->age,p->score);
    }
    fclose(fp);
}
```

在该程序中使用了结构体数组来保存学生的登记表信息，并用结构体指针变量 p 来指向这个结构体数组，其后在 for 循环中依次将 5 个结构体数组元素的内容写入文件 std1.txt 中；接下来，通过 rewind 函数使文件的读/写指针移到文件的起始位置，然后读出每个结构体数组元素并显示元素中每个成员的信息。

注意，由于数据存储使用的是结构体类型，因此必须用文件的数据块读/写方式来实现。

2. 移动读/写指针函数 fseek

fseek 函数调用的一般形式为

```
fseek(文件指针变量,位移量,起始位置);
```

其中，文件指针变量指向需要移动读/写位置的文件。位移量是指文件读/写指针需要移动的字节数，若其大于 0，则表明新的读/写位置在起始位置的后面；若其小于 0，则表明新的读/写位置在起始位置的前面。当用常量表示位移量时，通常要求加后缀"L"。起始位置表示从何处开始计算位移量。规定的起始位置有 3 种，包括文件首部、当前位置和文件尾部，其表示方法如表 8.2 所示。

表 8.2　起始位置的表示方法

起始位置	用符号表示	用数字表示
文件首部	SEEK_SET	0
当前位置	SEEK_CUR	1
文件尾部	SEEK_END	2

注意，位移量也可由 sizeof 运算符计算得出。sizeof 是 C 语言中的一个单目运算符，其引用格式为

```
sizeof 变量名
```

或者

```
sizeof(类型名)
```

例如：

```
fseek(fp,-2L*sizeof(int),SEEK_CUR);
```

表示把文件的读/写指针由当前位置开始向前移动两个整型数据的位置。

需要说明的是，fseek 函数一般用于二进制文件。在文本文件中，由于要完成由字符到二进制的转换，因此 fseek 函数计算的位置就会出错（与实际位置不符）。

在文件随机读/写过程中，通过 fseek 函数确定读/写指针的位置之后，可以采用前面介绍的任意一种读/写函数来进行读/写。由于一般只读/写一个数据块，因此常用 fread 函数和 fwrite 函数来进行读/写。

【例 8.14】给出下面程序的运行结果。

```
#include<stdio.h>
void main()
{
    FILE *fp;
    int i,a[]={1,2,3,4,5,6};
    fp=fopen("d1.dat","w+b");
    fwrite(a,sizeof(int),6,fp);
    fseek(fp,sizeof(int)*3,SEEK_SET);
    fread(a,sizeof(int),3,fp);
    fclose(fp);
    for(i=0;i<6;i++)
        printf("%d,",a[i]);
    printf("\n");
}
```

解：在程序中，首先通过 fopen 函数打开文件 d1.dat，参数"w+b"表示以二进制读/写方式打开文件 d1.dat。注意，字符 w、+和 b 可任意组合。若文件 d1.dat 不存在，则新建一个文件 d1.dat。在打开文件后，通过 fwrite 函数将数组 a 中的前 6 个元素顺序写入文件 d1.dat 中，如图 8.8（a）所示。接着，通过 fseek 函数使文件 d1.dat 的读/写指针移动到从文件起始位置算起的第 3 个整型数位置，如图 8.8（b）所示，然后使用 fread 函数顺序读出文件读/写指针所指的 3 个数并送到数组 a 的前 3 个元素中。所以，读入 a[0]～

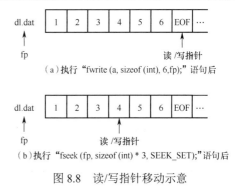

（a）执行 "fwrite (a, sizeof (int), 6,fp);" 语句后

（b）执行 "fseek (fp, sizeof (int) * 3, SEEK_SET);" 语句后

图 8.8　读/写指针移动示意

a[2]中的数据是 4、5、6，即数组 a 中现在的内容是{4,5,6,4,5,6}，故最终输出结果是 4,5,6,4,5,6。

【例 8.15】以下程序的运行结果是_____。

```c
#include<stdio.h>
void main()
{
    FILE *fp;
    int i,a[4]={1,2,3,4},b;
    fp=fopen("data.dat","wb");
    for(i=0;i<4;i++)
        fwrite(&a[i],sizeof(int),1,fp);
    fclose(fp);
    fp=fopen("data.dat","rb");
    fseek(fp,-2L*sizeof(int),SEEK_END);
    fread(&b,sizeof(int),1,fp);
    fclose(fp);
    printf("%d\n",b);
}
```

A. 2   B. 1   C. 3   D. 4

（a）执行完 for 语句后

（b）执行 "fseek (fp, -2L * sizeof (int), SEEK_END);" 语句后

图 8.9   文件的读/写指针移动示意

解：在程序中，首先通过 fopen 函数打开文件 data.dat，参数"wb"表示以二进制写方式打开文件 data.dat。在打开文件后，通过 for 循环中的 fwrite 语句将数组 a 中的 4 个元素值写入文件 data.dat 中，如图 8.9（a）所示，然后关闭文件 data.dat。接下来，通过 fopen 函数以"rb"方式，即二进制读方式打开 data.dat 文件。随后使用 fseek 函数使读/写指针从文件尾部向前移动 2 个整型数据（int）的位置，如图 8.9（b）所示，最后通过 fread 函数从文件读/写指针指向的位置读取 1 个整型数据赋给程序中的变量 b。由图 8.9（b）可知，读取的数是 3，因此最后输出的 b 值为 3。

习题 8

1. 下面关于 C 语言中文件的叙述错误的是_____。

A. C 语言中的文本文件以 ASCII 码形式存储数据

B. 在 C 语言中对二进制文件的访问速度比文本文件快

C. 语句"FILE fp;"定义了一个名为 fp 的文件指针变量

D. C 语言中的随机文件以二进制代码形式存储数据

2. 下面叙述中正确的是_____。

A. 由于 C 语言中的文件是流式文件，因此只能顺序存取数据

B. 打开一个已存在的文件并进行写操作后，原有文件中的全部数据必定被覆盖

C. 在程序中对文件进行写操作后，必须先关闭该文件，再打开该文件，才能读到文件中的第一个数据

D. 当对文件的读（写）操作完成后，必须将该文件关闭，否则可能导致数据丢失

3．若执行 fopen 函数时出现错误，则函数的返回值是_____。

A．地址值   B．0   C．1   D．EOF

4．在 fopen 函数中使用"a+"方式打开一个已经存在的文件，则下面叙述中正确的是_____。

A．当文件打开时原有文件的内容并不删除，文件读/写指针移到文件尾部，可进行追加数据或读操作

B．当文件打开时原有文件的内容并不删除，文件读/写指针移到文件首部，可进行重写数据或读操作

C．当文件打开时原有文件的内容被删除，只可进行写操作

D．A、B、C 都不正确

5．若要用 fopen 函数打开一个新的既能读又能写的二进制文件，则打开文件的方式应为_____。

A．"ab+"   B．"wb+"   C．"rb+"   D．"ab"

6．fgetc 函数的作用是从指定文件中读出一个字符，则该文件的打开方式必须是_____。

A．只写   B．追加   C．读或读/写   D．B 和 C

7．下面叙述中错误的是_____。

A．gets 函数用于从键盘上读入字符串

B．getchar 函数用于从外存文件中读入字符

C．fputs 函数用于将字符串输出到文件中

D．fwrite 函数用于将二进制形式的数据写入文件中

8．读取二进制文件的函数调用形式为"fread(buffer,size,count,fp);"，其中"buffer"代表的是_____。

A．一个文件指针变量，指向待读取的文件

B．一个整型变量，代表待读取数据的字节数

C．一个内存块的首地址，代表读入数据存放的地址

D．一个内存块的字节数

9．函数调用语句"fseek(fp,-20L,2);"的作用是_____。

A．将文件读/写指针移到距离文件头 20 个字节处

B．将文件读/写指针由当前位置向后移动 20 个字节

C．将文件读/写指针由文件尾部向前移动 20 个字节

D．将文件读/写指针移到当前位置之前的 20 个字节处

10．下面与函数 fseek(fp,0L,SEEK_SET)有相同作用的是_____。

A．feof(fp)   B．ftell(fp)   C．fgetc(fp)   D．rewind(fp)

11．在 C 语言程序中，可以把整型数据以二进制形式写入文件中的函数是_____。

A．fprintf   B．fread   C．fwrite   D．fputc

12．若 fp 是指向某文件的指针变量，且已读到文件的末尾，则函数 feof(fp) 的返回值是_____。

A．EOF   B．-1   C．非零值   D．NULL

13．下面程序用变量 count 统计文件中字符的个数，请填空。

```
#include<stdio.h>
#include<stdlib.h>
void main()
```

```
{
    FILE *fp;
    int count=0,i;
    fp=fopen("letter.dat","w");
    for(i=0;i<10;i++)
        fputc(i,fp);
    fclose(fp);
    if((fp=fopen("letter.dat","___(1)___"))==NULL)
    {
        printf("Can't open file!\n");
        exit(0);
    }
    while(!feof(fp))
    {
        ___(2)___
        ___(3)___;
    }
    printf("count=%d\n",count);
    fclose(fp);
}
```

14. 阅读程序，给出程序的运行结果。

```
#include<stdio.h>
void main()
{
    FILE *fp;
    int i;
    char ch[]="abcd",t;
    fp=fopen("abc.dat","wb+");
    for(i=0;i<4;i++)
        fwrite(&ch[i],1,1,fp);
    fseek(fp,-2L,SEEK_END);
    fread(&t,1,1,fp);
    fclose(fp);
    printf("%c\n",t);
}
```

15. 阅读程序，给出程序运行后文件 test.txt 中的内容。

```
#include<stdio.h>
#include<stdlib.h>
void main()
{
    FILE *fp;
    char *s1="Fortran",*s2="Basic";
    if((fp=fopen("test.txt","wb"))==NULL)
    {
        printf("Can't open test.txt!\n");
        exit(1);
    }
    fwrite(s1,7,1,fp);
    fseek(fp,0L,SEEK_SET);
    fwrite(s2,5,1,fp);
    fclose(fp);
}
```

16. 阅读程序，给出程序的运行结果。

```
#include<stdio.h>
void main()
{
    FILE *fp;
    int a[10]={1,2,3},i,n;
    fp=fopen("d1.dat","w");
    for(i=0;i<3;i++)
        fprintf(fp,"%d",a[i]);
    fprintf(fp,"\n");
    fclose(fp);
    fp=fopen("d1.dat","r");
    fscanf(fp,"%d",&n);
    fclose(fp);
    printf("%d\n",n);
}
```

17. 有如下程序，若文本文件 f1.txt 中原内容为 "good"，则程序运行后文件 f1.txt 中的内容为_____。

```
#include<stdio.h>
void main()
{
    FILE *fp1;
    fp1=fopen("f1.txt","w");
    fprintf(fp1,"abc");
    fclose(fp1);
}
```

    A．goodabc   B．abcd   C．abc   D．abcgood

18. 下面程序的功能是以二进制写方式打开文件 d1.dat，写入 1~100 这 100 个整数后关闭文件，再以二进制读方式打开文件 d1.dat，将这 100 个整数读入另一个数组 b 中，并打印输出。请填空。

```
#include<stdio.h>
void main()
{
    FILE *fp;
    int i,a[100],b[100];
    fp=fopen("d1.dat",__(1)__);
    for(i=0;i<100;i++)
        a[i]=i+1;
    fwrite(a,sizeof(int),100,fp);
    fclose(fp);
    fp=fopen("d1.dat",__(2)__);
    fread(b,sizeof(int),100,fp);
    fclose(fp);
    for(i=0;i<100;i++)
        printf("%d\n",b[i]);
}
```

19. 编写一个程序，用 fputs 函数将 5 个字符串写入文件中。

20. 编写一个程序，将整型数组中的所有数据写入一个文本文件中。

21. 新建一个文本文件，将由键盘输入的字符存放到名为 file.dat 的新文件中，以 "#" 作

为输入结束的标志，并统计该文本文件中字符的个数，然后以"#字符个数"的形式写到该文件的最后。

22．有两个磁盘文件 file1.txt 和 file2.txt，它们各存放一行字母，要求按字母排列的顺序来合并这两个文件中的信息，将其写到新文件 file3.txt 中。

23．先在文件 file.dat 中存放一组整数，然后统计并输出该文件中正整数、零和负整数的个数。

24．使用键盘在文件中输入 5 名学生的相关信息（包括学生姓名、3 门课的成绩），然后从文件中读出数据计算学生的平均成绩，并将原有的数据和所计算出的平均成绩存放到新文件 stud.dat 中。

25．将两个递增数据文件 d1.dat 和 d2.dat 合并为一个递增数据文件 d3.dat。

附录 A   ASCII 码表

ASCII 码值	控制字符	ASCII 码值	控制字符	ASCII 码值	控制字符	ASCII 码值	控制字符
0	NUL	32	(space)	64	@	96	`
1	SOH	33	!	65	A	97	a
2	STX	34	"	66	B	98	b
3	ETX	35	#	67	C	99	c
4	EOT	36	$	68	D	100	d
5	END	37	%	69	E	101	e
6	ACK	38	&	70	F	102	f
7	BEL	39	'	71	G	103	g
8	BS	40	(	72	H	104	h
9	HT	41	)	73	I	105	i
10	LF	42	*	74	J	106	j
11	VT	43	+	75	K	107	k
12	FF	44	,	76	L	108	l
13	CR	45	-	77	M	109	m
14	SO	46	.	78	N	110	n
15	SI	47	/	79	O	111	o
16	DLE	48	0	80	P	112	p
17	DC1	49	1	81	Q	113	q
18	DC2	50	2	82	R	114	r
19	DC3	51	3	83	S	115	s
20	DC4	52	4	84	T	116	t
21	NAK	53	5	85	U	117	u
22	SYN	54	6	86	V	118	v
23	ETB	55	7	87	W	119	w
24	CAN	56	8	88	X	120	x
25	EM	57	9	89	Y	121	y
26	SUB	58	:	90	Z	122	z
27	ESC	59	;	91	[	123	{
28	FS	60	<	92	\	124		
29	GS	61	=	93	]	125	}
30	RS	62	>	94	^	126	~
31	US	63	?	95	_	127	△

附录 B　常用的 C 语言库函数

1. 数学函数

当使用数学函数时，应该在源文件（C 语言程序）中使用以下命令：

```
# include <math.h>
```

或

```
# include "math.h"
```

函 数 名	调 用 方 式	功　　能	返 回 值	说　　明
abs	int abs (int x);	求整数 x 的绝对值	计算结果	
acos	double acos(double x);	计算 $\cos^{-1}(x)$ 的值	计算结果	x 应在−1～1 的范围内
asin	double asin(double x);	计算 $\sin^{-1}(x)$ 的值	计算结果	x 应在−1～1 的范围内
atan	double atan(double x);	计算 $\tan^{-1}(x)$ 的值	计算结果	
atan2	double atan2 (double x, double y);	计算 $\tan^{-1}(x/y)$ 的值	计算结果	
cos	double cos(double x);	计算 $\cos(x)$ 的值	计算结果	x 的单位为弧度
cosh	double cosh(double x);	计算双曲余弦 $\cosh(x)$ 的值	计算结果	
exp	double exp(double x);	求 e^x 的值	计算结果	
fabs	double fabs(double x);	求 x 的绝对值	计算结果	
floor	double floor(double x);	求出不大于 x 的最大整数	该整数的双精度实数	
fmod	double fmod (double x, double y);	求整除 x/y 的余数	返回余数的双精度数	
frexp	double frexdp(double val, int *eptr);	把双精度数 val 分解为数字部分（尾数）x 和以 2 为底的指数 n，即 val=x*2ⁿ，n 存放在 eptr 指向的变量中	返回数字部分 x $0.5 \leqslant x < 1$	
log	double log(double x);	求 $\log_e x$，即 ln x	计算结果	
log10	double log10 (double x);	求 $\log_{10} x$	计算结果	
modf	double modf(double val, double *iptr);	把双精度数 val 分解为整数部分和小数部分，把整数部分存放到 iptr 指向的单元中	val 的小数部分	
pow	double pow(douhle x, double y);	计算 x^y 的值	计算结果	
rand	int rand(void);	产生−90～32767 的随机整数	随机整数	
sin	double sin(double x);	计算 sinx 的值	计算结果	x 的单位为弧度
sinh	double sinh(double x);	计算双曲正弦 $\sinh(x)$ 的值	计算结果	
sqrt	double sqrt(double x);	计算 $\sqrt{x}$	计算结果	x 应$\geqslant$0
tan	double tan(double x);	计算 $\tan(x)$ 的值	计算结果	x 的单位为弧度
tanh	double tanh(double x);	计算 x 的双曲正切函数 $\tanh(x)$ 的值	计算结果	

2. 字符串函数

当使用字符串函数时，应该在源文件（C语言程序）中使用以下命令：

```
#include <string.h>
```

或

```
#include "string.h"
```

函 数 名	调 用 方 式	功　　能	返 回 值
strcat	char*strcat(char*dest, char *src);	在 dest 所指向的字符串的尾部添加由 src 所指向的字符串	返回指向连接后的字符串的指针
strchr	char *strchr(char*s,int c);	扫描字符串 s，搜索由 c 所指向的字符第 1 次出现的位置	返回指向 s 中第 1 次出现字符 c 的指针；若找不到由 c 所指向的字符，则返回 NULL
strcmp	int strcmp (char *s1, char *s2);	比较字符串 s1 和 s2，从首字符开始比较，然后比较其后对应的字符，直到发现不同或到达字符串的尾部为止	s1<s2，返回值<0 s1=s2，返回值=0 s1>s2，返回值>0
strcpy	char *strcpy (char *dest, char *src);	把字符串 src 的内容拷贝到字符串 dest 中	返回指向的 dest 内容
strlen	size_ t strlen(char *s);	计算字符串的长度	返回 s 的长度（不计空字符）

3. 动态存储分配函数

ANSI 标准建议设 4 个有关动态存储分配的函数，即 calloc、malloc、free、realloc。实际上，许多 C 语言编译系统在实现时往往增加了一些其他函数，ANSI 标准建议在"stdlib.h"头文件中包含有关信息，但许多 C 语言编译系统要求用"malloc.h"，而不是"stdlib.h"。因此，当使用动态存储分配函数时，应该在源文件（C语言程序）中使用以下命令：

```
#include <stdlib.h>
```

或

```
#include <malloc.h>
```

ANSI 标准要求动态分配系统并返回 void 指针。void 指针具有一般性，它们可以指向任何类型的数据。但目前有的 C 语言编译系统所提供的这类函数返回 char 指针。无论是以上两种情况中的哪一种，都需要用强制类型转换的方法把 void 指针或 char 指针转换成所需的指针类型。

函 数 名	调 用 方 式	功　　能	返 回 值
calloc	void *calloc(unsigned n, unsigned size);	分配连续的 n×size 个字节的内存区	返回所分配内存区的起始地址；若无 n×size 个字节的内存空间，则返回 NULL
free	void free(void *p);	释放指针变量 p 所指向的内存区	无
malloc	void *malloc(unsigned size);	分配长度为 size 个字节的内存区	返回所分配内存区的起始地址；若无 size 个字节的内存空间，则返回 NULL
realloc	void *realloc(void *p, unsigned size);	将指针变量 p 所指向的内存区的大小改为 size 个字节（size 可以大于或小于原来的内存区大小）	返回改变后的内存区的起始地址

[1] 胡元义，王磊. C 语言与程序设计[M]. 2 版. 西安：西安交通大学出版社，2017.

[2] 胡元义，王磊. C 语言与程序设计（第 2 版）习题解析与上机指导[M]. 西安：西安交通大学出版社，2018.

[3] 恰汗·合孜尔. C 语言程序设计[M]. 2 版. 北京：中国铁道出版社，2008.

[4] 胡元义. TURBO PASCAL 6.0 精讲、题解及应用[M]. 西安：西安电子科技大学出版社，1996.

[5] 谭浩强. C 程序设计[M]. 3 版. 北京：清华大学出版社，2005.

[6] 全国计算机等级考试命题研究组. 全国计算机等级考试历届笔试真题详解：二级 C 语言程序设计（2009 版）[M]. 天津：南开大学出版社，2009.

[7] 胡元义. 数据结构教程习题解析与算法上机实现[M]. 西安：西安电子科技大学出版社，2012.

[8] 冯树椿，徐六通. 程序设计方法学[M]. 杭州：浙江大学出版社，1988.

[9] 罗坚，王声决. C 语言程序设计[M]. 3 版. 北京：中国铁道出版社，2009.